Das Museum Anatomicum am Fachbereich Medizin der Philipps-Universität Marburg

Beiträge zur Wissenschafts- und Medizingeschichte

Marburger Schriftenreihe

Herausgegeben von Irmtraut Sahmland

Band 3

PL ACADEMIC RESEARCH

Nina Ulrich

Das Museum Anatomicum am Fachbereich Medizin der Philipps-Universität Marburg

Provenienzforschung zu einer Lehrsammlung des 19. Jahrhunderts

PL ACADEMIC RESEARCH

Bibliografische Information der Deutschen Nationalbibliothek
Die Deutsche Nationalbibliothek verzeichnet diese Publikation in der Deutschen Nationalbibliografie; detaillierte bibliografische Daten sind im Internet über http://dnb.d-nb.de abrufbar.

Zugl.: Marburg, Univ., Diss., 2016

D4
ISSN 2198-0152
ISBN 978-3-631-73478-0 (Print)
E-ISBN 978-3-631-73715-6 (E-PDF)
E-ISBN 978-3-631-73716-3 (EPUB)
E-ISBN 978-3-631-73717-0 (MOBI)
DOI 10.3726/b12137

PL Academic Research ist ein Imprint der Peter Lang GmbH.

Peter Lang – Frankfurt am Main · Bern · Bruxelles · New York · Oxford · Warszawa · Wien

Diese Publikation wurde begutachtet.

www.peterlang.com

für meine Großmutter Emma (1929–2012)

Inhaltsverzeichnis

1 Einleitung

In den 1980er Jahren rückte in den Geistes- und Kulturwissenschaften die Betrachtung materieller Objekte erstmals in den Fokus, nachdem Jahrzehnte zuvor die Beschäftigung mit Dingen als Quellen epistemischer Forschung als „unwissenschaftlich" wahrgenommen wurde. Es handelt sich nach Tony Benett und Patrick Joyce, die mit ihrem grundlegenden Werk *Material Powers* einen maßgeblichen Beitrag zur Diskussion über Materialität in den Geistes- und Sozialwissenschaften geleistet haben, um eine „historiografische Perspektivumkehr"[1], aus der sich mittlerweile ein regelrechter *material turn* (Wandel zum Materiellen) vollzogen hat. Derweil haben sich materialitätsbezogene Diskussionen jenseits der genannten Wissenschaften auf andere Disziplinen übertragen und werden dort rege geführt.[2] Dies zeigt nicht nur die aktuelle hohe Publikationsdichte zu diesem Thema, sondern verdeutlicht sich auch an der Einführung von Studiengängen an deutschen Universitäten, die die (Er-)Forschung zur Materialität bereits in ihrer Studienbezeichnung tragen. So gibt es seit nun mehr sieben Jahren einen Bachelor-Studiengang für *Museologie und materielle Kultur* an der Julius-Maximilian-Universität Würzburg, der durch einen Master-Studiengang *Museumswissenschaften* ergänzt wird.[3] Die Georg-August-Universität in Göttingen bot im Sommersemester 2013 eine Vorlesung zur *Sprache der Objekte. Zum* material turn *in der Kulturtheorie* an, und die Ruprechts-Karl-Universität in Heidelberg weist sogar einen Sonderforschungsbereich auf, der sich ausschließlich mit materialen Textkulturen beschäftigt. Dieser Wandel förderte interdisziplinäre Forschungsinitiativen und vernetzte die Geisteswissenschaften fächerübergreifend mit anderen Fachdisziplinen. Das *Bundesministerium für Bildung und Forschung* (BMBF) stellte im Jahr 2013 das Förderprogramm *Sprache der Objekte* auf, welches sich auf diese neue, materielle Kultur (*material culture*) fokussierte.

Es mag auf den ersten Blick überraschen, dass gerade im heutigen Zeitalter der Digitalisierung, wo alles in immateriellen Clouds abgelegt wird, dingliche Objekte

1 Knoll, 2014, S. 191.

2 Der Archäologe Bjørnar Olsen schreibt von einer „kollektiven Amnesie" der Kultur- und Gesellschaftswissenschaften gegenüber dem Materiellen. Der Soziologe und Philosoph Bruno Latour vergleicht den Umgang mit Objekten mit dem Umgang mit Sex in der viktorianischen Zeit: überall präsent, aber keiner spreche darüber, vgl. Knoll, 2014, S. 191.

3 Vgl. http://www.museologie.uni-wuerzburg.de/studiengaenge/ba_museologie_und_materielle_kultur/, zuletzt geprüft am: 05.07.2017.

eine solche Renaissance erleben. Doch bei genauerer Betrachtung zeigt sich, dass auch die Übermittlung, Bearbeitung und Speicherung von digitalen Daten nicht ohne Materialien in Form von Netzwerkkabeln und Computern funktioniert.[4] Ein Zitat des Soziologen und Philosophen Bruno Latour beschreibt den Umgang mit und die Wahrnehmung von Objekten im menschlichen Alltag sehr deutlich:

> „They exist, naturally, but they are never to be given a thought, a social thought. Like humble servants, they live on the margins of the social doing most of the work but never allowed to be represented as such."[5]

Wenn nun schon alltäglich gebrauchte Gegenstände kaum Beachtung finden, wie steht es dann mit Objekten aus Sammlungen, die nicht zum Alltagsleben eines Jeden gehören?

Hier soll der Fokus speziell auf Objekte aus Universitätssammlungen gelegt werden, da diese Objektkategorie Grundlage der vorliegenden Arbeit ist. Gerade Sammlungsobjekte in universitären Kontexten sind durch spezifische strukturelle und institutionelle Probleme gekennzeichnet. So sind ein Großteil der Universitätssammlungen der vergangenen zwei Jahrhunderte an den Rand des Universitätsbetriebes gedrängt, in schwer zugänglichen Kellern und auf Dachböden ausgelagert oder gänzlich aufgegeben worden, wie Ludwig, Weber und Zauzig in der Einleitung ihrer Publikation *Das materielle Modell. Objektgeschichten aus der wissenschaftlichen Praxis* schreiben.[6]

Die Gründe für die Marginalisierung oder völlige Aufgabe historischer Universitätssammlungen sind vielfältig. Zum einen bedeutet die Erhaltung einer heterogenen universitären Sammlungslandschaft für den (staatlichen) Träger der Universität eine finanzielle und personelle Mehrbelastung, die angesichts knapper Ressourcen keine Priorität hat. Durch Veränderung der Lehrmethoden können sie nicht mehr (oder nur sehr eingeschränkt) in den ursprünglich vorgesehenen Fächern eingesetzt werden und gelten als veraltete didaktische Hilfsmittel. Dabei wird jedoch außer Acht gelassen, dass gerade historische Sammlungen für die Geschichtswissenschaften interessant sind und einen maßgeblichen Anteil zur akademischen Traditionsbildung, insbesondere der Entstehung und Differenzierung von Fachdisziplinen, geleistet haben. Nahezu ähnlich verhält es sich mit der Sammlung, die Gegenstand der Untersuchungen dieser Arbeit ist.

Die anatomische Sammlung der Philipps-Universität Marburg, die auf eine über 200jährige Sammlungsgeschichte zurückblickt (ab 1812), wurde Mitte der

---

4 Vgl. Knoll, 2014, S. 195 und Derix, 2016, S. 388.

5 Olsen, 2010, S. 1.

6 Vgl. Ludwig, 2014, S. 9.

1980er Jahre in ein medizinhistorisches Museum überführt. Zusammen mit medizinhistorischen Objekten fand sie einen Platz im Dachgeschoss eines Institutsgebäudes unweit ihres früheren Standortes. Seit dieser Zeit ist sie als *Museum Anatomicum – Medizinhistorisches Museum der Philipps-Universität Marburg* für interessierte Besucher zu besichtigen. Auf ca. 155 m^2 sind 2500 Objekte in sechs thematisch geordneten Räumen ausgestellt. Zur Sammlung gehört ein Magazinbestand mit rund 2000 Objekten, der nicht öffentlich zugänglich ist. Eine im Jahr 2012 begonnene Neukatalogisierung erfasste die in der Dauerausstellung vorhandenen Objekte in einer digitalen Datenbank. Die kustodische Betreuung obliegt der Emil-von-Behring-Bibliothek / Arbeitsstelle für Geschichte der Medizin der Philipps-Universität Marburg, deren Mitarbeiter die Sammlung aktiv in die Lehre und Forschung einbinden.

Als Quelle epistemischer Forschung dienen die Objekte selbst, die nun „zum Sprechen gebracht“ werden und somit ganz im Sinne des *material turn* als materielle Forschungsgrundlage dienen. Nun stellt sich die Frage, wie man materielle Objekte zum Reden bringt?

Wie der Kulturwissenschaftler Thomas Thiemeyer in seiner Abhandlung *Die Sprache der Dinge. Museumsobjekte zwischen Zeichen und Erscheinung* in seiner Einleitung schreibt, sprechen Dinge nicht *per se*. Vielmehr besitzen sie die Fähigkeit, Signale auszusenden und sich „zu zeigen“.[7] Bis zu Beginn des 17. Jahrhunderts waren die Menschen davon überzeugt, dass Gott den Dingen eine Bedeutung verliehen habe, die sich ihnen offenbaren sollte und durch die sie die Welt erkennen würden. Ein aktiver Akt, der nicht zuletzt durch René Descartes′ rationale Erkenntnistheorie, die nun die menschliche Wahrnehmung (und nicht mehr Gott) als Grund für die *Erzeugung von Zeichen der Dinge* ansieht, im Laufe des 17. Jahrhunderts bezweifelt wurde. „Die Bedeutung der Dinge *offenbart* sich nicht länger, sie wird vom Rezipienten erst *erzeugt*“[8], so Thiemeyer. Um mit einem Objekt zu kommunizieren, bedarf es der richtigen Fragen, um Antworten zu erhalten. Nun schließt sich unwillkürlich die Frage an, ob es einen universellen Fragekatalog gibt, den man zur Befragung der Objekte heranziehen kann. Die Fragen an das Objekt, welches man zum Sprechen bringen will, richten sich primär nach dem eigentlichen Charakter des Objektes bzw. der Sammlung. Für naturwissenschaftliche und speziell anatomische Objekte ergibt sich dadurch eine weitere Perspektive, die für andere Objektkategorien nicht gilt, nämlich eine individuelle Dimension, die jedem anatomischen Präparat menschlichen Ursprungs

---

7 Vgl. Thiemeyer, 2011, S. 1.

8 Thiemeyer, 2011, S. 2.

(*human remains*) zugrunde liegt. Der Medizinhistoriker Thomas Schnalke, Leiter des Berliner Medizinhistorischen Museums der Charité, sieht jedoch „keinen kategorialen Unterschied zwischen menschlichen und nicht-menschlichen Dingen“[9]. Er schreibt dazu: „Die Objekte meiner Arbeit am Medizinhistorischen Museum bilden Gegenstände, in welche Menschliches immer bis zu einem gewissen Grad eingewoben oder eingeschrieben ist. Damit werden freilich nicht die Dinge zum Menschen – sie haben eben keine eigene Stimme, Seele oder auch nur eine irgendwie geartete autonome *Agency.* Vielmehr ist in diesen Gegenständen der Mensch in gewisser Weise zum Ding geworden, hat dort mehr oder weniger nachhaltig seine Spuren hinterlassen, die es nach allen Regeln der historischen Wissenschaften methodisch-kritisch aufzuspüren und auszudeuten gilt.“[10] Schnalke fordert eine „viel stärkere [...] Entwicklung und vor allem [...] Erprobung spezifischer Methoden historisch angelegter Dinganalysen.“[11]

Eine fundierte wissenschaftliche Methodik ermöglicht es also, die richtigen Fragen an das Objekt zu stellen und es aus einem emotionalen Kontext zu lösen, der dieser Objektgattung zwangsläufig zu eigen ist und sie ausschließlich als historische Quellen epistemischer Forschung zu sehen.

Die in dieser Arbeit thematisierte Provenienzforschung (Herkunftsforschung) an Objekten der Anatomischen Sammlung der Universität Marburg als methodisches Arbeitswerkzeug von Dinganalysen knüpft an diesen aktuellen Diskurs an. Ziel der vorliegenden Arbeit ist es, drei Präparate der Marburger Sammlung vorzustellen, anhand derer in den vergangenen drei Jahren erfolgreich Provenienzforschung betrieben wurde. Namentlich handelt es sich um folgende Präparate: 1. das Skelett und das Gemälde des Langen Anton, 2. den Schädel und der Schädelausguss des Microcephalen Augustin Heil und 3. den Schädelausguss und den Gehirnabguss des Microcephalen Georg Völp. Die Initiative zu dieser Arbeit ging von der anstehenden Neukatalogisierung der anatomischen Sammlung aus. Bei der Vorbereitung zur Digitalisierung der Bestände, dem Sichten von Akten, Archivdokumenten, alten Sammlungskatalogen und medizinischer Literatur aus dem 19. Jahrhundert zeigte sich schnell, dass hinsichtlich des Forschungsaspektes der Provenienzforschung ein großes Potential in der Marburger Sammlung liegt, deren Ergebnisse insbesondere auch für die medizinhistorische Ausbildung nützlich sein können.

Die vorliegende Arbeit gliedert sich in einen historischen Teil (Kapitel 2), der den Beginn und den Verlauf der Sammlungstätigkeit in Marburg und die über

---

9 Ramsbrock, 2016, S. 489.
10 Ramsbrock, 2016, S. 499.
11 Ramsbrock, 2016, S. 499.

200 Jahre andauernde Sammlungstätigkeit der Anatomen beschreibt, die die Sammlung durch ihr Wirken und Schaffen formten.

Im anschließenden Kapitel 3 werden die Präparationstypen der Marburger Anatomischen Sammlung und deren Präparationstechniken vorgestellt und mit Beispielen aus anderen Sammlungen ergänzt.

Kapitel 4 stellt die Dokumentationslage anhand der vorhandenen historischen Kataloge dar, die insbesondere für die Provenienzforschung und die Neukatalogisierung grundlegend waren.

Im sich anschließenden Kapitel 5 finden sich die bereits erwähnten Ergebnisse der Provenienzforschung der drei Marburger Präparate.[12]

Durch die Neukatalogisierung und Digitalisierung wurde die Arbeit mit den Beständen erheblich erleichtert, da die Daten nun an einem zentralen Ort hinterlegt sind. Dies war gerade für die Provenienzforschung ein Vorteil und erleichterte die Recherchearbeit. Auch diesen Arbeitsschritten ist ein Kapitel gewidmet (Kapitel 6).[13]

Die Arbeit endet mit den Kapiteln 7 und 8, in welchen Perspektiven der Sammlung hinsichtlich Forschung, Lehre und öffentlicher Darstellung des Museums vorgestellt und diskutiert werden (Kapitel 7) und ein abschließendes Fazit (Kapitel 8) gezogen wird.

---

12 Einige Projekte zur Provenienzforschung (Auswahl), die der Vorgehensweise und Quellennutzung dieses Projektes sehr ähnlich sind: Sara Doll (Heidelberg) bearbeitet u. a. die in Heidelberg vorhandene Wachsmodellserie von Ziegler zur Entwicklung der Schilddrüse, sowie andere Objekte aus der Heidelberger anatomischen Sammlung. Im Sammelband *Der zweite Blick* stellt Thomas Schnalke (und andere) Geschichten interessanter Objekte der Sammlung der Berliner Charité vor. Jörg Männer (Göttingen) beschäftigte sich mit den humanembryologischen Sammlungen Blechschmidt. Mittlerweile sind zahlreiche weitere Projekte zur Provenienzforschung an Sammlungsobjekten hinzugekommen. Einen interessanten Ansatz für die Nutzung von Sektionsprotokollen als historische Quellen, der für die beiden Microcephalen-Fälle auch in der vorliegenden Arbeit genutzt wurde, liefert Peter Steinkamp (Kiel), Vgl. Osten, 2010, Ludwig, 2014.

13 Ein ähnliches von der *Deutschen Forschungsgemeinschaft* (DFG) gefördertes Projekt des Hermann-von-Helmholtz-Zentrums für Kulturtechnik an der Humboldt-Universität in Berlin setzte es sich zum Ziel, Objekte aus sämtlichen deutschen Universitätssammlungen in eine Datenbank aufzunehmen, zu dokumentieren, zu kategorisieren und untereinander zu vernetzen. Vgl. http://www.universitaetssammlungen.de/, zuletzt geprüft am 05.07.2017.

2 Die historische Entwicklung der anatomischen Sammlung – vom Kuriositätenkabinett zur systematisch geordneten Sammlung

Als Vorläufer wissenschaftlicher Sammlungen gelten die im 16. Jahrhundert aufkommenden Kuriositätenkabinette, deren Hauptanliegen das Staunen und die Lust am Unbekannten waren. Im Zuge von Entdeckungsreisen, Kolonialismus und europäischen Expansionsbewegungen leisteten sich vor allem Adelige, Händler und Gelehrte den Luxus, etwas Seltsames, Seltenes und vermeintlich Einzigartiges zu besitzen.[14]

Meist fanden sich solche Kabinette an Königs- oder Fürstenhöfen, wo nicht selten auch „lebende Merkwürdigkeiten" wie Zwerge, Riesen[15] oder Wolfsmenschen[16] lebten und zum Gefolge des Herrschers gehörten. Diese Personen dienten der Belustigung und Unterhaltung des Hofstattes, nahmen dort durchaus an gesellschaftlichen Empfängen teil und stellten einen festen Bestandteil des öffentlichen Lebens am Hofstaat dar. Ein bekanntes Beispiel ist die Wunder- und Kuriositätenkammer von FERDINAND II (1529–1595) von Tirol auf Schloss Ambras bei Innsbruck.[17]

Diese Wunderkammern hatten wenig mit den an den großen europäischen Universitäten zu Beginn der Aufklärung (18. bis frühes 19. Jahrhundert) aufkommenden anatomischen Sammlungen zu tun. Bedingt durch „die Stärkung des wissenschaftlichen Geistes und den Glauben an eine neue Realität"[18] traten Wunderkammern und Kuriositätenkabinette zunehmend in den Hintergrund

---

14 Vgl. Nestawal, 2010, S. 247.

15 *Der lange Anton*, dessen Skelett sich in der Marburger Sammlung befindet, war aufgrund seiner außergewöhnlichen Körpergröße von 2,44 m in der Leibgarde des Herzogs Heinrich Julius von Braunschweig-Wolfenbüttel angestellt, vgl. dazu in dieser Arbeit: Der *Lange Anton* – das Helmstedter Erbe des Museum Anatomicum, S. 115.

16 Bekannter Fall von Hypertrichose: Petrus Gonsalvus und dessen Tochter Trognina (16. Jahrhundert) am Hof von König Heinrich II. von Frankreich, vgl. Leroi, 2004.

17 Für weitere Informationen zu Schloss Ambras und der dortigen Sammlung, vgl. http://www.schlossambras-innsbruck.at/besuchen/sammlungen/die-kunst-und-wunderkammer/, zuletzt geprüft am 29.07.2015.

18 Nestawal, 2010, S. 248.

und waren nunmehr Orte der „reinen Unterhaltung und der naiven Illusion"[19], die nur noch bestimmte soziale Schichten faszinierten.[20]

Die Anatomisch(en) (-pathologischen) Sammlungen waren geprägt durch wissenschaftliches Interesse und versuchten weniger die Schaulust der Massen zu befriedigen, als vielmehr medizinisches und naturwissenschaftliches Wissen zu vermitteln.

So dienten Präparationen in Zeiten des Leichenmangels, wie so oft von BÜNGER und seinen Nachfolgern auch für die Universität Marburg beklagt wurde, als didaktisches Hilfsmittel für den Unterricht. Die Objekte wurden nicht einfach nur gesammelt, sondern wissenschaftlich thematisch geordnet und katalogisiert. Sie dienten als Anschauungs- und Arbeitsmaterial für vergleichende anatomische und pathologische Fragestellungen in Forschung und Lehre. Berühmte anatomische Sammlungen gab es in Leiden (Albinus/Boerhaave)[21], London (Hunter)[22], Amsterdam/St. Petersburg (Ruysch)[23], Wien (Kaiser Joseph II./Frank)[24], Berlin (Walter)[25], Halle[26] (Meckel d. Ä. u. d. J.) und Jena[27] (Loder).[28]

2.1 Die Anfänge der Medizin an der Philipps-Universität Marburg

Die Geschichte der Sammlung des Marburger Museum Anatomicum beginnt, anders als im Titel impliziert, nicht erst im 19. Jahrhundert. Schon mit Gründung der Universität Marburg im Jahr 1527 durch PHILIPP DEN GROSSMÜTIGEN (1504–1567) gab es Wissenschaftler, die durch ihr Wirken und ihre Arbeiten den Grundstein für die Sammlungstätigkeit in Marburg legten.

Für die Marburger Anatomische Sammlung sind Präparate aus dem ausgehenden 18. Jahrhundert belegt, die, anders als die in dieser Arbeit im Fokus stehenden

19 Nestawal, 2010, S. 249.
20 Vgl. Mauries, 2002.
21 Zur Sammlung in Leiden, vgl. http://www.museumboerhaave.nl/, zuletzt geprüft am 05.04.2016.
22 Zur Sammlung des Hunterian Museum, http://www.hunterianmuseum.org/, zuletzt geprüft am 05.04.2016.
23 Zur Sammlung in der St. Petersburger Kunstkammer, vgl. Mulder, 2007, S. 289–294.
24 Zur Anatomischen Sammlung Wien, vgl. Patzak, 2009.
25 Zur Anatomischen Sammlung Berlin, vgl. Schnalke, 2007.
26 Zur Anatomischen Sammlung Halle, vgl. Schultka, 2005, Schultka, 2007, Schultka et al., 2012.
27 Zur Anatomischen Sammlung Jena, vgl. Fröber, 1996.
28 Vgl. Grundmann, 2012, S. 34.

Präparate des 19. und 20. Jahrhunderts, nicht in Marburg angefertigt wurden, sondern durch Ankäufe oder Transferierungen nach Marburg gelangten. Enke verweist in ihrem Artikel im Museumsführer des Museum Anatomicum auf embryologische Präparate, die vermutlich aus der Jenaer Sammlung des Anatomen Kaltschmied (1706–1769) stammen. Sie gelangten im Jahr 1780 durch Ankauf nach Kassel und von dort durch die Umsetzung des Kasseler Anatomiegebäudes nach Marburg.[29]

Die Einführung der modernen Anatomie in Marburg erfolgte im 16. Jahrhundert durch Johannes Eichmann (1500–1560), genannt Dryander[30], der seinem Lehrer und Marburgs erstem Medizinprofessor Heinrich Hallenberger, genannt Euricius Cordus[31], in seinem Amt nachfolgte. Cordus' Professur beinhaltete die Fächer Anatomie, Chirurgie und Botanik, die zur damaligen Zeit gänzlich dem Fachbereich Medizin angehörten.[32] Dryanders fortschrittliches Denken zeigte sich nicht nur in seinen Schriften, sondern vor allem in der Tatsache, dass er die erste öffentliche Sektion an einem Hingerichteten im Juni 1535 in Marburg durchführte. Des Weiteren wies er nachdrücklich auf den Wert der Anatomie für die ärztliche Ausbildung hin, welches später in der Medizinalordnung (1616) von Moritz dem Gelehrten (1572–1632) gesetzlich verankert werden sollte. Zum Zwecke einer möglichst einheitlichen Medizinerausbildung mussten Chirurgen an zwei Stunden Anatomie und Chirurgie pro Woche teilnehmen. Ebenso war die Benutzung eines allgemeingültigen Handbuchs obligatorisch. Zusätzlich mussten die damaligen Medizinstudenten bei einem Meister in die Lehre gehen und anschließend ein vierjähriges, bescheinigtes Praktikum an einem Hospital o. ä. absolvieren.[33] Die Ausbildung der Chirurgen beinhaltete neben der Anatomie, Krankheitslehre, Operations- und Behandlungstechniken auch die Grundzüge der Arzneiherstellung und deren Anwendung, wobei das Lehrbuch der Wundarznei *Encheiridion cheirurgicum: Handbüchlein oder kurtzer Begriff der Wundartzney*[34] von Heinrich Petraeus (1589–1620) als theoretische Grundlage galt. Bedeutend-

29 Vgl. Enke, 2012, S. 101.

30 Vgl. Aumüller, 2012, S. 7.

31 Euricius Cordus (1486–1535), Autor des botanischen Werkes *Botanologicon*, vgl. Dilg, 1969.

32 Vgl. Hermelink und Kaehler, 1927, S. 132–142.

33 Dieser Aufbau ähnelt dem des heutigen Medizinstudiums, in dem die Studierenden eine Famulatur nach dem Physikum und ein praktisches Jahr nach dem ersten Staatsexamen erbringen müssen.

34 Petraeus, 1617.

ster Schüler DRYANDERS war BURKHARD MITHOBIUS (1501–1564 ?)[35], der bei der öffentlichen Sektion im Jahr 1535 die Präparation des Kopfes vornahm und dessen Ergebnisse DRYANDER in seinem Werk *Anatomiae, hoc est corporis humani dissectionis pars prior*[36] veröffentlichte.

Bedauerlicherweise setzte nach DRYANDERS Tod eine Stagnation in der Marburger Medizin ein. Dies hatte vielfältige Gründe: Zum einen verließen zahlreiche, erst kürzlich berufene Professoren die Universität Marburg wieder, da sie die persönliche Förderung ihres Berufsstandes für nicht ausreichend ansahen und lukrativere Stellen an anderen Universitäten annahmen. Zum anderen kamen im Zuge der Neugründungen der Universitäten Gießen, Jena und Helmstedt konkurrierende Mitbewerber um Studierende und Lehrpersonal hinzu. Auch die Leitung der Universität durch zuerst vier, dann zwei Landgrafen stellte sich als nachteilig heraus. Über 100 Jahre lag die medizinische Lehre an der Universität Marburg brach, bis sich diese nach dem Dreißigjährigen Krieg im Jahr 1653 neu gründete. Im Zuge dieser Neugründung wurden drei medizinische Lehrstühle geschaffen: der Primarius für Hygiene und Therapeutik, der Secundus für Pathologie, Semiotik und Botanik und schließlich der Tertius für Physiologie, Anatomie und Chirurgie.[37] Dies sah allerdings nur in der Theorie so wohlgeordnet und organisiert aus; die Realität war eine andere. Es gab Jahre, in denen die Fakultät nur durch einen Professor vertreten wurde. Zwischen November 1761 und Dezember 1762 war der Fakultätsbetrieb gänzlich eingestellt, da sich kein Nachfolger für den im November 1761 verstorbenen JUSTIN GERHARD DUISING[38] finden konnte. Bedingt durch den Lehrkörpermangel und immerwährende politische Konflikte schwankten auch die Studierendenzahlen in diesem Zeitraum erheblich. Erst mit Auflösung des für das Collegium Carolinum in Kassel errichteten Theatrum Anatomicum und dessen Transferierung nach Marburg stabilisierte sich die gesamte Situation der Marburger medizinischen Fakultät langsam. Das Gebäude, in dem unter anderem SAMUEL THOMAS SOEMMERRING gewirkt hatte, wurde an dem von der Universität neu erworbenen Grundstück *an der Ketzerbach* wieder aufgebaut und konnte 1788 in Betrieb genommen werden. In der Zeit des aus-

35 Vgl. Aumüller, 2012, S. 11.

36 Eichmann, 1537.

37 Vgl. Gundlach, 1927, S. 183.

38 Justin Gerhard Duising (1705–1761), deutscher Mediziner, promovierte 1728 in Jena, ab 1730 außerordentlicher Professor der Medizin an der Universität Marburg und zwei Jahre später ordentlicher Professor für Anatomie, Chirurgie und Hebammenkunst ebenda, mit seinem Tod erlosch die Medizinische Fakultät der Universität Marburg, vgl. Gundlach, 1927, S. 188, Nr. 323.

gehenden 18. Jahrhunderts bis zur Ernennung CHRISTIAN HEINRICH BÜNGERS[39] zum Direktor des Anatomischen Instituts zum Wintersemester 1812 lehrten an diesem unter anderem der bekannte Chirurg CHRISTIAN FRIEDRICH MICHAELIS[40] und der nicht weniger bekannte Anatom und Geburtshelfer JOHANN WILHELM CHRISTIAN BRÜHL[41]. Als ein „leuchtender Stern"[42] unter den Prosektoren wird der spätere Heidelberger Anatom FRIEDRICH TIEDEMANN[43] gesehen, der als Privatdozent im Sommersemester 1804 unter anderem Vorlesungen in vergleichender Anatomie hielt.

2.2 Die Entstehung und Entwicklung der Anatomischen Sammlung Marburg von 1812 bis in die erste Hälfte des 20. Jahrhunderts

Die frühen Anfänge der Marburger Anatomischen Sammlung gehen mit der Einstellung des Lehrbetriebs der Universität Kassel (1791) und dem damit stattgefundenen Transfer der Kasseler Bestände nach Marburg einher. Nach der Berufung SAMUEL THOMAS SOEMMERRINGS von Kassel an die Universität Mainz wurden Teile der Bestände nach Marburg abgegeben. Eine 270 Objekte umfassende Präparateliste wurde von ihm im *Medicinischen Journal*, das sein

39 Christian Heinrich Bünger (1782–1842), deutscher Anatom und Chirurg, studierte Medizin in Helmstedt unter Beireis und in Halle unter Loder, wo er 1805 eine Stelle als Prosektor erhielt, ging in gleicher Funktion 1806 an die Universität Helmstadt, an das von Bartels geleitet Anatomische Institut, promovierte 1810 und folgte dem Ruf an die Universität Marburg, wo derweil auch Bartels als Direktor des hiesigen Anatomischen Institutes fungierte, wurde 1815 zum Ordinarius für Anatomie und blieb bis zu seinem Tod im Jahr 1842 Direktor des Anatomischen Institutes Marburg, baute die anatomische Sammlung in seiner 30jährigen Amtszeit auf ca. 3.000 Objekte aus und gilt zurecht als Begründer derselben, vgl. Gundlach, 1927, S. 205, Nr. 352 und Hein, 1976.

40 Christian Friedrich Michaelis (1786–1814), ab 1803 Direktor des neugegründeten Institutum chirurgicum Guilielminum, vgl. Gundlach, 1927, S. 193, Nr. 330.

41 Johann Wilhelm Christian Brühl (1786–1806), ab 1804 alleiniger Direktor des Anatomischen Instituts in Marburg, vgl. Gundlach, 1927, S. 204, Nr. 351.

42 Jaensch, 1927, S. 629.

43 Friedrich Tiedemann (1781–1861), Promotion im Jahr 1804 in Marburg, anschließend ein Semester (SS 1804) Privatdozent für Physiologie, vergleichende Anatomie und Gall'sche Schädellehre ebenda, über Zwischenstationen in Würzburg und Paris schließlich 1815 Professor für Zoologie, Anatomie und Physiologie an der Universität Heidelberg, vgl. Gundlach, 1927, S. 210, Nr. 362.

früherer Kasseler Kollege Ernst Gottfried Baldinger[44] herausgab, veröffentlicht.[45] Unter den Objekten befanden sich sowohl trocken präparierte, menschliche und tierische Knochen als auch Feuchtpräparate in Weingeist[46], darunter auch eine „Missgeburt". Bei Amtsantritt Christoph Ullmanns[47] im Jahr 1806 stellte dieser fest, dass von den einst 270 Präparaten nur noch knapp 100 in der Marburger Sammlung aufzufinden waren.[48] Leider konnten bis heute nur einige wenige Stücke zweifelsfrei als aus der Hand Soemmerrings identifiziert werden, was nicht zuletzt der unzureichenden Dokumentationslage bzw. dem nicht mehr Vorhandensein dieser Dokumente geschuldet ist.[49] Büngers Katalog von 1811, den er kurz nach seinem Amtsantritt in Marburg als erste Bestandsaufnahme der Marburger Sammlung verfasste, ist bis heute erhalten geblieben und dokumentiert „die bisher aufgeführten Missgeburten, [die] [..] von Soemmerring beschrieben worden [sind]!"[50].

Mit Büngers Amtsantritt als Ordinarius der Anatomie im Jahr 1812 begann auch die Entstehungsgeschichte der Marburger Anatomischen Sammlung, sodass im Jahr 2012 das 200jährige Bestehen derselben gefeiert werden konnte. Im Zuge dessen wurden eine überarbeitete Auflage des Sammlungsführers von Aumüller und Grundmann[51] sowie ein Begleitband zur im November 2012 stattgefundenen Tagung[52] veröffentlicht. Die beiden Werke berücksichtigen jeweils die neuesten

44 Ernst Gottfried Baldinger (1738–1804), Promotion und Habilitation 1760 in Jena, 1782 erster Lehrer der Arzneikunst am Collegium Carolinum in Kassel, von 1785 bis 1786 Prof. primarius in der medizinischen Fakultät der Universität Marburg, vgl. Gundlach, 1927, S. 212, Nr. 364.

45 Vgl. Baldinger, 1787, S. 14–23.

46 Weingeist (*Spiritus vini*): 90 %iger Alkohol.

47 Christoph Ullmann (1773–1849), deutscher Chirurg und Professor für Augenheilkunde, wurde 1804 zum außerordentlichen Professor für Medizin (Bandagenlehre, materia medica und Augenheilkunde) ernannt, ab 1806 ordentlicher Professor der Anatomie an der Universität Marburg, bis 1810 auch Direktor des Anatomischen Institutes, ab 1815 ordentlicher Professor der Chirurgie und Augenheilkunde und Direktor der Chirurgischen Klinik Marburg, vgl. Gundlach, 1927, S. 193, Nr. 331.

48 Uniarchiv Marburg, 305a, Nr. 5627.

49 Zu Samuel Thomas Soemmerring im Allgemeinen und speziell zu den Soemmerring´schen Präparaten in der Anatomischen Sammlung Marburg arbeitet Frau Dr. Ulrike Enke, siehe Literatur derselben zu diesem Thema: Enke, 2012, Enke, 2000a, Enke, 2000b (Auswahl).

50 Uniarchiv Marburg, 305a, Nr. 5634.

51 Grundmann und Aumüller, 2012.

52 Grundmann und Sahmland, 2013.

Forschungsergebnisse zur Geschichte der Sammlung und zu den Provenienzen einzelner Präparate.

Insgesamt leiteten im 19. Jahrhundert sechs namhafte Anatomen als Direktoren die Geschicke des Anatomischen Instituts in Marburg, die sich durch ihre jeweils persönlichen, aber auch dem zeitgenössischen Wissenschaftsgeist geschuldeten Forschungsinteressen auszeichneten. Ihre unterschiedlichen Schwerpunkte spiegeln sich in den jeweiligen Präparationen wider und bieten die Möglichkeit, wissenschaftshistorische Forschung unter verschiedenen Gesichtspunkten zu betreiben.[53] Dabei spielen gesellschaftliche und politische Aspekte[54] eine ebenso große Rolle wie medizinische und technische Fortschritte.

Am 27. Oktober 1810 wurde Christian Heinrich Bünger, der der Berufung an das Anatomische Institut der Universität Marburg und seinem früheren Lehrer Ernst Bartels[55] gefolgt war, offiziell vereidigt und in sein Amt als Prosektor eingeführt. Dabei brachte er mehrere Präparate aus der von Lorenz Heister[56] und Gottfried Christoph Beireis[57] begründeten Helmstedter Sammlung mit nach Marburg.[58] Eines der bekanntesten und gleichzeitig das älteste Präparat der

53 Vgl. Aumüller, 2013a, S. 21.

54 Gesellschaftliche und politische Prozesse (Annektierung Hessens an Preußen 1866, die Gründung des Deutschen Reiches 1877) und die damit einhergehenden gesetzlichen und verwaltungsrechtlichen Änderungen z. B. zur Abgabe von Leichen, aber auch kriegerische Auseinandersetzungen wie der Erste Weltkrieg betrafen die Sammlungs- und Lehrtätigkeit, da Dozenten und Studenten bspw. zum Heeresdienst eingezogen wurden, vgl. dazu die Chroniken der Preußischen Universität Marburg im Literaturverzeichnis, mehrere Jahrgänge wurden in dieser Arbeit als Quellen genutzt.

55 Ernst Daniel August Bartels (1778–1838), deutscher Mediziner, promovierte 1801 im Fach Medizin an der Universität Jena, 1803 außerordentlicher Professor für Anatomie und Physiologie an der Universität Helmstedt, folgte 1810 einem Ruf als ordentlicher Professor an die Universität Marburg und war ebenfalls Direktor des Anatomischen Theaters, ging 1812 nach Breslau, Bünger trat seine Nachfolge an, vgl. Gundlach, 1927, S. 214, Nr. 368.

56 Lorenz Heister (1683–1758), deutscher Botaniker und Anatom, verfasste auch Schriften zur Chirurgie, folgte 1719 dem Ruf an die Universität Helmstedt und besetzte die Lehrstühle für Botanik und Medizin, vgl. Deutsche Biographie, http://www.deutsche-biographie.de/pnd118800310.html, zuletzt geprüft am 29.07.2015.

57 Gottfried Christoph Beireis (1730–1809), deutscher Arzt, Chemiker und Physiker, studierte Medizin bei Heister in Helmstedt, vgl. Deutsche Biographie, http://www.deutsche-biographie.de/sfz3601.html, zuletzt geprüft am 29.07.2015.

58 die Universität Helmstedt hatte das gleiche Schicksal der Schließung ereilt wie das Collegium Carolinum einige Jahre zuvor, die anderen beiden Drittel der Helmstedter Sammlung wurden an die Universitäten Halle und Göttingen abgegeben.

Marburger Sammlung ist das aus Helmstedt stammende Skelett eines riesenwüchsigen Mannes. Der *Lange Anton*[59] misst 2,44 m und ist bis heute im Museum Anatomicum ausgestellt.

Trotz fehlender Promotion und „Disputation pro loco" schlug Bartels bereits im Jahr 1811 vor, Bünger zum Dozenten zu ernennen. Unterstützt wurde dieser Antrag durch Büngers übermäßigen Arbeitseifer um das Fortbestehen des anatomischen Unterrichts, welches den beiden Anatomen trotz mangelnder Leichenversorgung und institutsinterner, finanzieller Engpässen gelang.[60] Die Präparate der stetig wachsenden Anatomischen Sammlung sicherten in Zeiten des Leichenmangles das Fortbestehen des anatomischen Unterrichts. Bünger gelang es, innerhalb seines ersten Jahres einen umfassenden Katalog der bereits vorhandenen anatomischen Präparate, Instrumente, Gerätschaften und Lehrutensilien anzufertigen. Seine Bestandsaufnahme aus dem Jahr 1811 enthielt 373 Objekte, nur acht Jahre später (1819) hatte sich die Anzahl der Präparate bereits verdoppelt. Auch die Zahl der pathologisch-anatomischen Präparate hatte im Laufe der Jahre erheblich zugenommen, da Büngers chirurgische Praxis, die er neben seiner universitären Lehrtätigkeit betrieb, eine ergiebige „Bezugsquelle" darstellte. Die pathologischen Präparate wurden überwiegend in Flüssigkeiten wie Branntwein, Spiritus vini[61] oder Terpentinöl[62] konserviert. Bünger und sein Prosektor und Freund Johann Moritz Herold[63] teilten das Interesse an der Zoologie, weshalb im Katalog von 1819 auch eine Vielzahl von vergleichend-anatomischen Präparaten[64] verzeichnet ist. Die steigende Zahl der Präparate hatte jedoch zur Folge, dass der Platz für die Unterbringung der Anatomischen Sammlung bald nicht mehr ausreichte. So mussten die menschlichen und tierischen Skelette im Vorraum

---

59 Der Lange Anton, vgl. dazu in dieser Arbeit: Der *Lange Anton* – das Helmstedter Erbe des Museum Anatomicum, S. 115.

60 Vgl. Hein, 1976, S. 59.

61 Spiritus: vergällter Äthylalkohol (=Ethanol, Trivialname: Alkohol) vgl. Institut für Arbeitsschutz der Deutschen Gesetzlichen Unfallversicherung, http://gestis.itrust.de/nxt/gateway.dll/gestis_de/010420.xml?f=templates$fn=default.htm$3.0, zuletzt geprüft am 04.11.2015.

62 Terpentinöl wird durch Destillation aus Terpentin (Balsamöl, Kiefernöl) gewonnen, bei diesem Vorgang bleibt Kolophonium als fester Bestandteil zurück, vgl. Bibliographisches Institut, 1909, S. 423.

63 Johann Moritz David Herold (1790–1862), 1812 Prosektor am Anatomischen Theater der Universität Marburg, im gleichen Jahr Promotion, seit 1815 Privatdozent für Physiologie ebenda, 1824 ordentlicher Professor der Naturgeschichte (Zoologie) und Direktor des Zoologischen Museums in Marburg, vgl. Gundlach, 1927, S. 473, Nr. 872.

64 Säugetiere, Reptilien, Amphibien und Vögel, vgl. Uniarchiv Marburg, 305a, Nr. 5650

des Anatomischen Theaters aufgestellt werden, wo sie „[...] dem Rauche, Staube und dem Angriffe von Hunden und Katzen“[65] schutzlos ausgeliefert waren. Auf BÜNGERS Drängen hin wurde ein nicht genutzter Raum im benachbarten Botanischen Institut freigeräumt und zusätzlich ein Anbau an das Anatomische Institut angebracht, der die wachsende Zahl von Präparaten aufnehmen sollte.

BÜNGER gelang es, während seiner 30jährigen Amtszeit als Direktor des Anatomischen Instituts die Lücken in der Sammlung weitestgehend zu schließen und die Sammlung zu einer der „schönsten und größten in Deutschland“[66] zu machen. Er bewies nicht nur feinmotorisches Geschick im anatomischen Präparieren, sondern zeigte auch eine künstlerische Begabung, wie seine anatomischen Zeichnungen belegen. Sein Spezialgebiet lag in der Anfertigung von Gefäßinjektionspräparaten, und seine sowohl chirurgische wie auch anatomische Expertise zeigt sich in filigranen Arbeiten. Sein Meisterstück, der sogenannte *Bünger-Kopf*, den er noch zu Helmstedter Zeiten anfertigte, zeugt von hoher Kunstfertigkeit. Es handelt sich dabei um den Kopf eines Mannes, dessen Gefäße mit flüssigen, farbigen Wachsmassen injiziert wurden, was eine herausragende Darstellung dieser Strukturen ermöglichte (Abb. 1).

Abb. 1: Der Bünger-Kopf, Gefäßinjektion der Brust-, Hals-, Schulter- und Kopfarterien, präpariert von Bünger (© Bildarchiv Foto Marburg, fmd 453604, Horst Fenchel)

65 Vgl. Grundmann, 2012a, S. 39.
66 Grundmann, 2012a, S. 38.

1830 erstellte BÜNGER seinen letzten Katalog, in welchem die Präparate systematisch nach verschiedenen Teilgebieten der Anatomie geordnet sind.[67] Die Anzahl der Präparate war mittlerweile auf ca. 3.000 gestiegen, wobei auch in dem neu erstellten, dreiteiligen Katalog wiederum nicht-anatomische Objekte wie Zeichnungen und Gemälde aufgeführt wurden. Nicht alle Präparate wurden von BÜNGER oder seinen Prosektoren in Marburg gefertigt; Schenkungen von Kollegen[68] waren ebenso üblich wie der Ankauf exotischer Objekte.[69] Prof. KÜLZ (Physiologie/Marburg) schenkte der Sammlung im Jahr 1892/93 eine Mumie[70] aus Arica (Chile) samt Grabbeigaben und einige versteinerte Pelikaneier.[71]

Kurz vor BÜNGERS Tod im Jahr 1842 konnte endlich das von ihm konzipierte neue Anatomiegebäude in der Ketzerbach bezogen werden, in welchem die gesamte zweite Etage für die Aufstellung der Sammlung vorgesehen war. So konnten die Präparate nach wissenschaftlichen Kriterien geordnet aufbewahrt werden.

Wie sehr BÜNGER die Marburger Anatomie und speziell die anatomische Sammlung am Herzen lagen, zeigt sich unter anderem in der Tatsache, dass er seinen Körper nach seinem Tod der Anatomie zur Verfügung stellte. Noch heute sind sein mazerierter Schädel und sein präpariertes Herz in der Sammlung erhalten (Abb. 2, 3).[72] BÜNGERS Erbe ging gänzlich an seine Frau Ernestine, die der Universität gegen eine Leibrente seine Präparate- und Instrumentensammlung und seine umfangreiche Bibliothek, die heute in Teilen noch erhalten ist, überließ.[73]

---

67 Vgl. anatomisch-physiologische Präparate: Uniarchiv Marburg, 305a, Nr. 5661, anatomisch-pathologisch Präparate: Uniarchiv Marburg, 305a, Nr. 5662, vergleichend-anatomische Präparate: Uniarchiv Marburg, 305a, Nr. 5663.

68 In den Katalogen finden sich bei einigen Präparaten Hinweise auf deren Herkunft bzw. Namen des Schenkers, ebenso sind auch Abgänge an Kollegen verzeichnet.

69 Beleg durch alte Institutsrechnungen, vgl. Grundmann, 2012a, S. 40.

70 Die Mumie ist heute wieder in der Sammlung zu sehen, nachdem sie ein Jahr lang in der Ausstellung *Mummies of the World* in den USA gezeigt wurde und im Jahr 2012 nach Marburg zurückkehrte.

71 Vgl. Philipps-Universität, 1924, S. 54.

72 Vgl. Lucae, 1844.

73 Vgl. Grundmann, 2012a, S. 42 und Anhang A.VII. ebenda.

Abb. 2: Büngers Schädel (© Bildarchiv Foto Marburg, fmd 453581, Fay Nolan, Sven Köhler)

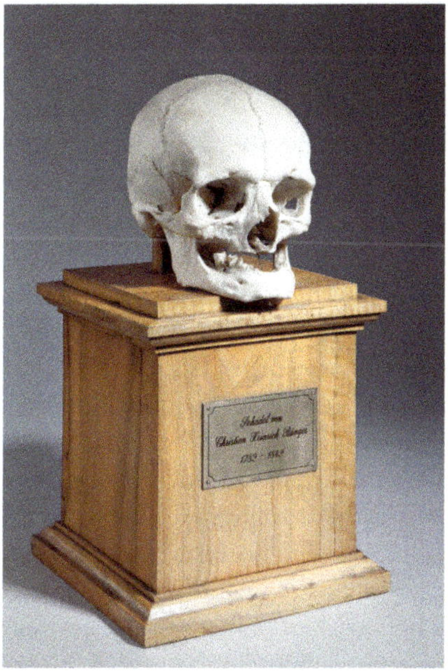

Abb. 3: Die Silberdose mit Büngers Herz (© Bildarchiv Foto Marburg, fmd 453580, Fay Nolan, Sven Köhler)

Büngers Nachfolger und ehemaliger Schüler Franz Ludwig Fick[74] lobte in seiner Bewertung des Nachlasses die Vielfalt der Sammlung und sprach sich für deren Erhalt aus.[75] Wie auch Bünger, erweiterte Fick die Sammlung um Präparate, die ganz seinem Forschungsinteresse entsprachen. Er beschäftigte sich hauptsächlich mit Wachstumsanomalien und Fehlbildungen von Knochen[76] und

74 Franz Ludwig Fick (1813–1858), deutscher Anatom, studierte Medizin in Göttingen und Marburg, 1836 legte er sein Staatsexamen bei Bünger ab, im darauffolgenden Jahr erfolgte die Habilitation im Fach Anatomie, wurde Privatdozent und Prosektor unter Bünger, ab 1839 außerordentlicher Professor für pathologische Anatomie, vgl. Gundlach, 1927, S. 205, Nr. 353.

75 Vgl. Grundmann, 2012a, S. 43.

76 Fick verfasste mehrere Arbeiten, die sich mit der Ursache von Knochenformen besonders des Schädels beschäftigten. Diese Arbeiten, die den Zusammenhang von Schädelgestalt und Gesichtsbildung untersuchten, sind heute noch Grundlage zur Behandlung von Fehlstellungen am Schädel und Gebiss, vgl. Fick, 1857.

wurde schon zu Büngers Lebzeiten von ihm zum Professor für pathologische Anatomie ernannt. Er verfasste ein Lehrbuch zu dieser anatomischen Teildisziplin[77], welches Grundlage für seine Vorlesung in diesem Fach war. Unter Ficks Ordinariat wurde der anatomische Unterricht um einen Mikroskopierkurs und eine Vorlesung in topographischer Anatomie erweitert, die sein Prosektor Wilhelm Henke[78] hielt.

Nachdem Friedrich Matthias Claudius[79] im Jahr 1859 sein Amt als Direktor des Anatomischen Instituts angetreten hatte, unterzog er die Sammlung einer weiteren Neukatalogisierung. Die Signatur J.N. + Zahl stammt nachweislich von ihm. Um neue Präparate besser von den bereits vorhandenen unterscheiden zu können, führte er zusätzlich die Signatur A.S. + Zahl für die alten Präparate ein. In diesem Fall würde das Kürzel A.S. nicht, wie bisher angenommen, für Anatomische Sammlung, sondern für Alte Sammlung stehen[80][81]. Zudem verkaufte er zu diesem Zeitpunkt seine Privatsammlung, bestehend aus Tierschädeln, Trockenpräparaten des Gehörgangs und dazugehörigen Gehörknöchelchen sowie 200 mikroskopische Präparate an die Universität Marburg. Die Marburger Sammlung verdankt Claudius eine Sammlung von mehreren hundert Korrosionspräparaten des Innenohres verschiedener Spezies. Die filigranen Abgüsse des knöchernen Labyrinthes sind noch heute im Museum Anatomicum ausgestellt. Während Claudius‘ Amtszeit wurden Teile der Sammlung an andere Institute abgegeben. So bekamen die Botaniker die botanischen Präparate zugesprochen und die geburtshilflichen Instrumente gingen an die Entbindungsanstalt in Mar-

---

77 Vgl. Fick, 1839 und Fick, 1844.

78 Philipp Jacob Wilhelm Henke (1834–1896), von Mitte 1859 bis Anfang 1864 Prosektor am Anatomischen Institut Marburg, dann ab Februar 1864 außerordentlicher Professor für Anatomie ebenda, Vgl. Gundlach, 1927, S. 207, Nr. 357.

79 Friedrich Matthias Claudius (1822–1869), deutscher Anatom, studierte Medizin und Naturwissenschaften in Göttingen und Jena, 1844 Promotion zum Dr. phil., folgte über mehrere Zwischenstationen im Jahr 1859 dem Ruf nach Marburg, um dort die Nachfolge des verstorbenen Fick als Direktor des Anatomischen Instituts anzutreten, hatte in Kiel nachträglich auch die medizinische Doktorwürde und Dozentur erhalten und war am Kieler Anatomischen Institut als Prosektor angestellt (1851), zuvor war er Konservator des dortigen Zoologischen Museums (1849), vgl. Gundlach, 1927, S. 205, Nr. 354.

80 Vgl. dazu in dieser Arbeit: Entschlüsselung der Signatursysteme – personenbezogene und zeitliche Einteilung der Katalognummern, S. 110.

81 Claudius erwähnt in einem Brief, dass er bei Amtsantritt 5000 Präparate vorgefunden hätte, vgl. Grundmann, 2012a, S. 44.

burg. Nicht ganz ohne Streitigkeiten verlief die Abgabe der zoologischen Präparate an den Ordinarius der Zoologie, Carl Claus[82], der sich bereits 1859 das Recht erstritten hatte, die anatomisch-vergleichende Sammlung für didaktische Zwecke zu nutzen. Als Claus im Jahr 1866 ordentlicher Professor für Zoologie wurde und die Vorlesungen für vergleichende Osteologie nun in der Zoologie stattfanden, wurde ihm von Ministeriumsseite die vergleichend-anatomische Sammlung zugesprochen und in sein Institut transferiert.[83]

Der Berliner Anatom und Entwicklungsbiologe Samuel Nathanael Lieberkühn[84] übernahm ab 1867 das Direktorat von Claudius. Er war besonders an entwicklungsbiologischen Fragestellungen interessiert, was sich in den von ihm geschaffenen Präparaten deutlich wiederspiegelt. Zusammen mit seinen Kollegen und Freunden Wagener[85], Strahl[86] und Gasser[87] legte er eine umfangreiche histologische Schnittsammlung von Embryonen und Organen verschiedener Spezies, die noch heute in der Sammlung erhalten geblieben ist, an. Sie lockte zum

---

82 Carl Friedrich Wilhelm Claus (1835–1899), 1858 Habilitation für Zoologie in Marburg, ab 1860 außerordentlicher Professor und ab 1863 ordentlicher Professor der Zoologie in Marburg, Direktor des Zoologischen Instituts, vgl. Gundlach, 1927, S. 475, Nr. 873.

83 Vgl. Bohle, 2015.

84 Samuel Nathanael Lieberkühn (1821–1887), deutscher Anatom und Entwicklungsbiologe, studierte u. a. in Berlin unter Johannes Müller, arbeitete unter Reichert in Berlin als Prosektor, veröffentlichte in dieser Zeit entwicklungsgeschichtliche Arbeiten zu Schwämmen , folgte 1867 dem Ruf an die Universität Marburg und trat dort die Nachfolge von Claudius an, vgl. Gundlach, 1927, S. 206, Nr. 355.

85 Richard Wagener (1822–1896), deutscher Anatom und Entwicklungsbiologe, studierte zusammen mit Lieberkühn in Berlin bei Müller, promovierte 1848 ebenda, ab 1857 Assistent am Anatomischen Institut in Berlin, 1861 erfolgte seine Habilitation, anschließend war er als Privatdozent tätig, folgte seinem Freund Lieberkühn nach Marburg und war dort unter dessen Leitung von 1867–1887 Professor für Anatomie an der Universität Marburg, er fertigte die Zeichnungen für Lieberkühns Veröffentlichungen an, sein Forschungsinteresse lag neben entwicklungsbiologischen Fragestellungen in der Mikrobiologie, bekannt auch durch seine umfangreiche Musiksammlung, die sich heute im Königlichen Konservatorium in Brüssel befindet vgl. Gundlach, 1927, S. 208, Nr. 358.

86 Hans August Balthasar Strahl (1857–1920), Adoptivsohn von Guido Wagener und Mündel von Nathanael Lieberkühn, 1867 Promotion an der Universität Marburg, dann ab 1884 Assistent am Anatomischen Institut Marburg und ab 1887 außerordentlicher Professor und Prosektor ebenda, vgl. Gundlach, 1927, S. 208, Nr. 359.

87 Emil Gasser (1847–1919), deutscher Anatom, studierte Medizin in Heidelberg und Marburg und habilitierte sich 1874 bei Lieberkühn in Marburg, vgl. Gundlach. 1927, S. 206, Nr. 356.

damaligen Zeitpunkt führende Gelehrte wie ALBERT KÖLLIKER[88], JAKOB HENLE[89] und WILHELM HIS[90] nach Marburg. Zwei Rufe an die Universitäten Leipzig und Straßburg lehnte er ab und bekam dafür von Seiten des Ministeriums eine Assistentenstelle zugesprochen, die er zuerst mit GASSER, dann mit STRAHL besetzte.

EMIL GASSER folgte seinem Mentor LIEBERKÜHN, nachdem er unter diesem Prosektor gewesen war, auf die Position des Institutsdirektors. Ganz im Sinne LIEBERKÜHNS führte er die Schnittserie mit HANS STRAHL fort (*Gasser-Strahl´sche Sammlung*)[91], denn wie auch sein Lehrer, hatte er sich der Entwicklungsbiologie verschrieben. Durch die Entdeckung des Formaldehyds im Jahr 1893 als Fixierungs- und Konservierungsmittel wurde die Herstellung und Haltbarkeit von Präparaten um ein Vielfaches verbessert. GASSER bediente sich dieser neuen Methode und stellte zahlreiche systematische und topographische Feuchtpräparate, unter anderem in Zusammenarbeit mit dem Chirurgen EUGEN ENDERLEN[92],

---

88 Albert von Kölliker (1817–1905), Schweizer Anatom und Physiologe, studierte Medizin in Zürich, Bonn, Berlin und Heidelberg, 1842 Promotion, 1844 Professor an der Universität Zürich, 1847 bis zu seiner Emeritierung im Jahr 1903 an der Universität Würzburg tätig, vgl. Historisches Lexikon der Schweiz, http://www.hls-dhs-dss.ch/textes/d/D14436.php, zuletzt geprüft am 25.11.2015.

89 Friedrich Jakob Gustav Henle (1809–1885), deutscher Anatom und Pathologe, Studium der Medizin in Bonn und Heidelberg, wurde 1832 Assistent am Institut von Johannes Müller in Berlin, folgte 1840 einem Ruf an die Universität Zürich als Professor für Anatomie und Physiologie, 1844 an die Universität Heidelberg, 1852 übernahm er die Leitung des Anatomischen Instituts der Universität Göttingen, wo er bis zu seinem Tod wirkte und lehrte, galt als Könner am Mikroskop und erkannte schon früh die Möglichkeiten der damals noch jungen mikroskopischen Anatomie, Entdecker und Beschreiber der Henle-Schleifen in der Niere, vgl. Deutsche Biographie, http://www.deutsche-biographie.de/pnd118549154.html, zuletzt geprüft am 25.11.2015.

90 Wilhelm His (1831–1904), Schweizer Anatom, studierte Medizin in Basel, Berlin (bei Müller), Würzburg (bei Virchow und Kölliker), Bern, Wien, Paris, 1854 Promotion und 1856 Habilitation in Basel, wurde 1857 bereits Professor für Anatomie und Physiologie in Basel, folgte 1872 einem Ruf an die Universität Leipzig, wo er insgesamt 32 Jahre wirkte, vgl. Deutsche Biographie, http://www.deutsche-biographie.de/sfz70166.html, zuletzt geprüft am 25.11.2015.

91 Vgl. dazu in dieser Arbeit: *Verzeichnis von Schnittserien aus dem anatomischen Institut der Universität Marburg und Verzeichnis der Gasser-Strahl´schen Sammlung menschlicher Embryonen aus dem anatomischen Institut der Universität Marburg*, S. 109.

92 Eugen Enderlen (1863–1940), österreichischer Chirurg und Hochschullehrer, studierte Medizin in München, Habilitation 1895 in Greifswald, wurde 1899 außerordentlicher Professor, folgte 1904 einem Ruf nach Basel und 1908 nach Würzburg, 1918 wurde er Ordinarius in Heidelberg, vgl. Deutsche Biographie, http://www.deutsche-biographie.de/pnd118684604.html, zuletzt geprüft am 25.11.2015.

her.[93] Sein Prosektor JAKOB ZUMSTEIN[94] verlegte sich auf die Herstellung von Korrosionspräparaten des Respirations-, Ausscheidungs- und Sekretionssystems.[95] Dank seines unermüdlichen Einsatzes zog das Anatomische Institut samt Sammlung im Jahr 1902 in das neu erbaute Gebäude in der Robert-Koch-Straße, wo es heute noch ansässig ist. Hier fand die Sammlung ihren Platz im Obergeschoss. Zwei seiner ehemaligen Assistenten, GÖPPERT[96] und BENNINGHOFF[97], übernahmen später selbst die Leitung des Anatomischen Instituts in Marburg. Daneben wirkten unter GASSER auch andere namhafte Anatomen wie HANS STRAHL, JOSEPH DISSE[98], JAKOB ZUMSTEIN und OTTO VEIT[99] teils mehrere Jahre

93 Vgl. Enderlen und Gasser, 1906.

94 Johann Jakob Zumstein (1861–1908), Schweizer Anatom, war Assistent am Anatomischen Institut der Universität Bern unter dem Direktorat von Gasser, habilitierte sich 1887 im Fach Anatomie ebenda, ging anschließend mit Gasser nach Marburg, ab 1887 Assistent am Anatomischen Institut Marburg, zweite Habilitation im Fach Anatomie und vergleichende Anatomie an der Universität Marburg im Jahr 1891, wurde 1895 zweiter Prosektor, fertigte zahlreiche Korrosionspräparate vor allem des Bronchialbaumes verschiedener Spezies an, vgl. Gundlach, 1927, S. 210, Nr. 363.

95 Vgl. dazu in dieser Arbeit: Korrosionspräparate von Jakob Zumstein in der Marburger Sammlung, S. 38.

96 Ernst Göppert (1866–1945), deutscher Mediziner, studierte in Heidelberg und Berlin, promovierte 1890, 1895 erfolgte die Habilitation in Heidelberg, 1891–1892 Assistent am Zoologischen Institut in Jena, ab 1892 vorerst Assistent, dann ab 1900 bis zu seinem Weggang nach Marburg 1912 Professor am Anatomischen Institut in Heidelberg,1914 wechselte er in gleicher Stellung an die neugegründete Universität Frankfurt a. M., kehrte im Jahr 1919 endgültig nach Marburg zurück und wurde hier Direktor des Anatomischen Instituts bis zu seiner Emeritierung im Jahr 1934, vgl. Auerbach, 1979, S. 241.

97 Alfred Benninghoff (1890–1953), deutscher Anatom, ab 1909 Studium der Medizin in Heidelberg und München, Promotion 1919 in Heidelberg, anschließend Prosektor in Marburg, Habilitation 1921, 1927 Wechsel nach Kiel und ab 1927 Lehrstuhlinhaber ebenda, 1941 erfolgte der Eintritt in die NSDAP und Rückkehr nach Marburg als Direktor des Anatomischen Instituts, vgl. Auerbach, 1979, S. 195.

98 Joseph Hugo Vincenz Disse (1852–1912), deutscher Anatom und Histologe, studierte Medizin in Würzburg, Göttingen, München und Erlangen, wurde 1875 Assistent des Anatomen Joseph von Gerlach, bei dem er im gleichen Jahr auch promovierte, war von 1876 bis 1880 Assistent von Waldeyer in Straßburg, ging 1880 an die Universität Tokio, vgl. Gundlach, 1927, S. 209, Nr. 360.

99 Otto Veit (1884–1972), ab 1909 Assistent am anatomischen Institut Marburg, Ernennung zum 2. Prosektor im Oktober 1910, Habilitation im Fach Anatomie im Jahr 1911 an der Universität Marburg, Prädikat Professor 1916, Wechsel an die Universität Köln im Jahr 1925, Vgl. Auerbach, 1979, S. 406 und Ortmann, 1976.

am Marburger Anatomischen Institut. Trotz seiner 67 Jahre nahm Gasser im Jahr 1914 als Oberstabsarzt im Ersten Weltkrieg teil und wurde in dieser Zeit von seinem Breslauer Kollegen Georg Wetzel[100] als Institutsdirektor vertreten.

Nach dem Ersten Weltkrieg nahm das Interesse an der Sammlung ab. Nur wenige, zumeist im anatomischen Unterricht von Studierenden hergestellte Präparate kamen nach 1920 hinzu, weshalb die Sammlung ab diesem Zeitpunkt als abgeschlossen gilt. Es folgten in den darauffolgenden Jahren weitere Neukatalogisierungsversuche, die jedoch nicht die komplette Sammlung, sondern nur Teilbestände einschlossen.[101] Im Jahr 2013 wurde eine digitale Neukatalogisierung des gesamten Sammlungsbestandes begonnen.[102]

1985 erfolgte ein Umzug der Sammlung aus dem anatomischen in das Nachbargebäude, in dem sich heute das Institut für Zytobiologie und –pathologie befindet. Der Anatom Gerhard Aumüller[103] nutzte die frei gewordenen Räume des auf die Lahnberge verlegten Pathologischen Instituts, um die in Vergessenheit geratene Sammlung neu aufzustellen und der Öffentlichkeit zugänglich zu machen. Die Sammlung ist bis heute im Dachgeschoß des ehemaligen Pathologischen Instituts, welches sich gleich neben der Anatomie in der Robert-Koch-Straße befindet, untergebracht und als Museum Anatomicum für Interessierte zugänglich. Die anatomische Sammlung wird durch die Mitarbeiter der Emil-von-Behring-Bibliothek / Arbeitsstelle für Geschichte der Medizin betreut und kuratorisch verwaltet.

---

100 Georg Wetzel (1871–1951), deutscher Anatom, studierte Medizin in München und Berlin, Promotion 1896 in Berlin, 1900 erfolgte die Habilitation im Fach Anatomie ebenfalls in Berlin, folgte 1903 einem Ruf an die Universität Breslau und war dort Prosektor, 1909 zum Professor ernannt, anschließend folgte ein Lehrauftrag in Anatomie für Zahnmediziner, vertrat von 1914 bis 1918 den Lehrstuhl für Anatomie der Universität Marburg, ab 1918 planmäßiges Extraordinariat an der Universität Halle, ab 1922 Ordinarius in Halle, 1922 ging er nach Greifswald und wurde Leiter des neugegründeten Instituts für Entwicklungsmechanik, vgl. Martin-Luther-Universität Halle-Wittenberg, http://www.catalogus-professorum-halensis.de/wetzelgeorg.html, zuletzt geprüft am 05.08.2015.

101 Vgl. dazu in dieser Arbeit: Die alten Kataloge, S. 95.

102 Vgl. dazu in dieser Arbeit: Die Neu-Katalogisierung, S. 174.

103 Gerhard Aumüller (geboren 1942), deutscher Anatom, Hochschullehrer und Medizinhistoriker, 1977 Berufung als Professor der Anatomie nach Marburg, 1981 trat er das Ordinariat für Anatomie II in Marburg an, überführte während seiner Amtszeit die Anatomische Sammlung in das Museum Anatomicum, dem er bis 2012 als Leiter vorstand, vgl. Emil-von-Behring-Bibliothek/Arbeitsstelle für Geschichte der Medizin, https://www.uni-marburg.de/fb20/evbb/mitarbeiter/aumuellersiebzig.pdf, zuletzt geprüft am 25.11.2015.

3 Die verschiedenen Präparate-Typen des Museum Anatomicum und deren Herstellungstechniken und Präparationsmethoden

Die Präparate des Museum Anatomicum lassen sich in verschiedene Typen einteilen. Dabei handelt es sich um Trockenpräparate (Kapitel 3.1), Feuchtpräparate (Kapitel 3.2), histologische Präparate (Kapitel 3.3), anatomische Modelle (Kapitel 3.4) und medizinische Instrumente (Kapitel 3.5).

Bünger beispielweise war ein Meister der Trockenpräparation, was die zahlreichen Arbeiten aus seiner Hand eindrücklich beweisen. Lieberkühn forschte mit seinen Kollegen Gasser, Strahl und Wagener auf dem Gebiet der embryologischen Entwicklungsbiologie und nutzte dafür die sich im 19. Jahrhundert als eigenständiges Forschungsgebiet etablierende mikroskopische Anatomie. Die Erfindung des Mikroskops Ende des 16. Jahrhunderts ermöglichte ganz neue „Einblicke". Man war in der Lage, auch die für das Auflösungsvermögen des Auges nicht mehr sichtbaren Strukturen eines Organismus darzustellen und zu erforschen, woraus sich neue Fragestellungen generierten. Die makroskopisch-topographische Anatomie wurde so zu Gunsten der vergleichenden Anatomie insbesondere auf mikroskopischer Ebene größtenteils abgelöst. Es entwickelten sich neue Verfahren (Mikrotomschnitte) und Fachrichtungen wie die Histologie. Die menschliche Leiche als Ausgangsmaterial anatomischer Forschung blieb, unabhängig von Fachgebiet und Fragestellung, unabdingbare Grundlage der Forschung.

Mit der schon im 17. Jahrhundert bekannten Leichenkonservierung wurde versucht, dem Problem des natürlichen Zerfalls von Leichen entgegenzutreten und so das Zeitfenster für den Prozess der Leichenpräparation zu erweitern. Die Geschwindigkeit des nach dem Tod eines Organismus unweigerlich einsetzenden Zersetzungsprozesses ist stark temperaturabhängig, weswegen vorwiegend in kalten Jahreszeiten präpariert wurde.[104] Die dabei gewonnenen Erkenntnisse und Einblicke mussten schriftlich, in Form von Zeichnungen (Ausarbeitung anatomischer Atlanten) oder als dauerhafte, künstlich geschaffene Objekte in Wachs und/oder Gips dargestellt werden, da sich das biologische Ausgangsmaterial im unkonservierten Zustand nicht erhielt. Dies änderte sich mit Einführung erhaltender (konservierender) Methoden in die Anatomie, zu denen alle bekannten

104 Vgl. Schultka und Göbbel L, 2003, S. 51.

Präparationstechniken gezählt werden können. Das Konservieren eines Organs, Körperteils oder ganzen Leichnams ermöglichte die Demonstration eines relevanten Sachverhaltes (Krankheitsbild, Fehlstellung, Lage, Ausprägung etc.) auch zu einem deutlich späteren Zeitpunkt. Anatomische Präparate revolutionierten nicht nur die medizinische Forschung, sondern auch die medizinische Lehre. Erstmals konnten auch in Zeiten des Leichenmangels die Ausbildung garantiert und relevante Fragestellungen bearbeitet werden, auch wenn kein passendes „frisches Untersuchungsobjekt" zur Verfügung stand. Somit entwickelte sich die Präparationstechnik im Zuge der im 19. Jahrhundert begonnenen Spezialisierung von Berufsfeldern zu einem konkreten Gegenstand struktureller Forschung mit eigenem Ausbildungs- und Berufsbild. Der auf die Konservierung (der Leichen) spezialisierte Präparator war spätestens zu Beginn des 20. Jahrhunderts nicht mehr aus den anatomischen Instituten wegzudenken, wie das Beispiel des am Anatomischen Institut der Berliner Charité tätigen Präparators Jean Wickersheimer zeigt.[105] Es ist zu bemerken, dass der Beruf des anatomischen Präparators in den vergangenen Jahrhunderten eng mit der Position eines Prosektors verknüpft und zeitweiße sogar identisch war. Innerhalb der letzten fünf Jahrhunderte wandelte sich der Berufsstand des Prosektors erheblich. Anfänglich führten einfache Barbiere ohne anatomische Fachkenntnisse die niedere Arbeit des Zergliederns durch. Heute wird der Beruf des Prosektors von qualifiziertem, akademisch ausgebildetem medizinischen Personal ausgeführt, dessen Aufgabenbereich nicht mehr nur Sektionen, sondern auch didaktische, präparatorische und verwaltungsrechtliche Aufgaben beinhaltet.[106]

Nachfolgend werden die Präparationstechniken und Herstellungsmethoden der Objekte im Museum Anatomicum und deren historische Entwicklung bis zum Forschungsstand etwa zu Beginn des 20. Jahrhunderts kategorisch vorgestellt. Zu diesem Zeitpunkt etwa endete die Sammlungstätigkeit in Marburg, wobei es vereinzelt Belege über Präparate gibt, die zu einem späteren Zeitpunkt hinzugekommen sind und meist im Rahmen von Studienarbeiten angefertigt wurden.[107] Die Kenntnis über den Verlauf und die Entwicklung der einzelnen

105 Vgl. Witte, 2010, S. 185–217.

106 Schierhorn lieferte eine umfangreiche Ausarbeitung der historischen Entwicklung des Berufsstandes des Prosektors, vgl. Schierhorn, 1984.

107 Vgl. das Injektionspräparat einer Plazenta, welches nachweislich 1986 hergestellt wurde (Abb. 33). Der Präparate-Katalog über die Neuzugänge umfasst einen Zeitraum von ca. 20 Jahren, in denen immer wieder Präparate hergestellt wurden. Bei den Präparatoren handelte es sich meist um Studierende, vereinzelt auch Angestellte des Anatomischen Instituts.

Techniken ist eng mit der Entwicklung der Anatomie und deren Forschungsfragen verbunden. Jeder Präparationsmethode sind Grenzen in Bezug auf die Darstellung der anatomischen Strukturen gesetzt. Das Experimentieren mit verschiedenen Materialien und Stoffen und die teils über Jahrhunderte andauernde methodische Weiterentwicklung war der Versuch, diese Grenzen zu überwinden. Man bediente sich verschiedener Hilfsmittel wie Spritzen oder Röhrchen und benutzte Ölfarben, die normalerweise aus der Malerei bekannt waren, um die Methoden zu optimieren. Ebenso wurden Methoden mit Materialien wie beispielsweise Quecksilber verworfen, nachdem dessen chronisch-toxische Wirkung bei längerer Expositionsdauer bekannt wurde.[108]

Durch den dreidimensionalen Aufbau des Körpers aus Geweben mit unterschiedlichen physikalischen und chemischen Eigenschaften kann nicht jede Struktur gleichzeitig dargestellt werden. Die Komplexität eines organischen Körpers setzt der Technik hier eine natürliche Grenze. So muss sich der Präparator entscheiden, welche Strukturen er mit Hilfe welcher Methode am besten darstellen kann und möchte. Im Wesentlichen begrenzen das Forschungsinteresse bzw. der Forschungsschwerpunkt, der Zweck der Präparation (Forschung oder Lehre) und das zur Verfügung stehende Material diese Entscheidung. Setzt man diese drei Kriterien in einen historischen Zusammenhang, wird die Wahl der Methode zusätzlich durch den technischen Fortschritt limitiert.

Für die Marburger Sammlung lässt sich eine Chronologie anfertigen, die die Korrelation zwischen den forschungsgeschichtlichen Entwicklungen in der Anatomie des 19. Jahrhunderts und der Weiterentwicklung der Präparationsmethoden wiederspiegelt.

Zu Beginn des 19. Jahrhunderts begann BÜNGER mit der Herstellung von Trockenpräparaten einzelner Hohlorgane. Diese ermöglichten nur eine makro-

---

108 Akute und chronische Vergiftungserscheinungen sind schon seit Mitte des 19. Jahrhunderts belegt, jedoch hängt die Schwere der Vergiftung mit Dauer und Art der Exposition zusammen. Wie Paracelsus bereits 1536 erkannte, kommt es ebenso auf die Dosierung an. Elementares Quecksilber ist dabei weniger gesundheitsschädlich, wie Quecksilberverbindungen. Quecksilberverbindungen wurden, obwohl deren schädigende Wirkung bereits bekannt war, bis in 20. Jahrhundert zur Behandlung von Darmverschlüssen, als Mittel gegen Syphilis und zur Desinfektion eingesetzt, vgl. Universität Bern, http://www.uniaktuell.unibe.ch/content/geistgesellschaft/2011/syphilis/index_ger.html, zuletzt geprüft am 07.03.2016, Syversen, 2012.
Mit Einführung des Formaldehyds als Fixierungsmittel für organische Gewebe durch Blum 1893 traten Konservierungsgemische mit Metallverbindungen (Chlorzink, Quecksilber-II-chlorid/Sublimat, Arseniklösungen) in den Hintergrund.

skopische Sichtweise ohne topographischen Zusammenhang. Innere Strukturen blieben dem Auge durch die lediglich oberflächliche, rein auf Konservierung abzielende Präparation verborgen. Schon bald ging er zur Injektionspräparation über, um Gefäße und feine Nervenverzweigungen sichtbar zu machen. Für ein angiologisches Kopfpräparat wurden zuerst die Haut und die oberflächliche Gesichtsmuskulatur entfernt, um die tiefen Gesichtsnerven und -gefäße freilegen und injizieren zu können. Eine mögliche Motivation BÜNGERS könnte sein chirurgisches Interesse und konkret das Ausüben dieses Berufes in seiner Praxis gewesen sein.[109] Kenntnisse über den Verlauf von tiefen Gefäß- und Nervensystemen waren sicherlich ein entscheidender Vorteil beim Operieren und eine Voraussetzung für das Überleben eines Patienten.

Die Ausgusspräparate des Innenohres von verschiedenen Tierspezies und Menschen waren ein spezielles Forschungsinteresse von CLAUDIUS. Er fertigte ca. 500 solcher Präparate an und benutzte zur Injektion sowohl gefärbte Wachs- und Harzmassen als auch verschiedene Metalllegierungen. Zum einen deutet sich hier die Weiterentwicklung der Injektionsmethode von der anfänglichen Injektion mit Wachs- und Harzmasse zur Injektion mit Metallen an. Zum anderen zeigt sich hier deutlich ein spezifisches Forschungsinteresse. Die Injektion von sowohl tierischen als auch menschlichen Gehörorganen stellte eine Entwicklung zu anatomisch-vergleichenden Fragestellungen auf makroskopischer Ebene dar.

In den 1870er und 1880er Jahren wirkte der Entwicklungsbiologe LIEBERKÜHN am hiesigen anatomischen Institut. Die Interessen seiner Forschungsgruppe um GASSER, STRAHL und WAGENER umfassten entwicklungsbiologische Fragestellungen im Bereich der vergleichenden Anatomie auf nun mikroskopischer Ebene. Ein Beleg dafür sind die zahlreichen histologischen Schnittserien. LIEBERKÜHNS ehemaliger Mitarbeiter GASSER, der 1887 die Leitung des anatomischen Instituts übernahm, führte diese Tradition weiter. Sein Prosektor ZUMSTEIN spezialisierte sich auf die Herstellung von Korrosionspräparaten von Bronchialbäumen, wobei er dafür wieder auf die makroskopische Ebene zurückkehrte. Er verglich die bronchialen Gefäßsysteme unterschiedlicher Tierarten miteinander, um Aufschluss über deren Verlauf zu erlangen. Durch die Korrosion des Präparates blieb nur die zuvor injizierte, für die Fragestellung relevante Struktur übrig. Umliegendes Gewebe, welches in diesem Fall stört, wurde durch Ätzung entfernt. Dabei ging jedoch der topographische Zusammenhang verloren.

---

109 Vgl. Aumüller, 2013b.

3.1 Trockenpräparate

Die Kategorie der anatomischen Trockenpräparate umfasst sowohl Knochen- als auch Organpräparate. Eines der ältesten Verfahren zur Herstellung von Trockenpräparaten ganzer Körper oder einzelner Organe ist die Mumifizierung.[110]

Anatomische Trockenpräparate, wie Voss in seinem Werk *Makroskopisch-anatomische Präparationstechnik* (1939) anmerkt, „[..] können auch durch bloßes Austrocknen an der Luft hergestellt werden."[111] Damit ist die Herstellung von Trockenpräparaten eines der technisch einfachsten und aus diesem Grund auch eines der ältesten Verfahren anatomischer Präparationskunst. Neben diesem natürlichen Verfahren existieren künstliche Herstellungsmethoden für Trockenpräparate, die die Dauer des Herstellungsprozesses mithilfe chemischer Substanzen beschleunigen[112] und die Haltbarkeit der Präparate durch die Injektion wachsartiger oder fetthaltiger Substanzen verbessern.[113]

3.1.1 Anatomie mit Spritze und Tubuli – die Injektionspräparation

Die Injektions- (und auch die Korrosions-)präparation stellen „Glanzpunkte präparationstechnischer Verfahren"[114] des 17. und 18. Jahrhunderts dar, wobei die gesicherten Anfänge der Injektionsmethode laut FALLER bereits im 15. und

---

110 Körperhöhlen werden nach Entfernen der Organe mit ätherischen Ölen oder Balsamen ausgewaschen. Flüssigkeits- und fettreiche Gewebe müssen entfernt oder durch Alkohol entwässert werden, um eine Fäulnis zu verhindern.

111 Voss, 1939, S. 9.

112 Beim Verfahren des deutschen Zoologen Karl Semper wird das frische Organ in gelbe Chromsäure eingelegt und sukzessive mit Spiritus und in einer aufsteigenden Alkoholreihe gehärtet, bevor der Alkohol im Präparat durch Einlegen in ein Terpentinbad vollständig verdrängt wird. Anschließend wird das Präparat an der Luft getrocknet, wobei sich das Terpentin verflüchtigt und das Präparat aufgrund von Oxidation eine gipsweiße Farbe annimmt, vgl. Semper, 1887. Schwerin, 1952, S. 22, Nach Voss ist dieses Verfahren besonders für die Herstellung von Hohlorganpräparaten geeignet, vgl. Voss, 1939, S. 6.

113 Die Paraffindurchtränkung des österreichischen Anatomen Ferdinand Hochstetter wird als technische Weiterentwicklung des Semper'schen Verfahrens gesehen. Die Vorteile sind nach Schwerin und Voss klar die unbegrenzte Haltbarkeit, das leichte Aufbewahren und die Anwendbarkeit auf nahezu jeden Organtyp (auch parenchymöse Organe). Nachteilig zeigt sich eine Schrumpfung und ein Farbverlust (zu einem einheitlichen braun) des Präparates. Des Weiteren ist diese Methode, abhängig von der Größe des zu präparierenden Organs, sehr kostspielig, vgl. Farries, 1932.

114 Schultka und Göbbel, 2003, S. 59.

16. Jahrhundert liegen.[115] Seit der Antike wurde versucht, Gefäßverzweigungen sichtbar zu machen. So steckte Galen[116] Holzsonden in die Gefäße, um sie anschließend aufzuschneiden und so deren Verlauf nachvollziehen zu können. Jacobus Berengarius (um 1470–1530) lieferte im Jahr 1521 die erste gesicherte Darstellung von Blutgefäßen durch Injektion von warmem Wasser. Diese Technik wurde ebenfalls von dem italienischen Arzt Bartolomeo Eustachi (um 1510–1574) angewandt, der damit den Übertritt der Flüssigkeit von der Nierenarterie in die Harnleiter demonstrieren konnte. Das Einblasen von Luft oder Wasser (gefärbt oder ungefärbt) in Gefäße und Hohlorgane wurde von Vidus Vidius (1509–1569) bei Sektionen praktiziert. Francis Glisson (1596?-1677) experimentierte ebenfalls mit Safranwasser und Milch zur Füllung der Lebergefäße. Ihm gelang damit der experimentelle Nachweis, dass das Blut der Leberpfortader über das Lebervenensystem in die untere Hohlvene gelangt.[117] Thomas Willis (1621–1675) wies mittels der Injektion von Tintenwasser den nach ihm benannten Arterienring (*Circulus arteriosus cerebri, Circulus arteriosus Willisii*) zur Blutversorgung des Gehirns nach.[118] Jan Reinier de Graaf[119], der sich im Zuge seiner wissenschaftlichen Forschung mit der stetigen Verbesserung der Injektionsmethode befasste, experimentierte mit allerhand Zusatzstoffen zur Färbung der Injektionsflüssigkeit. Weiterhin war er der Erste, der mit Weingeist injizierte, und dessen Präparate als frühe Vorläufer der konservierenden Gefäßinjektion (Feuchtpräparation) gelten.[120]

Gegen Ende des 17. Jahrhunderts wurde die Injektion mit gefärbten Flüssigkeiten zu Gunsten der Injektion mit Luft, die mittels Röhrchen (*Tubuli*) eingeblasen wurde, und der Injektion von beständigen gefärbten Massen aufgegeben.

---

115 Vgl. Faller, 1948.

116 Galenos von Pergamon (um 130-ca. 200 n. Chr.), griechischer Arzt, in Rom tätig, „letzter hervorragender Repräsentant der antiken wissenschaftlichen Medizin", in der Spätantike und im Mittelalter von autoritativer Bedeutung, vgl. Gerabek, 2005, S. 448.

117 Vgl. Faller, 1948, S. 55

118 Sturm, 2007, S. 380

119 Jan Regner de Graaf (1641–1693), niederländischer Mediziner, forschte zum Ovarialzyklus und beschrieb als erster den weiblichen Eisprung und die sprungreifen Tertiärfollikel (Graaf-Follikel), ein Streit mit Jan Swammerdam um seine Injektionsmethode beendete deren langjährige Freundschaft, gilt zusammen mit Caspar Bartholin als Erfinder der anatomischen Injektionsspritze, vgl. Gerabek, 2005, S. 506.

120 Ausführliche Darstellungen der insbesondere frühen Injektionsanatomie mit Luft und gefärbtem Wasser finden sich in den Arbeiten von Faller, 1948 und Schultka und Göbbel, 2003.

Die Injektions- und später die Korrosionsanatomie ermöglichten erstmals Einblicke „in das Innere“ eines Körpers oder Organs. Der Verlauf des peripheren Gefäßsystems und der Lymphbahnen wären dem Betrachter ohne diese Technik verborgen geblieben. Nicht zuletzt konnte dadurch der „faktische Beweis für die Wahrheit der Harvey'schen Lehre“[121] erbracht werden, wie HYRTL[122] in seinem Werk *Die Corrosions-Anatomie und ihre Ergebnisse* (1873) anmerkte. Die Techniken zielten demnach auf einen Erkenntnisgewinn hin, der durch zielgerichtetes Experimentieren erlangt wurde.

Erste Injektionsversuche mit gerinnenden Massen machten die beiden Studienkollegen JAN SWAMMERDAM[123] und JAN REINIER DE GRAAF. Sie versuchten durch die Injektion von Salzsäure (HCl), das Blut in den Gefäßen zur Gerinnung zu bringen.[124] Das Benetzen mit Essig von zuvor mit Milch injizierten Gefäßen (DE GRAAF), die Injektion von gefärbtem Hühnereiweiß in Verbindung mit der Alkoholfixation (LAUTH, 1835) und das Einlegen von mit defibriniertem Ochsenblut injizierten Organen (BERG, 1842) beruhen auf dem Prinzip der chemischen Denaturierung und anschließenden Koagulation der Proteine. Später verwendete man pflanzliche Milchsäfte wie Guttapercha[125] (TEICHMANN, 1876) und Kautschuk[126] (BURT, 1928), und brachte diese ebenfalls nach dem Prinzip

---

121 Hyrtl, 1873, S. 4.

122 Josef Hyrtl (1810–1894), österreichischer Anatom, 1831 Studium der Medizin in Wien, wurde schon 1833 zum Prosektor und mit nur 26 Jahren (1837) zum Professor an der Karls-Universität in Prag ernannt. 1850 schrieb er eines der einflussreichsten anatomischen Lehrbücher (*Handbuch der Topographischen Anatomie*), nachdem er fünf Jahre zuvor nach Wien zurückgekehrt war. Im gleichen Jahr gründete er in Wien das *Museum für vergleichende Anatomie*, erweiterte die Sammlung des Museums für menschliche Anatomie und fertigte zahlreiche Präparate, die auch in anderen Sammlungen weltweit ausgestellt wurden, an. Zeitlebens beschäftigte er sich mit verschiedenen Präparationsmethoden, wobei ihm die Injektions- und vor allem die Korrosiontechnik besonders am Herzen lagen, Gerabek, 2005, S. 649.

123 Jan Swammerdam (1637–1680), niederländischer Biologe, Studium der Medizin von 1661–1663 in Leiden, Studienkollege von de Graaf und Frederik Ruysch, forschte an verschiedenen Instituten an Insekten, wichtige gerichtsmedizinische Entdeckung war die Lungenschwimmprobe zur Unterscheidung von Lebend- und Totgeburten, vgl. Gerabek, 2005, S. 1369.

124 Vgl. Faller, 1948, S. 60.

125 Guttapercha ist der Milchsaft des in Malaysia vorkommenden Guttaperchabaumes (*Palaquium gutta*).

126 Kautschuk ist ein elastisches Polymer, welches in Latex, dem Milchsaft des Kautschukbaumes (*Hevea brasiliensis*), enthalten ist, hauptsächliche Verwendung in der Gummiherstellung (Vulkanisation).

der chemischen Denaturierung mit Säuren oder Alkohol zur Gerinnung, sodass sich die zuvor flüssige Masse in den Gefäßen verfestigte.[127] Die Injektionstechnik mit gerinnenden Massen setzte sich in der Praxis jedoch nicht durch, sodass sich nachfolgend das Augenmerk auf die Injektionen von Wachs-, Fett-, Leim-, Kitt- und Harzmassen, die üblicherweise mit der Injektionsanatomie assoziiert werden, richtete.

Die Methode der dauerhaften Gefäßinjektion von durch Abkühlung erstarrenden Massen ist zweifellos mit den Namen dreier niederländischer Mediziner und Naturwissenschaftler des 17. Jahrhunderts verknüpft: Swammerdam, de Graaf und Ruysch[128]. Die drei genannten Wissenschaftler experimentierten im 17. Jahrhundert mit gefärbten Fett- und Wachsmassen unterschiedlicher Schmelzpunkte. Swammerdam gab die Zusammensetzung seiner Injektionsmasse in seinem Werk *Miraculum naturae sive uteri muliebris fabrica* (1672) an.[129] Die anatomische Injektionsspritze mit anschraubbaren Tubuli, die von dem hier bereits mehrfach erwähnten Jan Reinier de Graaff erfunden und von dem dänischen Anatomen Caspar Bartholin[130] weiterentwickelt wurde, stellte das wichtigste Hilfsmittel bei der Injektion von geschmolzenen Massen dar. Der genannte Bartholin verbesserte Swammerdams Methode dahingehend, dass er die Gefäße vor der Injektion mit Wasser durchspülte und mit Luft trockenblies, um sie anschließend mit Wachs zu injizieren. Frederick Ruysch machte sich ebenfalls um die Ver-

---

127 vgl. Faller, 1948, S. 60–61.

128 Frederick Ruysch (1638–1731), niederländischer Geburtshelfer und Anatom, Medizinstudium in Leiden, Promotion 1664, Ernennung zum praelector anatomiae, die ihn berechtigte, Chirurgen zu unterrichten und Sektionen vorzunehmen, machte sich auf dem Gebiet der Gefäßinjektion einen Namen, gab aber seine Methode nie preis, erschuf beeindruckende „Arrangements“ für seinen Thesaurus anatomicus (1701–1716), mit Hilfe seiner Injektionsmethode gelang es ihm erstmals, die Blutgefäße der Bronchien, den Ringmuskel des Fundus uteri und die Lamina choroidocapillaris zu beschrieben, bewies das Vorhandensein von Lymphgefäßklappen, vgl. Gerabek, 2005, S. 1276.

129 Swammerdam schmolz weißes Wachs und färbte es mit verschiedenen Farbstoffen gelb, grün und rot. Dieses Gemisch füllte er in eine Injektionsspritze mit anschraubbarem Ansatz und injizierte damit die Venen und Arterien.

130 Caspar Bartholin d. Jüngere (1655–1738), dänischer Mediziner, lehrte Anatomie und Physik, nachdem er im Jahr 1671 sein Studium begonnen und über mehrere Zwischenstationen in Frankreich, Holland, Italien und Deutschland weitergeführt hatte, promovierte im Jahr 1678 in Medizin, ist der Entdecker der Glandulae vestibulares majores, die nach ihm benannt wurden > Bartholin-Drüsen, vgl. Gerabek, 2005, S. 148.

besserung der Injektionsmassen einen Namen, obwohl er sein „Rezept" zu Lebzeiten nie veröffentlichte.[131] Erst nachträglich konnte das Geheimnis von Ruyschs „Materia ceracea" durch Rieger in seinem *Naturhistorischen Lexikon* (1743) endgültig gelüftet werden, nachdem zuvor Vermutung über die Zusammensetzung der Ruysch'schen Rezeptur von Hyrtl und Cassebohm[132] angestellt wurden.[133] Es existierten zahlreiche andere „Rezepte", die die Komponenten Wachs und Talg in unzähligen Zusammensetzungen miteinander kombinierten. Wie Schultka und Göbbel in ihrem Beitrag[134] schreiben, „[hatte] [j]eder Zergliederer letztendlich seine eigene Masse, die er nach Gutbefinden variierte."[135]

Heute wird die Wachs- und Talginjektion nur noch zur Darstellung von Gelenkhöhlen, Sehnenscheiden und Schleimbeuteln verwendet. Der Erfolg der Injektion mit Wachs- oder Fettmassen hängt maßgeblich von der Größe und der Beschaffenheit des zu injizierenden Objektes ab. So eignen sich „frische Kinderleichen" besonders gut zur Injektion, wie Ernst Gottfried Baldinger feststellte. Die Injektionsmasse musste unterhalb des Siedepunktes schmelzen, damit das injizierte Gewebe nicht beschädigt wurde. Des Weiteren sollte die Konsistenz

---

131 Ruysch behielt das Rezept als Geschäftsgeheimnis für sich, möglicherweise um zu verhindern, dass andere Anatomen ebenfalls Erfolge, persönlicher und finanzieller Natur, erzielten. Ruyschs Museen und Sammlungen erfreuten sich im 17. Jahrhundert großer Popularität und stellten eine beträchtliche Einkommensquelle für ihn und seine Familie dar. Zar Peter der Große war bei seinem Besuch in der Amsterdamer Sammlung Ruyschs so angetan, dass er das gesamte Kabinett für 30.000 Gulden erwarb und nach St. Petersburg in das Museum der Wissenschaftsakademie transferieren ließ, vgl. Hyrtl, 1860, S. 591–592.

132 Johann Friedrich Cassebohm (1698–1743), deutscher Anatom und Mediziner, Studium der Medizin in Halle und Paris, Lehrstuhl in Halle, dann an Berliner Humboldt-Universität, beschäftigte sich mit der Anatomie des Ohres und verbesserte die Injektionsanatomie durch eine von ihm entwickelte Mischung aus Terpentin, Wachs und Fett, wobei sich der variierende Fettanteil auf die Erstarrungsdauer auswirkte, vgl. Deutsche Biographie, http://www.deutsche-biographie.de/sfz8026.html, zuletzt geprüft am 25.01.2016.

133 Cassebohm vermutete, dass Ruyschs Masse aus gefärbtem Talg bestand, wohingegen Hyrtl ein Gemisch aus Spermacet/Walrat mit einem Wachsanteil vorschlug. Laut Rieger setzte sich Ruyschs Mischung wie folgt zusammen: „Zur Herstellung von Materia ceracea nimmt man im Winter gewöhnlichen Talg, im Sommer setzt man etwas weißes Wachs zu. Der geschmolzenen Masse fügt man nach Wunsch genügend künstlichen Zinnober bei und rührt das Ganze bis zur guten Durchmischung [...], vgl. Faller, 1948, S. 65.

134 Helm und Stukenbrock, 2003, S. 49–82.

135 Schultka und Göbbel, 2003, S. 62, für weitere „Rezepte" vgl. Faller, 1948, S. 69–70.

„leichtgängig" und geschmeidig sein, damit ein einfaches Injizieren möglich war. Anschließend sollte die Masse zeitnah in den Gefäßen aushärten, ohne brüchig zu werden.[136]

In der Geschichte der Injektionsanatomie kamen auch Leimmassen zum Einsatz. Pierre Simon Ronhault arbeitete das von seinem Lehrer Jean Mery formulierte Konzept der Leiminjektion im Jahr 1748 praktisch aus und mischte dafür eine Masse aus Genter oder Kölner Tischlerleim und Hausenblase[137] an. Die Schrumpfung der Präparate war bei bis dahin üblicher trockener Aufbewahrung jedoch so groß, dass die Präparate unbrauchbar wurden. Dies änderte sich mit Aufkommen der Aufbewahrung in flüssigen Konservierungsmedien wie Alkohol, in deren Zuge die Injektion von Leim einen erneuten Aufschwung erhielt. Leimmassen, anders als die Wachs- und Talgmassen, müssen vorher nicht erhitzt werden, um sich zu verflüssigen. Durch die Möglichkeit der Kaltinjektion wird das zu injizierende Gewebe erheblich geschont.

Joseph Berres[138] experimentierte im Jahr 1837 mit Gummi arabicum[139], stellte jedoch fest, dass die Masse bei längerer Aufbewahrung in Alkohol brüchig, weiß und hart wurde. Größere Bedeutung erlangten die Leimmassen in der mikroskopischen Anatomie respektive der Histologie in Form von Gelatine[140]. Nachfolgend gab es einige Versuche zu kaltflüssigen Gelatinen/Leimmassen und deren Färbungsmöglichkeiten. Durch den Zusatz von Ammoniak (Fol, 1883), Jodkali (Tandler, 1901) oder Natriumsalicylat (Mozeiko, 1909) wurde versucht, den Erstarrungszeitpunkt zu optimieren.[141]

---

136 Vgl. Baldinger, 1769, S. 598.

137 Hausenblase: getrocknete Blase des Beluga-Stör (*Huso huso*).

138 Joseph Berres (1796–1844), österreichischer Anatom, studierte an der Universität Wien Chirurgie, wurde dann als Anatomieprofessor nach Lemberg berufen, 1831 dann ordentlicher Professor für Anatomie an der Universität Wien, arbeitete mit Mikrofotografie nach dem Daguerreotypie-Verfahren, vgl. Österreichische Akademie der Wissenschaften, http://www.biographien.ac.at/oebl?frames=yes, zuletzt geprüft am 22.09.2015.

139 Gummi arabicum: Exudat aus dem Pflanzensaft von Verek (*Acacia senegal*)- und Seyal (*Acacia seyal*)-Akazien, vgl. Institut für Arbeitsschutz der Deutschen Gesetzlichen Unfallversicherung, http://gestis.itrust.de/nxt/gateway.dll/gestis_de/123075.xml?f=templates$fn=default.htm$3.0, zuletzt geprüft am 25.01.2016.

140 Gelatine: Stoffgemisch aus tierischem Protein aus Bindegewebe, Hauptbestandteil ist denaturiertes Kollagen, in seiner ungereinigten Form als Glutinleim bezeichnet, vgl. Spektrum, http://www.spektrum.de/lexikon/biologie/gelatine/27043, zuletzt geprüft am 25.01.2016.

141 Faller, 1948, S. 71.

Kitt- und Harzmassen stellten eine weitere Stoffklasse dar, die sich bis heute in abgewandelter Form in der Injektionsanatomie erhalten haben. Es galt, eine Injektionsmasse zu finden, die ihre Fluidität bis zum endgültigen Abschluss der Injektion behielt. Andererseits sollte sie zu einem bestimmten Zeitpunkt möglichst schnell aushärten, um ein Auslaufen aus den Gefäßen zu verhindern. Die Masse sollte gegenüber chemischen Einflüssen beständig sein, nicht brüchig werden oder zu Schrumpfungen des Präparates führen. Der hier viel zitierte Ruysch injizierte nicht nur gefärbte Wachs- und Fettmassen, sondern versuchte sich ebenfalls an der Injektion von gefärbtem Terpentin. Alexander Monro[142] veröffentlichte 1733 die Rezeptur für eine dünnflüssige Injektionsmasse, die sich aus Terpentin und Zinnober (rot) oder Grünspan[143] (grün) zusammensetzte. Die Ergebnisse waren ernüchternd, da die Masse auch bei Alkoholfixierung zu lange flüssig blieb und aus den Schnittstellen der injizierten Gefäße heraustropfte. Er versuchte durch Nachinjektion einer dickeren Masse, die neben den oben genannten Komponenten zusätzlich Wachs enthielt, die Gefäße zu verschließen und ein Heraustropfen zu verhindern. Die Lösung des Problems folgte erst mit der Einführung der Kittmasse des Krakauer Anatomieprofessors Ludwig Karl Teichmann[144], die eine Weiterentwicklung der Shaw'schen Injektionsmasse aus roter Mennige[145] und gekochtem Leinöl darstellte. Teichmann benutzte zur Her-

142 Alexander Monro (1697–1767), schottischer Anatom und Chirurg, erster Professor für Anatomie und Chirurgie der neugegründeten medizinischen Fakultät der University of Edinburgh, war ein Schüler Hermann Boerhaaves in Leiden, übernahm dessen Lehrmethoden und machte Edinburgh zu einem renommierten Zentrum medizinischer Lehre im 18. und 19. Jahrhundert, vgl. Encyclopedia Britannica, http://www.britannica.com/biography/Alexander-Monro-primus, zuletzt geprüft am 12.10.2015.

143 Grünspan: Kupfer-II-Acetat, Kupfersalz der Essigsäure, vgl. Institut für Arbeitsschutz der Deutschen Gesetzlichen Unfallversicherung, http://gestis.itrust.de/nxt/gateway.dll/gestis_de/003030.xml?f=templates$fn=default.htm$3.0, zuletzt geprüft am 25.01.2016.

144 Ludwig Karl Teichmann (1823–1895), polnischer Mediziner, studierte Medizin in Dorpat, Heidelberg und Göttingen, wurde in Göttingen zunächst Prosektor und anschließend Privatdozent für Anatomie und Physiologie, folgte 1861 dem Ruf nach Krakau, wo er Zeit seines Lebens blieb und sich um die Erneuerung der medizinischen Fakultät verdient machte, entwickelte ein forensisches Testverfahren für den Nachweis von Blut, vgl. Stahnke, 1984, S. 205–267.

145 Mennige: Blei-II(IV)-oxid, leuchtend rotes Pigment, „Pariser Rot", vgl. Institut für Arbeitsschutz der Deutschen Gesetzlichen Unfallversicherung, http://gestis.itrust.de/nxt/gateway.dll/gestis_de/003030.xml?f=templates$fn=default.htm$3.0, zuletzt geprüft am 25.01.2016.

stellung seiner Masse geschlämmte Kreide, eingedicktes Leinöl und ein Pigment zur Färbung. Der Vorteil dieser beiden Rezepturen lag darin, dass sie kalt injiziert werden konnten. Zusätzlich konnte die Masse in Karbolwasser aufbewahrt und je nach benötigter Menge portionsweise mit Benzol[146] oder Äther angerührt werden.[147]

Die Verwendung von Injektionsmassen auf Harzbasis war schon Ruysch und Cassebohm bekannt, jedoch gelang es erst Hyrtl und Johann Nathanael Lieberkühn[148] mit ihren Rezepturen, die Harzmassen in der Injektionsanatomie zu etablieren. Da Hyrtl und Lieberkühn beide Vertreter der Korrosionsanatomie waren, stellten sie Injektionsmassen auf Harzbasis her, die der ätzenden Wirkung von Mineralsäuren widerstehen konnten.

Im Laufe der Geschichte der Injektionstechnik wurden jedoch nicht nur Blutgefäße injiziert. Ebenfalls im 17. Jahrhundert versuchten die niederländischen Anatomen Jan van Horne[149], de Graaf und Ruysch durch Einblasen von Luft, Quecksilber und farbigen Massen, den Verlauf der Lymphgefäße zu demonstrieren. Die Injektion der beiden Gefäßtypen ist technisch und methodisch nahezu identisch, weshalb es nicht verwundert, dass im Zusammenhang mit der Lymphgefäßinjektion die Namen und Methoden der Anatomen, die bereits durch die Gefäßinjektion bekannt und hier vielfach zitiert wurden, erneut begegnen, und sich die Entstehungsgeschichte nahezu wiederholt. Aus diesem

---

146 Benzol: aromatischer, flüssiger Kohlenwasserstoff, leicht entzündlich, krebserregend, vgl. Institut für Arbeitsschutz der Deutschen Gesetzlichen Unfallversicherung, http://gestis.itrust.de/nxt/gateway.dll/gestis_de/003030.xml?f=templates$fn=default.htm$3.0, zuletzt geprüft am 26.10.2015.

147 Vgl. Teichmann, 1880, S. 140.

148 Johann Nathanael Lieberkühn (1711–1756), deutscher Mediziner und Physiker, folgte dem Wunsch seines Vaters und studierte zuerst Theologie in Halle und Jena, gab jedoch bald seinem persönlichen Interesse an den Naturwissenschaften den Vorzug und studierte u. a. Medizin bei Boerhaave in Leiden, er wurde vor allem durch seine außergewöhnlichen Gefäßinjektionspräparate bekannt, die sich bis heute in ihrer Gestalt erhalten haben und von denen einige im Anatomischen Institut der Humboldt-Universität in Berlin zu sehen sind, vgl. Deutsche Biographie, http://www.deutsche-biographie.de/sfz51139.html, zuletzt geprüft am 22.09.2015.

149 Jan van Horne (1621–1670), niederländischer Anatom und Chirurg, wurde 1651 an der Universität Leiden vorerst außerordentlicher Professor für Anatomie, dann ab 1653 ordentlicher Professor für Anatomie und Chirurgie ebenda, beschrieb als Erster den Ductus chyliferus, war u. a. Lehrer von Swammerdam und Ruysch, vgl. Encyclopedia Britannica, http://www.encyclopedia.com/doc/1G2-2830902055.html, zuletzt geprüft am 27.10.2015.

Grund wird hier nur die für die Lymphgefäßinjektion typische Quecksilbermethode näher beschrieben.[150]

Das gesundheitsschädliche Metall Quecksilber (Hg) eignet sich aufgrund seiner physikalischen und chemischen Eigenschaften hervorragend zur Injektion der Lymphgefäße. Es ist das einzige Metall, welches bei Normalbedingungen flüssig ist, jedoch aufgrund seiner hohen Kohäsionskräfte nicht zerfließt. Diese Eigenschaft und sein hohes Durchdringungsvermögen machten es zum Mittel der Wahl bei der Lymphgefäßinjektion. Nachteilig wirkte sich allerdings das hohe Eigengewicht aus, welches zu einem Zerreißen der Gefäße führen konnte. ANTONIUS NUCK[151] gelang es erstmals um 1690, Quecksilber mit Hilfe einer Spritze in die Lymphgefäße zu injizieren, nachdem die Injektion von Blutgefäßen mit Quecksilber zuvor bereits erfolgreich durchgeführt worden war.[152] Wie schon RUYSCH, machte NUCK zu Lebzeiten ein großes Geheimnis um die Rezeptur seiner Quecksilbermischung. Der bekannte niederländische Mediziner und Botaniker HERMAN BOERHAAVE[153] schrieb über NUCKs Technik: „Dieser große Injektionskünstler suchte sich ein kleines Lymphgefäß aus, stach die Spitze eines Metallröhrchens hinein und goss das Quecksilber nach."[154] Über die Zusammensetzung von NUCKs Mischung vermutete der Kieler Anatom JOHANN LEONARD FISCHER[155], dass sie aus einer

150 Eine umfassende Darstellung der Injektion der Lymphgefäße mit farbigen Massen, wie sie bereits aus der Blutgefäßinjektion bekannt war, findet sich in Fallers Arbeit *Die Entwicklung der makroskopisch-anatomischen Präparierkunst von Galen bis zur Neuzeit*, S. 78–80.

151 Antonius Nuck (1650–1692), niederländischer Mediziner, promovierte 1677 an der Universität Harderwijk und folgte dann einem Ruf als Professor für Anatomie und Chirurgie an die Universität Leiden, vgl. Deutsche Biographie, http://www.deutsche-biographie.de/sfz72566.html, zuletzt geprüft am 23.09.2015.

152 Vgl. Hyrtl, 1860, S. 587.

153 Herman Boerhaave (1668–1738), niederländischer Mediziner und Botaniker, studierte zuerst Theologie und wandte sich dann der Medizin zu, gilt als außergewöhnlicher Gelehrter, war Universitätsprofessor an der Universität Leiden und brachte sie durch seine Arbeiten zu Weltruhm, er hatte zahlreiche, namhafte Schüler wie Albrecht von Haller und Alexander Monro I, vgl. Royal Society, https://collections.royalsociety.org/Dserve.exe?dsqIni=Dserve.ini&dsqApp=Archive&dsqDb=Persons&dsqSearch=Code==%27NA8371%27&dsqCmd=Show.tcl, zuletzt geprüft am 27.10.2015.

154 Faller, 1948, S. 76.

155 Johann Leonhard Fischer (1760–1833), deutscher Anatom, nach dem Medizinstudium, der Promotion und einer Anstellung als Prosektor am Leipziger Anatomischen Institut, folgte er 1793 einem Ruf auf den Lehrstuhl für Anatomie und Chirurgie an

Unze „eläodorischen Wachs[156] […], welches drei bis vier Stunden lang in drei Unzen Wasser eingeweicht worden ist [und] sechs bis acht Unzen Quecksilber [..]“[157] besteht. Der britische Arzt William Hunter[158] injizierte Quecksilber nicht direkt in das Lymphgefäß, sondern in das umliegende Gewebe, von wo aus es die Lymphgefäße füllte. Samuel Thomas Soemmerring bediente sich ebenfalls der indirekten Einstichmethode. Die Präparate des italienischen Paolo Mascagni (1755–1815) galten in ihrer meisterlichen Kunstfertigkeit als unübertroffen und beschrieben das Ende der makroskopisch-topographischen Anatomie auf dem Gebiet der Lymphgefäßdarstellung. Als letzten bekannten Injektionskünstler, der Quecksilber verwendetet, ist der französische Anatom Marie Philibert Constant Sappey (1810–1896) zu nennen.

Farbige Massen, wie sie für die Gefäßinjektion verwendet wurden, konnten auch für die Injektion von Lymphgefäßen benutzt werden. Nachdem mehrere Versuche mit Tinte, Tusche und Berlinerblaulösung[159] fehlschlugen, verwendeten mehrere Wissenschaftler, darunter auch Hyrtl (1860), die schon für die Gefäßinjektion verwendeten farbigen Leim- und Gelantinemassen, doch nur Teichmann gelang die erfolgreiche Injektion der Lymphgefäße mit der von ihm hergestellten Kittmasse. Einen großen Fortschritt der Lymphgefäßinjektion mit farbigen Massen stellte die Einführung von Ölfarben in Tuben dar. Der rumänische Anatom und Arzt Dimitrie Gerota (1867–1939) mischte diese Farben

---

die Universität Kiel, an der er bis zu seiner Emeritierung im Jahr 1832 blieb, verfasste ein Handbuch mit *Anleitungen zur praktischen Zergliederungskunst* (1791, 1793), vgl. Universität Kiel, http://www.medizin350.uni-kiel.de/tabelle_ch.html, zuletzt geprüft am 25.01.2016.

156 Mit Ölfarben gemischtes Wachs.

157 Fischer, 1791a, S. 190–191.

158 William Hunter (1718–1783), schottischer Arzt und Geburtshelfer, studierte Medizin in Glasgow und Edinburgh, praktizierte in London als Arzt und zählte u. a. die Mitglieder der britischen Königsfamilie zu seinen Patienten, zum Zwecke anatomischer und geburtshilflicher Studien und zu Lehrzwecken legte er eine anatomisch-pathologische Sammlung an, die in einem von ihm errichteten Anatomischen Theater mit Museumsteil, in dem er auch seine Vorlesungen hielt, verortet war, Bruder von John Hunter, vgl. Hunterian Museum, https://www.rcseng.ac.uk/museums/hunterian/about-us/williamhunter.html, zuletzt geprüft am 27.10.2015.

159 Berlinerblau: anorganisches Pigment mit tiefblauer Farbe, andere Namen sind: Preußisch oder Pariser Blau, Eisenblau, Miloriblau oder Turnbulls Blau, hergestellt aus einer Lösung von Eisen(III)-Salz und gelbem Blutlaugensalz (Cyanoferrate), vgl. Spektrum, http://www.spektrum.de/lexikon/chemie/berliner-blau/1050, zuletzt geprüft am 05.10.2015.

mit Terpentin und Äther und erzielte damit bis heute unübertroffene Ergebnisse.[160] Die gesundheitsschädliche Quecksilbermethode wurde dadurch völlig aus der Injektionskunst verbannt.[161]

3.1.1.1 Injektionspräparate der Marburger Sammlung am Beispiel der Injektionspräparate von Christian Heinrich Bünger

In der Marburger Anatomischen Sammlung sind angiologische Injektionspräparate erhalten geblieben, die überwiegend von Christian Heinrich Bünger hergestellt wurden. Er benutzte unterschiedlich gefärbte Wachsmassen und präparierte die umliegenden Strukturen nach Aushärtung der Massen ab (Abb. 4). Anschließend wurden die Injektionspräparate mit Lack überzogen, um sie widerstandsfähiger zu machen und vor Staub zu schützen. Es gibt Gefäß- und Nervenpräparate von Rumpf, Extremitäten und Kopf, wobei der sogenannte „Bünger-Kopf" (Abb. 1) und die Darstellung eines kompletten kindlichen Gefäßsystems (Abb. 5), welches auf eine Holzplatte montiert ist, ein außergewöhnliches Zeugnis für Büngers Kunstfertigkeit darstellen. Für die Injektion von Lymphgefäßen verwendete Bünger, wie die meisten seiner Kollegen, Quecksilber.[162]

Die in der Anatomischen Sammlung Marburg erhaltenen trockenen, nicht injizierten Organpräparate[163] sind überwiegend nach dem Prinzip der Mumifizierung bzw. der natürlichen Trocknung der Organe entstanden. Bünger entfernte das fett- und flüssigkeitsreiche Gewebe und entwässerte das Organ anschließend mit Alkohol, um es mit konservierenden Harzen (ähnlich der Paraffinmethode) zu durchtränken und anschließend mit Firnis[164] zu bestreichen (ähnlich dem Gemisch aus Leinöl und Xylol). Parenchymatöse Organe wie das Herz, wurden mit Gips oder Wachs ausgegossen oder mit verschiedenen Füllmaterialien ausgestopft.

---

160 Vgl. Gerota, 1896.

161 Vgl. Faller, 1948, S. 79.

162 Vgl. Grundmann, 2012b, S. 54–57.

163 Ausgenommen sind die Injektions- und Korrosionspräparate, die eine Sonderstellung in der Kategorie der Trockenpräparate einnehmen und deshalb gesondert vorgestellt werden, vgl. dazu in dieser Arbeit: Tierische Helfer und ätzende Säuren – die Korrosionsanatomie.

164 Firnis: Flüssigkeit, die in dünnen, klaren, durchsichtigen Schichten an der Luft trocknet und Überzüge bildet, meist als Synonym für Lacke und Leinölfirnisse verwendet, vgl. Chemie, http://www.chemie.de/lexikon/Firnis.html, zuletzt geprüft am 25.01.2016.

Abb. 4: Injizierte Gefäße einer menschlichen Hand, hergestellt von C.H. Bünger, aufgeführt im Katalog von 1830, (© Bildarchiv Foto Marburg, fmd 453577, Fay Nolan, Sven Köhler)

Abb. 5: Darstellung eines kindlichen Gefäßsystems, auf Holzplatte montiert, hergestellt von C.H. Bünger, aufgeführt im Katalog von 1830, (© Bildarchiv Foto Marburg, fmd 453590, Fay Nolan, Sven Köhler)

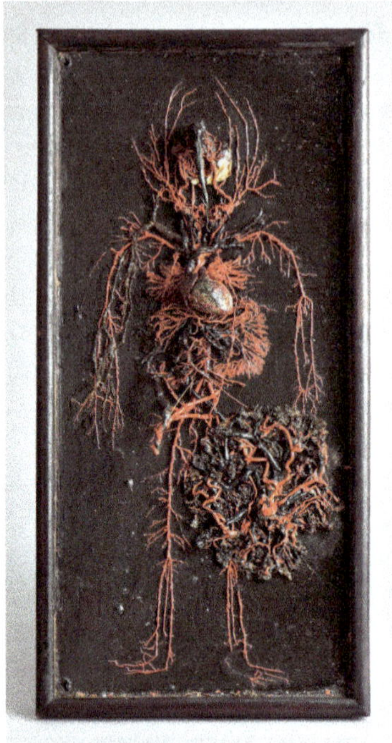

3.1.2 Tierische Helfer und ätzende Säuren – die Korrosionsanatomie

Die Herstellung von Korrosionspräparaten kann als eine technische Erweiterung der Injektionsmethode angesehen werden. Um ein anatomisches Objekt korrodieren zu können, müssen die Strukturen, die später dargestellt werden sollen, zuvor injiziert werden. Die Korrosion wurde dort angewendet, wo die makroskopische Präparierkunst mit Skalpell, Schere und Pinzette an ihre Grenzen stieß. Tiefliegende, feine Hohlstrukturen, die den kompletten tierischen Organismus durchziehen, konnten so schadensfrei dargestellt werden.

Historisch betrachtet beginnt die Korrosionsanatomie mit zwei Namen, die schon zu Beginn der Injektionsanatomie genannt wurden. Leonardo da Vin-

CI[165] injizierte die Herzhöhlen wie auch die Gehirnventrikel mit Wachs, löste das umliegende Gewebe ab und erhielt so ein Ausgusspräparat. Seine Arbeiten veröffentlichte er in den *Quaderni*, die seine berühmten anatomischen Zeichnungen beinhalten (Abb. 6). RUYSCH machte nicht nur um das Rezept seiner Injektionsmasse ein großes Geheimnis, er verriet auch nicht, welcher Korrosionstechnik er sich für die in seinem *Thesaurus anatomicus* abgebildeten Präparate bediente (Abb. 7).

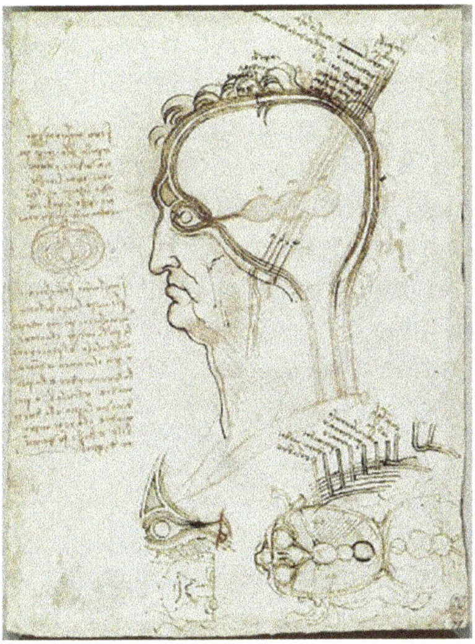

Abb. 6: Leonardo da Vinci: The layers of the scalp, and the cerebral ventricles, 1490–92, © Royal Collection Trust / Her Majesty Queen Elisabeth II, 2015

Abb. 7: Aus Ruyschs Thesaurus anatomicus primus, Tab. 1 zeigt drei fetale Skelette in verschiedenen Posen und Attitüden auf einer Felsengruppe aus Konkrementen, Blasen-, Nieren- und Gallensteine [(die Ränder des Bildes sind beschnitten) © (Universitätsbibliothek Heidelberg)]

165 Leonardo da Vinci (1452–1519), italienischer Künstler und Wissenschaftler, gilt als Universalgelehrter, da er sowohl in der Kunst (*Das Abendmahl*, 1495–1498, *Mona Lisa*, 1503–1506) als auch durch seine Erfindungen, wissenschaftlichen Untersuchungen und anatomischen Studien (*der vitruvianische Mensch*, 1492, die *Anatomischen Handschriften*, die auch die sechs anatomischen Notizbücher *Quaderni di anatomia I–VI* enthalten) das Menschen- und Gesellschaftsbild der Renaissance nachhaltig prägte, vgl. Encyclopaedia Britannica, http://www.britannica.com/biography/Leonardo-da-Vinci, zuletzt geprüft am 23.12.2015.

Es bedurfte der Nachforschungen des Leipziger Anatomen JOHANNES ERNST HEBENSTREIT, der RUYSCHS Geheimnis um seine „kleinen Helfer" lüftete. Er schrieb 1741 in *De vermibus anatomicorum administris*: „Jedermann bewunderte damals Ruyschs Geschicklichkeit, weil er auf einfachere Art als mit dem Messer die mit Wachs injizierten Gefäße aus dem Parenchym der Organe herauslöste. Alle bestaunten dies als eine wahre Hexerei, bis [...] man erfuhr, dass die helfenden Diener dieses Mannes fleischfressende Maden waren."[166] Die Maden der Schmeißfliege (Calliphoridae) und die Larven des Speckkäfers (Dermestidae), der als größter Feind einer Trockenpräparatesammlung gefürchtet ist, wurden zur Korrosion des umliegenden Gewebes eingesetzt. HYRTL experimentierte ebenfalls mit den beiden Insektenarten, bescheinigte der Schmeißfliege jedoch eine bessere, weil sauberere Arbeit. Doch die „tierische Korrosion" kam qualitativ nicht an die Ergebnisse der Korrosion mit Mineralsäuren heran.

Mit der Einführung von Metallen als Ausgussmaterial, wie sie zur Darstellung von Bronchialbäumen verwendet wurde, machte sich der niederländische Anatom GODEFRIED BIDLOO[167] verdient. Er benutzte Zinn für den Ausguss der Bronchialgefäße und kochte die Lunge anschließend drei bis vier Stunden in Wasser, bis das Lungengewebe zerkocht war und nur noch die ausgegossenen Gefäße übrig blieben. GUILLAUME HOMBERG[168], der eigentliche Erfinder der Rose-Legierung[169], benutzte eine Mischung aus einem Teil Blei, zwei Teilen Zinn und zwei Teilen Wismut, die er bei 94° C schmolz. Der bereits erwähnte Kieler Anatom JOHANN LEONARD FISCHER änderte die Zusammensetzung dieser Mischung geringfügig und konnte damit die Schmelztemperatur senken. Die Wood'sche Legierung[170], die durch ihren Zusatz von Cadmium schon bei 60° C schmolz, und

166 Hebenstreit, 1751, zitiert nach Faller, 1948, S. 81.

167 Godefried Bidloo (1649–1713), niederländischer Mediziner, der an den Universitäten Den Haag und Leiden lehrte und Leibarzt Wilhelm III. war, vgl. University of Glasgow, http://special.lib.gla.ac.uk/anatomy/bidloo.html, zuletzt geprüft am 23.12.2015.

168 Guillaume (Wilhelm) Homberg (1652–1713), niederländischer Naturforscher, der hauptsächlich auf dem Gebiet der Chemie forschte, vgl. Institut de France, Académie des sciences, http://www.academie-sciences.fr/pdf/dossiers/Fontenelle/font_pdf/p82_93_vol3592.pdf, zuletzt geprüft am 23.12.2015.

169 die Rose-Legierung, die fälschlicherweise dem Berliner Apotheker Valentin Rose d. Ä. zu geschrieben wird, geht eigentlich auf eine Rezeptur von Guillaume Homberg zurück, vgl. Faller, 1948, S. 84.

170 Wood´sche Legierung: Niedrig schmelzende Legierung aus Bismut, Blei, Zinn und Cadmium in einem bestimmten Verhältnis (50 % Bismut, 25 % Blei, 12,5 % Cadmium, 12,5 % Zinn), vgl. Chemie, http://www.chemie.de/lexikon/Woodsches_Metall.html, zuletzt geprüft am 25.01.2016.

die Wickersheimer Legierung[171], die zusätzlich zur Wood'schen Legierung noch Quecksilber enthielt (senkte den Schmelzpunkt nochmals um 10° C), wurden trotz ihrer toxischen Eigenschaften noch bis in die 1950er Jahre verwendet.

Der Berliner Anatom JOHANN NATHANAEL LIEBERKÜHN erfand eine Korrosionstechnik, deren Ausgussmasse keine gesundheitsschädlichen Wirkungen hatte. Da er jedoch mit Schwefelsäure (H_2SO_4) korrodierte, war auch hier ein potentielles Gesundheitsrisiko vorhanden. LIEBERKÜHN verbannte fetthaltige Massen aus seiner Technik, da er feststellte, dass eine Injektionsmasse mit zu hohem Fettgehalt bei der Korrosion mit Säuren zerbröckelte. Er verwendete deshalb eine Mischung aus sieben Teilen fettfreiem Wachs, zwei Teilen Kolophonium[172] und einem Teil Venezianischem Terpentin[173]. Diese Masse hatte den Nachteil, dass sie sehr zerbrechlich wurde, sobald das Terpentin verharzte. Daraufhin ummantelte LIEBERKÜHN seine Injektionspräparate mit einem Brei aus Gips und Ziegelmehl, den er solange ausglühte, bis die injizierte Wachsmasse ausgebrannt war. Die entstandene Hohlform goss er mit Silber aus und löste den Gipsmantel anschließend in Essig auf. Übrig blieb der Silberausguss der Gefäße. Diese Methode war nicht nur langwierig, sondern durch die Verwendung von Silber auch kostspielig, weshalb sie sich nicht etablieren konnte.[174] Auch die Verwendung von anderen Mineralsäuren wie Salz- (HCl) und Salpetersäure (HNO_3) erzeugten gute Ergebnisse, doch die Säuren griffen die Injektionsmasse an.

HYRTL widmete der Korrosionstechnik zwar ein ganzes Werk, konnte seine Begeisterung jedoch nicht auf die Fachschaft der Anatomen übertragen. Er beschreibt in *Die Corrosions-Anatomie und ihre Ergebnisse* (1873) detailliert die Zusammensetzung der von ihm benutzten Wachsmassen, die Färbefarbstoffe und den Prozess der Korrosion, wobei er auf jahrzehntelange, experimentelle Erfahrung zurückblicken konnte.[175]

3.1.2.1 Korrosionspräparate von Jakob Zumstein in der Marburger Sammlung

In der Marburger Anatomischen Sammlung sind die Korrosionspräparate aus der Hand des Anatomen JACOB ZUMSTEIN erhalten (Abb. 8). ZUMSTEIN stellte seine Arbeiten in zwei Sitzungsberichten der Marburger naturwissenschaftlichen

---

171 Wood'sche Legierung mit Quecksilber, welches den Schmelzpunkt auf 50° C senkt.

172 Fester Rückstand bei der Destillation von Terpentin zur Gewinnung von Terpentinöl, vgl. Bibliographisches Institut, 1907, S. 303–304.

173 Auch Lärchen-Terpentin genannt, eines der besten Terpentinsorten.

174 Faller, 1948, S. 85.

175 Vgl. Hyrtl, 1873.

Gesellschaft vor. Im ersten Sitzungsbericht vom 26. März 1889[176] stellte er Metallausgusspräparate des Bronchialbaumes vor, die sein Lehrer Christoph Theodor Aeby[177] in Bern angefertigt hatte und die in der dortigen anatomischen Sammlung zu sehen waren.[178] Zumstein kam in seiner Berner Zeit erstmals mit dieser Präparationsmethode in Berührung und versuchte, die von Aeby angewandte Methode zu verbessern. Die Nachteile der Metallinjektion lagen darin, dass sie zum einen sehr kostspielig war, zum anderen die feinen Verästelungen der Bronchialgefäße durch die Schwere des Metalls in Mitleidenschaft gezogen wurden oder teilweise sogar abbrachen. Mit Erfolg injizierte Zumstein deshalb eine Injektionsmasse aus Wachs und Kolophonium. Das Problem der Zerbrechlichkeit löste er damit jedoch nicht. In einem zweiten Bericht vor der Marburger naturwissenschaftlichen Gesellschaft im Februar 1891[179] konnte Zumstein auf weitere Ergebnisse seiner experimentellen Arbeit mit dieser Präparationsmethode zurückgreifen. Er berichtete, dass er die Lungeninjektionen nicht nur quantitativ vermehrt und die Auswahl an verschiedenen Tierspezies erweitert hatte, sondern auch mehrere Präparate der gleichen Tierspezies zu Vergleichszwecken angefertigt hatte. Des Weiteren wurde die Sammlung von injizierten Feten um weitere Altersstadien ergänzt. Er betrieb an den Präparaten vergleichend-anatomische und vergleichend-topographische Forschung und zeigte, wenn man „[..] die feinere Verästelung des Bronchialbaumes, wie auch die Lagebeziehung der kleineren Gefäße der Lunge zweier Thiere, die derselben Species angehören, miteinander [vergleicht], [..] [ist] nirgends völlige Übereinstimmung vorhanden [ist]; individuelle Schwankungen sind stets zu constatiren."[180] Neben Lungeninjektionspräparaten stellte Zumstein auch Korrosionspräparate der Leber und der Nieren her und experimentierte gegen Ende des 19. Jahrhunderts mit dem in der Injektionsanatomie aufkommenden Kunststoff Zelluloid. Mehrere Wissenschaftler hatten diesen Werkstoff verwendet. Die anfänglichen Versuche von Schiefferdecker (1882) lieferten keine zufriedenstellenden Ergebnisse, da die Schrumpfung bei Erkaltung der Masse erheblich war und so das Präparat in Form und Größe völlig verändert wurde. Erst durch Zusetzen von Kaolin[181] gelangen Storch (1899) zuverlässige

176 Vgl. Zumstein, 1889.

177 Christoph Theodor Aeby (1835–1885), Anthropologe, ab 1863 Professor für Anatomie an der Universität Bern, stellte Injektionspräparate von Bronchialbäumen her (Der Bronchialbaum, 1880), vgl. Bibliographisches Institut, 1905, S. 66–67.

178 Vgl. Aeby, 1880.

179 Vgl. Zumstein, 1891.

180 Zumstein, 1891, S. 28.

181 Porzellanerde, weiße Tonerde.

Ergebnisse.[182] Es sind jedoch keine Präparate erhalten, die mit Zelluloid injiziert wurden. Auch die von Zumstein angesprochenen Nieren- und Leberpräparate sind heute nicht mehr erhalten.[183] Die Injektionen der Bronchialbäume sind dagegen noch vereinzelt im Museum Anatomicum ausgestellt.[184]

Zusätzlich ist eine Sammlung von ca. 500 Korrosionspräparaten der Hörschnecke verschiedener Tierarten, die Friedrich Matthias Claudius herstellte, erhalten und ausgestellt (Abb. 9). Die Präparation erfolgte überwiegend durch Injektion aushärtender Wachs- und Harzmassen. Daneben gibt es auch Präparate, die mit Metall ausgegossen und anschließend korrodiert wurden. Leider sind von Claudius keine schriftlichen Aufzeichnungen zu seinem Verfahren erhalten. Da es sich um Innenohrpräparate verschiedener Spezies (inkl. Mensch) handelt, wird eine vergleichend-anatomische Fragestellung als Grund für die Herstellung vermutet.

Abb. 8: Korrosionspräparat eines Bronchialbaumes vom Hund, hergestellt von J. Zumstein, um 1890, (© Bildarchiv Foto Marburg, fmd 453575, Fay Nolan, Sven Köhler)

Abb. 9: Ausgusspräparate des Innenohres mit Wachs, hergestellt von F. M. Claudius, um 1860, (© Bildarchiv Foto Marburg, fmd 453599, Fay Nolan, Sven Köhler)

182 Vgl. Faller, 1948, S. 87.

183 In den Chroniken der Universität Marburg wird für den Zeitraum Januar bis April 1945 erwähnt, dass die Zumstein-Sammlung von Korrosionspräparaten aufgrund von Sprengbombeneinschlägen nahe des Anatomischen Institutes größtenteils zerstört worden ist, vgl. Philipps-Universität, 1954.

184 Aufgrund ihrer Fragilität sind einige Objekte zerbrochen und können nicht mehr ausgestellt werden. Sie befinden sich im Magazin.

3.1.3 Mazeration – die Herstellung von osteologischen Präparaten

Die Mazeration[185] ist das überwiegend zur Anfertigung von Knochen- und Skelettpräparaten genutzte Verfahren und zählt neben der Mumifizierung zu den ältesten Präparationsverfahren überhaupt. Eine Mazeration des Knochens wird im einfachsten Fall durch den natürlichen Verwesungsprozess von organischen Geweben bewirkt und erfordert keine komplizierten technischen Gerätschaften und chemischen oder biologischen Komponenten.

Die Kaltwassermazeration ist das technisch einfachste Verfahren, welches schon bei Sektionen im 16. Jahrhundert angewandt wurde.[186] Nachdem der Leichnam grob entfleischt und ausgeweidet worden war, legte man ihn in eine Holzkiste mit Löchern, welche in einem fließenden Gewässer verankert wurde. Je nach Größe des Leichnams bzw. des zu mazerierenden Knochens dauerte dieser Prozess mehrere Monate, bis das Weichgewebe vollständig verschwunden und der Blutfarbstoff ausgewaschen war. Alternativ wurde auch in großen, mit Wasser gefüllten Behältern mazeriert, wie es Bünger für die Herstellung der Knochenpräparate für die hiesige Sammlung tat.[187] Ein großer Nachteil dieses Verfahrens, neben der Langwierigkeit, ist der üble Fäulnisgeruch. Lag der blanke Knochen schließlich vor, musste dieser entfettet werden. Vor Einführung chemischer Maßnahmen wurde das Knochenmark unter Zuhilfenahme von Drähten entfernt. Heute geschieht die Entfettung mit Benzin oder Chlorkohlenwasserstoffen.[188] Als letzten Arbeitsschritt schloss sich das Bleichen des Knochens an, der durch die vorherigen Arbeitsschritte meist ein schmutzig-braunes, fleckiges Aussehen angenommen hatte. Vor Einführung des Wasserstoffperoxyds (H_2O_2) als gängiges Bleichmittel Mitte des 19. Jahrhunderts wurden die Knochen auf der sogenannten Knochenbleiche[189] getrocknet und gebleicht.

Der langwierige Einweichprozess zur Weichteilablösung kann durch Zugabe von bestimmten Chemikalien oder einer Erhöhung der Wassertemperatur beschleunigt werden. Schon Vesal empfahl in seinem Werk *De humani corporis fabrica* (1543), den Leichnam zu Zwecken der Mazeration mit ungelöschtem Kalk

---

185 Mazeration: lat. macerare: *einweichen.*

186 Vgl. Sturm, 2007, S. 377.

187 Vgl. Grundmann, 2012b, S. 52.

188 Vgl. Schwerin, 1952, S. 6.

189 In vielen alten anatomischen Instituten (u. a. Münster, Heidelberg, Tübingen, Göttingen, Erlangen) ist ein kleiner Balkon bzw. eine gesonderter Breich auf dem Dachboden erhalten, der als Knochenbleiche diente. Die Knochen wurden dort zur schonenden Trocknung und Bleichung, allerdings nicht im direkten Sonnenlicht, ausgelegt, vgl. {Grundmann 2012 #452}, S. 72

zu behandeln und anschließend mit Wasser zu übergießen, um die Weichteilauflösung zu beschleunigen und die Geruchsbelästigung in einem erträglichen Maß zu halten.[190]

Eine Erhöhung der Wassertemperatur auf 30–40° C verkürzt den Prozess der Erweichung von mehreren Monaten auf nur wenige Tage. Zum Ende des 19. Jahrhunderts wurde dieses Verfahren der Warmwassermazeration, welches zuvor mit handelsüblichen Kochtöpfen und Küchenutensilien praktiziert wurde, durch die Einführung von Mazerationsapparaten automatisiert. Zusätzlich kann der Prozess durch Zugabe von alkalischen Lösungen wie Natriumhydrogencarbonat[191] ($NaHCO_3$), Natriumcarbonat[192] (Na_2CO_3) oder handelsüblichem Waschpulver nochmals beschleunigt werden.[193] Diese chemische Mazeration beruht auf den gewebelösenden Eigenschaften dieser Substanzen. Durch den Einsatz von Laugen wie Kaliumhydroxid[194] (KOH) oder Natriumhydroxid[195] (NaOH) werden organische Stoffe durch Kolliquation[196] oder Verseifung zerstört. Abschließend kann der gereinigte, trockene Knochen mit einer Lackschicht überzogen oder paraffiniert werden, um ihn vor Staub und Dreck zu schützen.[197] Damit ist die

190 Ungelöschter Kalk (Calciumoxid) reagiert mit Wasser in einer stark exothermen Reaktion zu Calciumhydroxid (gelöschter Kalk). In wässriger Lösung ist Calciumhydroxid eine starke Lauge, die die Kolliquation organischer Gewebe hervorruft, vgl. Sturm, 2007, S. 377.

191 Natriumhydrogencarbonat: (doppeltkohlensaures) Natron, Backsoda, vgl. Institut für Arbeitsschutz der Deutschen Gesetzlichen Unfallversicherung, http://gestis.itrust.de/nxt/gateway.dll/gestis_de/002440.xml?f=templates$fn=default.htm$3.0, zuletzt geprüft am 27.10.2015.

192 Natriumcarbonat: kohlensaures Natron, Soda, Waschsoda, vgl. Institut für Arbeitsschutz der Deutschen Gesetzlichen Unfallversicherung, http://gestis.itrust.de/nxt/gateway.dll/gestis_de/490211.xml?f=templates$fn=default.htm$3.0, zuletzt geprüft am 27.10.2015.

193 Vgl. Sturm, 2007, S. 7 und Schwerin, 1952, S. 3.

194 Kaliumhydroxid: Ätzkali, in Wasser gelöst als Kalilauge, vgl. Institut für Arbeitsschutz der Deutschen Gesetzlichen Unfallversicherung, http://gestis.itrust.de/nxt/gateway.dll/gestis_de/001420.xml?f=templates$fn=default.htm$3.0, zuletzt geprüft am 27.10.2015.

195 Natriumhydroxid: Ätznatron, Ätzsoda, in Wasser gelöst als Natronlauge, vgl. Institut für Arbeitsschutz der Deutschen Gesetzlichen Unfallversicherung, http://gestis.itrust.de/nxt/gateway.dll/gestis_de/001270.xml?f=templates$fn=default.htm$3.0, zuletzt geprüft am 27.10.2015.

196 Kolliquation: Einschmelzung oder Verflüssigung von Gewebe, vgl. Pschyrembel, 2013, S. 1107.

197 Vgl. Schwerin, 1952, S. 7.

klassische Herstellung von Mazerationspräparaten abgeschlossen. Es gibt jedoch noch weitere Bearbeitungsmöglichkeiten, die sich, je nach Anforderungen an das Präparat, anschließen können.

Um nur die organischen Bestandteile eines Knochens darstellen zu können, müssen die anorganischen Komponenten durch Mineralsäuren gelöst werden. Lauth (1836) empfahl dafür Salzsäure, wohingegen Fischer (1791) sowohl mit Salzsäure als auch mit Salpetersäure gute Ergebnisse erzielte.[198] Die vollständige Entkalkung hängt von der Beschaffenheit des Knochens ab und dauert durchschnittlich zwischen drei und neun Monate. Die entkalkten Knochen sind biegsam und können trocken aufbewahrt werden, wobei sich die Aufbewahrung in Weingeist oder Terpentinöl empfiehlt, um einer Schrumpfung entgegenzuwirken. Die Aufbewahrung in diesen Medien hatte einen Aufhellungseffekt zur Folge. Diesen zunächst unbeabsichtigten Nebeneffekt machten sich Anatomen jedoch zunutze, um innere Knochenstrukturen sichtbar zu machen.[199] Zur alleinigen Darstellung der anorganischen Bestandteile wurde der Knochen durch Ausbrennen kalzifiziert.

Abb. 10: Die osteologische Abteilung des Museum Anatomicum mit menschlichen und tierischen Knochenpräparaten (© Bildarchiv Foto Marburg, fmd 453561, Fay Nolan, Sven Köhler)

198 Vgl. Sturm, 2007, S. 378.

199 Zu Aufhellungspräparaten und deren Herstellung, vgl. dazu in dieser Arbeit: Aufhellungspräparate – ein Spalteholz-Präparat in der Marburger Sammlung, S. 51.

3.1.3.1 Die osteologische Abteilung der Marburger Sammlung anhand von Beispielen aus der pathologischen und der vergleichend-anatomischen Sammlung

In der osteologischen Abteilung des Museum Anatomicum (Abb. 10) sind zahlreiche Einzelknochen tierischen und menschlichen Ursprungs mit teilweise pathologischer Kondition, ca. 30 nahezu vollständige menschliche Skelette im Erwachsenenalter, ca. 15 Kinderskelette im Alter von wenigen Monaten bis zu 15 Jahren, ca. 400 menschliche Schädel und ca. 50 sogenannte „Rassenschädel" erhalten. Daneben gibt es ca. 30 Skelette von verschiedenen Tierarten.

Die Skelette und Knochen menschlichen Ursprungs wurden häufig wegen ihrer auffälligen Pathologien gesammelt. Bedeutenden Knochenerkrankungen wie Chondrodystrophie (Abb. 18), Rachitis (Abb. 14), Osteosarkome (Abb. 11, 19), Knochentuberkulose (Abb. 16), Syphilis (Abb. 12) und jegliche Arten von Wirbelsäulenfehlstellungen (Abb. 17) sind, neben diversen Arten von Frakturen (Abb. 13) und Luxationen, vertreten.

Abb. 11: Schädel eines 8 jährigen Kindes mit Osteosarkom am Unterkiefer (© N. Ulrich)

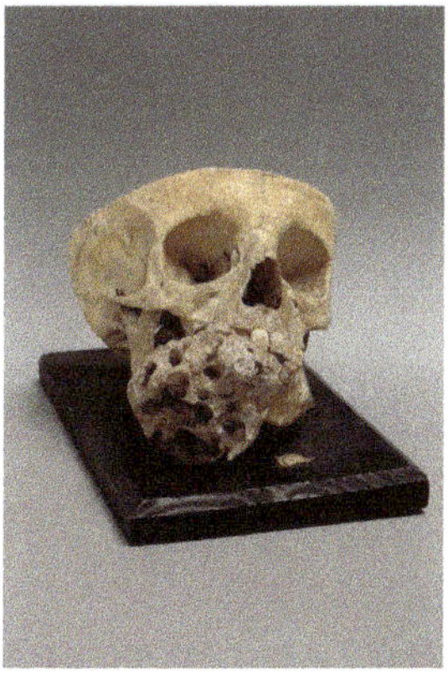

Abb. 12: Schädel mit fortgeschrittener Syphilis, ursprünglich aus der pathologischen Sammlung (© N. Ulrich)

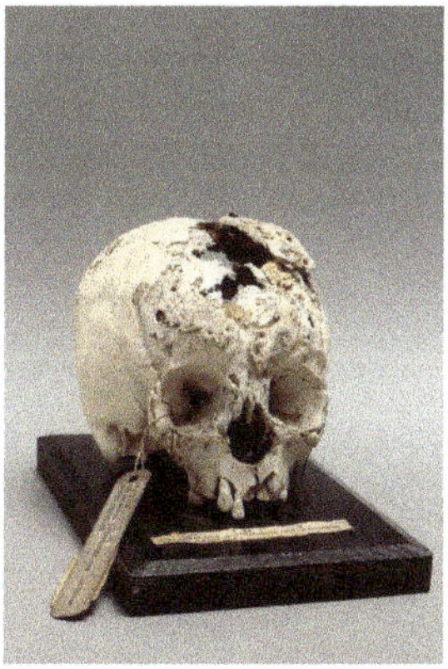

Abb. 13: Schädeldach mit Impressionsfraktur nach Sturz eine Steintreppe hinunter (© N. Ulrich)

Abb. 14: Links: Kinderskelett mit ausgeprägter Rachitis, rechts: zwei Kinderskelette, präpariert von C. H. Bünger (© Bildarchiv Foto Marburg, fmd 453582, Fay Nolan, Sven Köhler)

Abb. 15: Skelett einer am Brustkorb zusammengewachsenen Doppelbildung (Thoracopagus) (© Bildarchiv Foto Marburg, fmd 453587, Fay Nolan, Sven Köhler)

Abb. 16: Durch Knochentuberkulose zerstörte Wirbel (© N. Ulrich)

Abb. 17: Skelett mit hochgradiger Kyphose und rachitischen Verkrümmungen (© Bildarchiv Foto Marburg, fmd 453562, Fay Nolan, Sven Köhler)

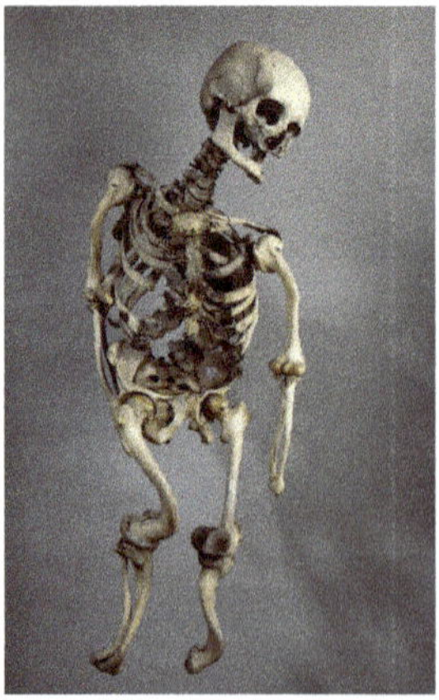

Abb. 18: Skelett eines Individuums mit Chondrodystrophie (© Bildarchiv Foto Marburg, fmd 453609, Horst Fenchel, Esther Bos, Daniela Frank)

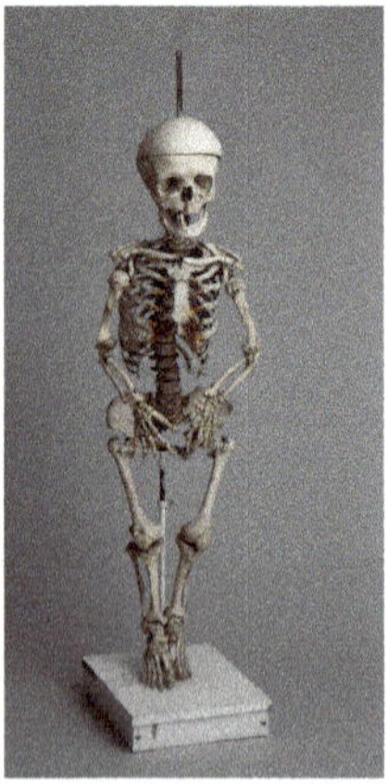

Abb. 19: Osteoplastisches Sarkom im Bereich des Oberschenkelkopfes (© N. Ulrich)

Wie in anderen Anatomischen Sammlungen, gibt es auch in Marburg eine umfangreiche Sammlung vergleichend-anatomischer Knochenpräparate von unterschiedlichen Tierarten.[200] Im Jahr 1866 mussten die in der Anatomischen Sammlung Marburg enthaltenen zoologischen Präparate an den Ordinarius der Zoologie, Carl Claus, abgegeben werden. Er hatte sich mit einem Gesuch an die preußische Regierung gewandt und forderte die Transferierung sämtlicher zoologischer Präparate in sein Institut. Dieser Forderung wurde von Seiten des Ministeriums stattgegeben, und so musste sich Claudius diesem Entschluss beugen. Lediglich doppelt vorhandene Präparate und die Sammlung von Ausgusspräparaten des Gehörorgans, die Claudius selbst angefertigt hatte, verblieben im Anatomischen Institut.[201] Das Interesse an vergleichend-anatomischen Fragestellungen bestand jedoch fort, und so schufen und kauften Claudius und seine Nachfolger kontinuierlich neue Tierpräparate, um die zoologische Sammlung wieder aufzubauen. Insbesondere Otto Veit, der zu Beginn des 20. Jahrhunderts Prosektor am Anatomischen Institut Marburg war, nutzte die bis dahin wieder reich bestückte Sammlung für seine Vorlesung über Osteologie und Vergleichende Anatomie und legte eigens dafür einen Katalog an.[202]

Neben einigen Skeletten verschiedener Primatenarten (Abb. 21) sind osteologische Präparate nahezu jeder Säugetierklasse vertreten (Abb. 20, 22, 23). Auch pathologische Tierpräparate sind in größerer Zahl vorhanden (Abb. 24, 25). Präparate von heimischen Tieren, die nicht aus Naturalienhandlungen angekauft wurden, wurden von den Anatomen vermutlich selbst hergestellt.[203] Im Katalog der Pathologischen Sammlung aus dem Pathologischen Institut Marburg werden mehrere Zusendungen von Tierkadavern durch Tierärzte oder Privatpersonen erwähnt. Da erst im Jahr 1857 ein eigenständiges, von der Anatomie unabhängiges Institut für pathologische Anatomie/Pathologie installiert wurde und die Einführung des Lehrfaches Zootomie (Sektion von Tieren), für die man diese Kadaver

---

200 Auch bis in 20. Jahrhundert hinein wurde die Vorlesung Vergleichende Anatomie (für Mediziner) u. a. von Veit am anatomischen Institut Marburg gehalten, obwohl es ein Zoologisches Institut gab. Bohle erwähnt, dass Claus die Anstellung in Marburg u. a. annahm, weil er die Übernahme der vergleichend-anatomischen Sammlung in Aussicht gestellt bekam. Dabei müsste es sich um die in der Anatomie verortete Sammlung gehandelt haben, die Claudius letztendlich abgeben musste, vgl. Bohle, 2015, S. 69.

201 Vgl. Grundmann, 2012a, S. 46.

202 Vgl. dazu in dieser Arbeit: *Katalog von vergleichend-anatomischen Präparaten, 1913*, S. 100.

203 Es gibt das Skelett einer Hauskatze und eines größeren Haushundes.

hätte verwenden können, erst im Jahr 1866 erfolgte[204], ist es denkbar, dass die Tierkadaver vor dieser Zeit an die Anatomie abgegeben wurden.

Abb. 20: Skelett eines Chamäleon aus der Naturalienhandlung Frič, Prag (© N. Ulrich)

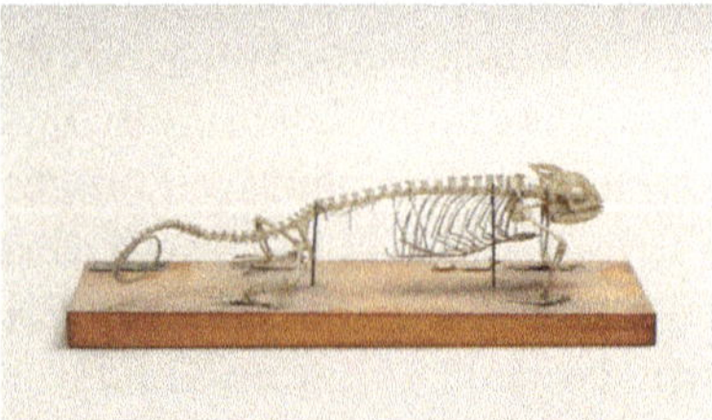

Abb. 21: Skelett eines Lemuren (© N. Ulrich)

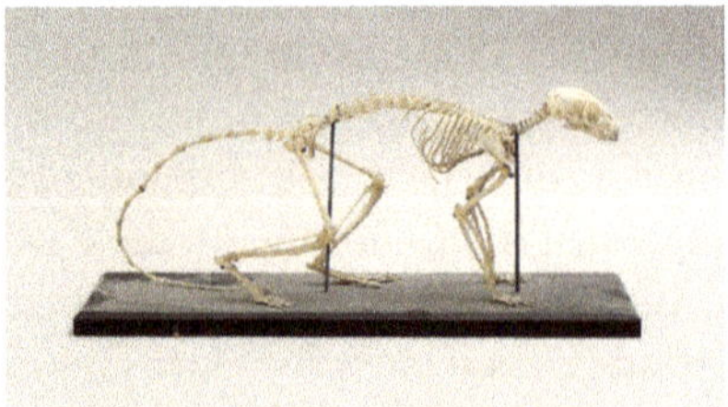

Abb. 22: Skelett eines Karpfens, erwähnt in Veits Katalog über vergleichend-anatomische Präparate (© N. Ulrich)

Abb. 23: Skelett eines Opossums (© N. Ulrich)

Abb. 24: Skelett eines Schafes mit Doppelbildung an den Hinterläufen (© N. Ulrich)

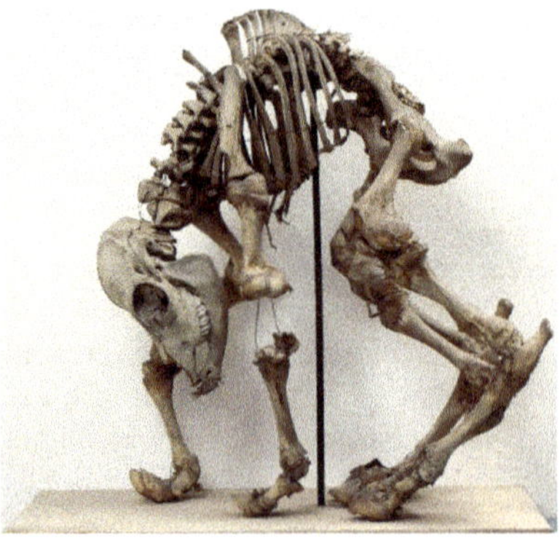

Abb. 25: Skelett einer Doppelbildung einer jungen Gans (© N. Ulrich)

204 Vgl. Bohle, 2015, S. 71.

3.1.3.2 *„der menschlichste Teil des Homo sapiens“*[205] *– die Schädel- und „Rassenschädelsammlung“ des Museum Anatomicum*

Mit ca. 400 Objekten ist die Marburger Schädelsammlung im Vergleich zu anderen berühmten Schädelsammlungen eher klein.[206] Ein Großteil der Schädel ist aus Platzgründen in einem Schrank in einer Abseite des Museum Anatomicum untergebracht und für die Öffentlichkeit nicht zugänglich (Abb. 26, 27, 28). Darin enthalten sind Schädel von Patienten aus der Psychiatrischen Anstalt in Haina sowie Schädel von hingerichteten Verbrechern mit dazugehörigen Totenmasken[207], ein Gipsabguss einer der vermeintlichen Schädel von FRIEDRICH SCHILLER oder die Replik der Totenmaske von NAPOLEON BONAPARTE. Schädel mit auffälligem Habitus, pathologischen Veränderungen oder epigenetischen Merkmalen sind ebenfalls Bestandteil der Sammlung und wurden gerade wegen dieser Merkmale gesammelt und, wie es scheint, systematisch geordnet.[208]

Anhand der Katalogbeschreibungen und Dokumenten aus diversen Archiven[209] ist es gelungen, mehrere Schädel eindeutig zu identifizieren und deren Provenienz zu erforschen.[210] Die komplette Schädelsammlung ist neu katalogisiert und in der Datenbank AQUiLA digitalisiert.[211] Basierend auf dieser Katalogisierung laufen derzeit weitere Projekte zur Provenienzforschung der Schädel aus der Sammlung.

---

205 Nestawal, 2010, S. 182.

206 Blumenbachsche Schädelsammlung, Göttingen (ca. 840 Objekte), vgl. Hermann von Helmholtz-Zentrum, Humboldt-Universität Berlin, http://www.universitaetssammlungen.de/sammlung/33, zuletzt geprüft am 10.03.2016, Alexander-Ecker-Sammlungen, Freiburg i.Br. (ca. 1600 Objekte), vgl. Hermann von Helmholtz-Zentrum, Humboldt-Universität Berlin, http://www.universitaetssammlungen.de/sammlung/328, zuletzt geprüft am 10.03.2016, Sammlung(en) von Rudolf Virchow am Berliner Medizinhistorischen Museum der Charité, Berlin (ca. 4.000 Objekte), vgl. Hermann von Helmholtz-Zentrum, Humboldt-Universität Berlin, http://www.universitaetssammlungen.de/sammlung/49, zuletzt geprüft am 10.03.2016.

207 Vgl. Grundmann und Sahmland, 2013, S. 55 ff.

208 Bei dem Präparat A.S. 3212 handelt es sich um einen menschlichen Schädel mit einer geheilten Fraktur des oberen, linken Augenhöhlenrandes. Bei dem Präparat A.S. 3212a handelt es sich ebenfalls um einen menschlichen Schädel, diesmal mit einer geheilten Fraktur des oberen, rechten Augenhöhlenrandes. Das zweite Präparat liegt zeitlich nach dem ersten, wurde aber aufgrund des gleichen Befundes dem ersten zugeordnet und bekam deshalb die gleiche A.S.-Nummer mit Zusatz eines Buchstabens, vgl. dazu in dieser Arbeit: Entschlüsselung der Signatursysteme – personenbezogene und zeitliche Einteilung der Katalognummern, S. 110.

209 Hauptsächlich Uniarchiv und Archiv des Landeswohlfahrtsverbandes Hessen.

210 Vgl. dazu in dieser Arbeit: Provenienzen (mit jeweiligen Unterkapiteln), S. 113 ff.

211 Vgl. dazu in dieser Arbeit: Die Datenbank von Senckenberg, S. 178.

Abb. 26: Die Marburger Schädelsammlung (© Bildarchiv Foto Marburg, fmd 453559, Fay Nolan, Sven Köhler)

Abb. 27: Schädel eines Erwachsenen aus der Marburger Schädelsammlung (© N. Ulrich)

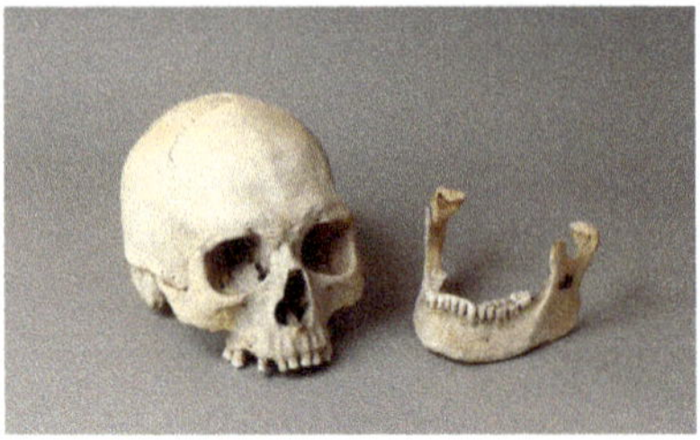

Abb. 28: Kindlicher Schädel mit präpariertem Ober- und Unterkiefer zur Demonstration des Zahndurchbruchs (© N. Ulrich)

Die „Rassenschädelsammlung" enthält ein Konvolut aus 60 Objekten, welche in dieser Form auch heute noch im Museum Anatomicum zu sehen sind (Abb. 29, 30). Dazu sei angemerkt, dass die rassenideologische Einordnung der Schädel verschiedener Ethnien bewusst nicht aus dem historischen Kontext herausgelöst wurde, in dem sie im Zuge der Neuordnung von 1938 durch den Anatomen JACOBSHAGEN, der sich an damals geltenden rassentheoretischen Standards[212] orientierte, aufgestellt wurde. Sie wurde von GRUNDMANN (1995)[213] unter hauptsächlich historischen Gesichtspunkten zur Entwicklung der Kraniologie/Kraniometrie im 19. Jahrhundert bearbeitet. Einige Provenienzen der Schädel sind aus historischen Dokumenten und Verweisen, hauptsächlich aus dem 1920 von PAUL JAENSCH erstellten Schädelkatalog, erschlossen.[214] Eine umfassende

212 Rassentheorie der drei „Großrassen" von Egon v. Eickstedt und die Rassenideologien des deutschen Eugenikers Hans F. K. Günther.

213 Vgl. Grundmann, 1995.

214 Vgl. dazu in dieser Arbeit: *Katalog der Schädelsammlung des anatomischen Instituts Marburg, 1920/23*, S. 102.

Aufarbeitung zur Provenienz der Schädel, auch im Hinblick auf mögliche Unrechtskontexte, steht bisher aus.

Doch gerade für die aus dem südostasiatischen Raum stammenden Schädel der Inseln des heutigen Indonesien ist ein Unrechtskontext nicht auszuschließen, da Indonesien seit dem frühen 17. Jahrhundert bis zur Unabhängigkeitserklärung 1949 niederländische Kolonie war. Nur für wenige Exemplare ist ein Hinweis über deren Herkunft vorhanden. So gibt es beispielsweise den Schädel eines jungen Malaien (A.S. 3043), auf dessen Unterkiefer mit Bleistift „Bünger" steht. Im Schädelkatalog von 1920 steht weiter: „Schädel trägt das Vermerk Java, 18–21 Jahre, nach Claudius hat früher ein Zettel im Schädel gelegen: de Kop van eenen Javaan van radjaewissig district Berlbay op net eiland Java. [...]". Für den Schädel mit der Signatur J.N. 511 ist vermerkt, dass er „von Brand gekauft" wurde; der Schädel mit der Nummer J.N. 970 war ein „Geschenk von Professor Roser". Es soll sich dabei um den Schädel des „dajakischen Anführers Tomongong Ojaja" handeln, der in einem Gefecht gegen die Holländer gefallen ist. Wie mit diesen Schädeln umzugehen ist, muss in weiteren Recherchearbeiten ermittelt werden. Arbeiten anderer Institutionen[215] im Hinblick auf mögliche Restitutionsforderungen sind hier Vorreiter für einen verantwortungsvollen Umgang mit Sammlungsobjekten aus möglicherweise belasteten Kontexten. Priorität haben hierbei speziell die kulturellen und religiösen Vorstellungen ethnischer Gruppierungen hinsichtlich Bestattungsriten und Totenritualen und der ethische Umgang mit *Human Remains* im Allgemeinen.[216]

---

215 Das Charité Human Remains Project (CHRP) bearbeitete von 2010 bis 2013 die Bestände zweier anthropologischer Schädel- und Skelettsammlungen an der Charité. Die Provenienzforschung diente zur Aufklärung der Erwerbungskontexte und möglicher Restitutionsforderungen. Schließlich konnten 20 Schädel an Vertreter namibischer Ethnien zurückgegeben werden. Diese Schädel wurden nachweislich in einem Unrechtskontext erworben. Das von der DFG geförderte Projekt schloss in einem Workshop, der sich mit dem Umgang möglicher Restitutionsfragen an deutschsprachige (anthropologische) Sammlungen und die daraus resultierende Provenienzforschung, beschäftigte. Die Ergebnisse wurden in einem Sammelband publiziert, vgl. Stoecker, 2013 und Universitätsmedizin Berlin, http://anatomie.charite.de/geschichte/human_remains_projekt/, zuletzt geprüft am 14.03.2016.

216 Vgl. Arbeitskreis „Menschliche Präparate in Sammlungen", 2003, Cassman, 2007, Deutscher Museumsbund, 2013.

Abb. 29: Gipsabguss eines bolivianischen Indianerschädels (© N. Ulrich)

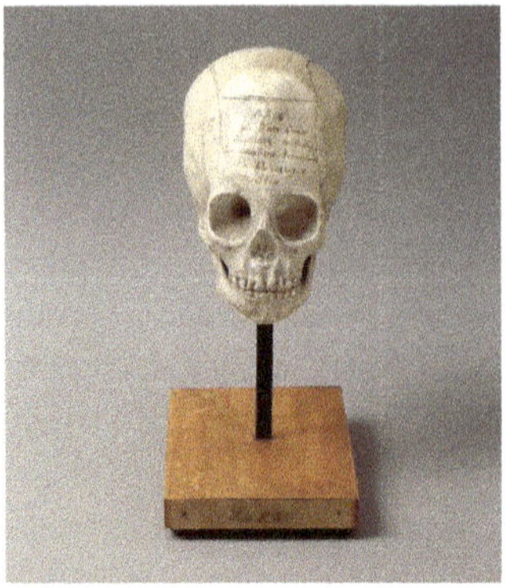

Abb. 30: Die Marburger Rassenschädelsammlung (© Bildarchiv Foto Marburg, fmd 453566, Fay Nolan, Sven Köhler)

3.1.4 Aufhellungspräparate – ein Spalteholz-Präparat in der Marburger Sammlung

Wie in den vorangegangenen Abschnitten erläutert, lassen sich Blut- und Lymphgefäße mittels Injektion verschiedener Massen darstellen. Um auch tiefe Gefäßsysteme sichtbar zu machen, besteht nach deren Injektion die Möglichkeit, das umliegende Gewebe zu korrodieren. Dabei geht jedoch der topographische Zusammenhang verloren.

Um Knochenkerne und Gefäßsysteme innerhalb eines Knochens bei Erhaltung der Knochenstruktur sichtbar zu machen, etablierte sich gegen Ende des 19. Jahrhunderts ein Verfahren, welches durch die Aufhellung der Präparate die inneren Strukturen sichtbar werden ließ. Grundlage der chemischen Methode ist die Verquellung des (Binde)gewebes durch Laugen oder Säuren. Bei Auslösung der anorganischen Bestandteile des Knochens bleibt ein gummiartiger, blassgelb-durchsichtiger, nurmehr aus organischen Komponenten bestehender Knochen zurück. Dem französischen Anatom JEAN CRUVEILHIER (1791–1874) gelang um 1860 durch Anwendung von Salpetersäure, was WOOLRIDGE bereits 1838 unter Verwendung von Phenol gelang: das Sichtbarmachen von Nervengewebe durch Auflösung des umliegenden Bindegewebes. Phenol zerstört langfristig jedoch auch das Präparat selbst.[217] RANVIER (1889) und KÖLLIKER (1893)

217 vgl. Faller, 1948. Auf die Originalpublikationen von Cruveilhier und Woolridge konnte nicht zugegriffen werden.

entdeckten die aufhellende Wirkung von Essigsäure, nachdem BEALE schon 1853 und der genannte KÖLLIKER zuvor ähnliche Effekte mit verdünnter Kalilauge erzielt hatten.[218] Doch erst im Jahr 1897 schaffte es SCHULTZE[219], aufgehellte Dauerpräparate von ganzen menschlichen Embryonen anzufertigen. Sein Verfahren veröffentlichte er unter dem Titel *Über die Herstellung und Conservierung durchsichtiger Embryonen zum Studium der Skelettbildung* (1897)[220]. Die Embryonen wurden zuerst in Alkohol fixiert und dann in 3 % Kalilauge eingebracht, bis sie durchsichtig wurden, um sie anschließend in einer Mischung aus Glycerin und Formol aufzubewahren.[221] 1910 stellte SCHULTZE eine Verbesserung seiner Methode vor, die in der zusätzlichen Verwendung von Chromsäure (H_2CrO_4) und Eau de Javelle[222] in Verbindung mit Kalilauge bestand.[223] Die von WOOLRIDGE durchgeführte Aufhellung mit Phenol wurde, trotz ihrer nicht dauerhaften Haltbarkeit, von KRAUSE (1909)[224] weiterhin erprobt. Daneben laborierte DRAHN[225] mit Tetralin[226]. Beide Verfahren führten zu einer Verdunklung der Flüssigkeiten, sodass der aufhellende Effekt nur zeitweise gegeben war. Eine zufriedenstellende Aufhellung von Präparaten, die auch über einen längeren Zeitraum keine veränderten Eigenschaften zeigten und so dauerhaft brauchbar waren, gelang erst mit den Arbeiten von LUNDVALL und

218 Ihnen gelang die Darstellung der embryonalen Skelettentwicklung, jedoch waren die Präparate nicht von Dauer, vgl. Faller, 1948, S. 88.

219 Oskar Max Sigismund Schultze (1859–1920), deutscher Anatom, studierte in Bonn, Jena und Berlin, Promotion 1883, von 1884 bis 1891 Prosektor unter Kölliker an der Universität Würzburg, zuerst in der vergleichend-anatomischen, dann in der anatomischen Abteilung, Habilitation 1888 in Würzburg, dann ab 1891 außerordentlicher Professor für topographische Anatomie in Würzburg, vgl. Pagel, 1901, S. 1553–1554.

220 Vgl. Schultze, 1897.

221 Vgl. Voss, 1939, S. 23 und 29.

222 Eau de Javelle: Kaliumhypochlorit (KClO), Bleich, Oxidations- und Desinfektionsmittel, vgl. Institut für Arbeitsschutz der Deutschen Gesetzlichen Unfallversicherung, http://gestis.itrust.de/nxt/gateway.dll/gestis_de/500079.xml?f=templates$fn=default.htm$3.0, zuletzt geprüft am 26.10.2015.

223 Vgl. Faller, 1948, S. 89.

224 Vgl. Krause, 1909.

225 Vgl. Drahn, 1922.

226 Tetralin (Tetrahydronaphthalin): flüssig-ölige, farblose Flüssigkeit mit charakteristischem Geruch nach Teer/Mottenkugeln, vgl. Institut für Arbeitsschutz der Deutschen Gesetzlichen Unfallversicherung, http://gestis.itrust.de/nxt/gateway.dll/gestis_de/031970.xml?f=templates$fn=default.htm$3.0, zuletzt geprüft am 26.10.2015.

Spalteholz[227], deren Methoden das physikalische Grundprinzip des gleichen Brechungsindexes zugrunde liegt. Die Aufhellung des Präparates wird durch das Angleichen der Brechungsindices der Konservierungsflüssigkeit und des Glases, in dem das Präparat aufbewahrt wird, erzielt. Schon im 18. Jahrhundert beobachtete Fischer den Aufhellungseffekt von Terpentinöl an zuvor in Salzsäure entkalkten Knochen.[228] Zedernholzöl, welches vor Einführung von Xylol und Kanadabalsam auch in der Histologie benutzt wurde, ergab einen besseren Aufhellungseffekt als Terpentinöl. Ausgehend von diesen „natürlichen" Aufhellern, entwickelten Lundvall und Spalteholz ihre Methoden. Lundvall experimentierte 1904 mit Xylol, Benzol, Toluol, Chloroform und Schwefelkohlenstoff, erzielte jedoch keine brauchbaren Ergebnisse.[229] Mit der Zeit veränderte sich der Schwefelkohlenstoff unter Abscheidung von Schwefel, was einen üblen Geruch erzeugte und letztendlich auch die optischen Brechungseigenschaften des Stoffes veränderte. Um dem üblen Geruch von Schwefel entgegenzuwirken, versetzte Lundvall sein Gemisch mit Pfefferminzöl.[230] Daraufhin experimentierte auch Spalteholz ab 1909 mit ätherischen Ölen. 1911 publizierte er seine kleine, aber bedeutende Schrift *Über das Durchsichtigmachen von menschlichen und tierischen Präparaten* (1911)[231]. Die Ergebnisse, die Spalteholz mit seiner Methode erzielte, sind bis heute unübertroffen. Die in Formalin, Alkohol, Sublimat oder Kaiserling´scher Flüssigkeit fixierten Objekte werden zunächst entkalkt und mit Wasserstoffperoxid gebleicht, anschließend in einer steigenden Alkoholreihe entwässert und über Benzol in ein Gemisch zweier Stoffe mit unterschiedlichen Brechungsindices überführt.[232] Spalteholz' Aufbewahrungsmischung setzte sich aus Winter-

---

227 Werner Spalteholz (1861–1940), deutscher Anatom, studierte, promovierte und habilitierte an der Universität Leipzig, war dort ab 1892 als zweiter Prosektor und ab 1905 bis 1929 als erster Prosektor tätig, erfand eine Methode zur Aufhellung von anatomischen Präparaten, welche er auf der 1. Hygieneausstellung in Dresden 1911 vorstellte, ein Großteil seiner eigens hergestellten Präparate befand sich in der Anatomischen Sammlung der Universität Leipzig, sie wurden jedoch im Zweiten Weltkrieg überwiegend zerstört, vgl. Universität Leipzig, http://www.uni-leipzig.de/unigeschichte/professorenkatalog/leipzig/Spalteholz_341/, zuletzt geprüft am 23.12.2015.

228 Vgl. Fischer, 1791, S. 77–78.

229 Vgl. Lundvall, 1904.

230 Vgl. Lundvall, 1905, S. 521.

231 Vgl. Spalteholz, 1911.

232 Vgl. Faller, 1948, S. 92 und Voss, 1939, S. 23–24.

grünöl[233] oder dem billigeren Safrol[234] mit Methylbenzoat[235] oder Isosafrol[236] zusammen. Lundvall verwendete Benzol und Benzylbenzoat[237] oder Paraffinöl und Benzylbenzoat. Drahn hingegen favorisierte eine Mischung aus Tetralin und Naphthalin. Schwerin bemerkte in seiner Arbeit, dass die Herstellung von Aufhellungspräparaten ein hohes Maß an präparatorischer Erfahrung voraussetzt, da die in der Literatur angegebenen Rezepturen und Zusammensetzungen stark variieren. Der Erfolg hängt zudem maßgeblich von Kombination, Konzentration und Einwirkdauer der Stoffe ab, die wiederum stark von Art, Beschaffenheit, Alter und Konsistenz des aufzuhellenden Objektes abhängen.[238] Die aufgehellten Präparate können zusätzlich mit verschiedenen Methoden gefärbt werden, um spezifische Zellstrukturen besser darzustellen.[239]

In der Marburger Sammlung konnte bis dato nur ein Präparat gefunden werden, welches nach der Beschreibung auf dem Etikett nach der Spalteholz-Methode angefertigt wurde. Es handelt sich dabei um einen menschlichen Fetus im Sagittalschnitt (Abb. 31).

---

233 Wintergrünöl (Gaultheriaöl, Salicylsäuremethylester, Methylsalicilat): ätherisches Öl, ölige, farblos bis gelbe Flüssigkeit mit charakteristischem Geruch, vgl. . Institut für Arbeitsschutz der Deutschen Gesetzlichen Unfallversicherung, http://gestis.itrust.de/nxt/gateway.dll/gestis_de/025440.xml?f=templates$fn=default.htm$3.0, zuletzt geprüft am 26.10.2015.

234 Safrol: ätherisches Öl, gelbliche Flüssigkeit mit anisartigem Geruch, vgl. Institut für Arbeitsschutz der Deutschen Gesetzlichen Unfallversicherung, http://gestis.itrust.de/nxt/gateway.dll/gestis_de/025440.xml?f=templates$fn=default.htm$3.0, zuletzt geprüft am 26.10.2015.

235 Methylbenzoat (Benzoesäuremethylester, Niobeöl): Duft- und Aromastoff aus dem Harz von Benzobäumen, farblose Flüssigkeit, vgl. Institut für Arbeitsschutz der Deutschen Gesetzlichen Unfallversicherung, http://gestis.itrust.de/nxt/gateway.dll/gestis_de/027280.xml?f=templates$fn=default.htm$3.0, zuletzt geprüft am 26.10.2015.

236 Isosafrol: Isomerisierung von Safrol zu Isosafrol.

237 Benzylbenzoat (Benzosäurebenzylester): farblose Flüssigkeit mit blumigem Geruch, kommt natürlicherweise in den Balsamen und Harzen von einigen Pflanzen vor, vgl. Institut für Arbeitsschutz der Deutschen Gesetzlichen Unfallversicherung, http://gestis.itrust.de/nxt/gateway.dll/gestis_de/032060.xml?f=templates$fn=default.htm$3.0, zuletzt geprüft am 26.10.2015.

238 Schwerin, 1952, S. 72.

239 Makroskopische Färbemethoden, vgl. Faller, 1948, S. 92 und Schwerin, 1952, S. 76.

Abb. 31: Aufhellungspräparat eines menschlichen Fetus im Medianschnitt, nach der Spalteholz-Methode präpariert (© Bildarchiv Foto Marburg, fmd 453598, Fay Nolan, Sven Köhler)

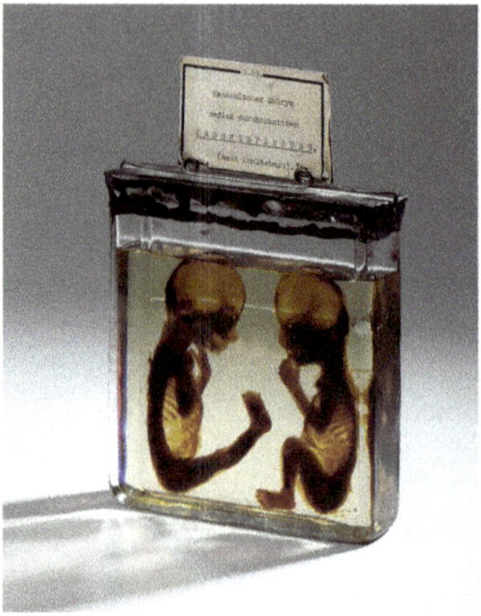

3.2 Feuchtpräparate

Der französische Chirurg Ambroise Paré[240] beschrieb in seinem Hauptwerk *Opera chirurgica* (1594) eine Methode der Leichenkonservierung. Nachdem Paré die Eingeweide vollständig entfernt hatte, brachte er tiefe Schnitte in die Muskulatur ein, die das Eindringen der Konservierungsflüssigkeit aus scharfem Essig, Aloe, Wermut, Koloquinten und Alkohol, in die der Leichnam drei Wochen lang eingelegt wurde, begünstigen sollten. Anschließend trocknete er den durchtränkten Körper an einem luftigen Ort. Er habe eine auf diese Art konservierte Leiche 25 Jahre in seinem Haus aufbewahrt.[241] Der aus Amsterdam stammende Mediziner und Chemiker Steven Blankaart[242] sowie die beiden deutsche Me-

240 Ambroise Paré (um 1510–1590), französischer Chirurg, gilt als Begründer der modernen Chirurgie, vgl. Encyclopedia Britannica, http://www.britannica.com/biography/Ambroise-Pare, zuletzt geprüft am 28.10.2015.

241 Vgl. Hawlik-van de Water, 1989, S. 203–211.

242 Steven Blankaart (1650–1704), niederländischer Mediziner, Entomologe und Chemiker, bewies die Existenz des Kapillarsystems der Blutgefäße, veröffentlichte das erste Lehrbuch über Kinderkrankheiten in holländischer Sprache, zeigte, dass Insekten aus Eiern schlüpfen, vgl. http://www.theatra.de/repertorium/ed000142.pdf, zuletzt geprüft am 23.12.2015.

diziner Gregor Horst[243] und Melchior Sebisch[244] veröffentlichten zu Beginn des 17. Jahrhunderts ihre Konservierungstechniken. Blankaart ging dazu über, auch die großen Gefäße zu eröffnen und diese mit Wasser zu spülen, bis das Blut vollständig ausgewaschen war. Ebenso spülte er den Verdauungstrakt solange mit warmem Wasser aus, bis das am After austretende Wasser klar war. Anschließend injizierte er den Verdauungstrakt und die großen Gefäße mit Spiritus. Aufbewahrt wurde die Leiche in einem Blei- oder Zinnsarg, um eine Verdunstung des Alkohols zu vermeiden.[245]

Die Herstellung von Feuchtpräparaten war vor der Einführung des Formaldehyds wegen der hohen Kosten für hochwertigen Alkohol und Spiritus ein kostspieliges Unterfangen, da diese Substanzen aufgrund ihrer hohen Flüchtigkeit stetig nachgefüllt werden mussten. Erst ab Mitte des 19. Jahrhunderts wurde die Forschung und Suche nach alternativen Konservierungsmedien mit bakterientötenden und desinfizierenden Eigenschaften, die den natürlichen Fäulnis- und Autolyseprozess aufzuhalten vermochten, von verschiedenen Naturwissenschaftlern vorangetrieben. Bahnbrechend für die Konservierung von biologischen Geweben und somit auch die Herstellung von Feuchtpräparaten war die Einführung des Formaldehyds[246] (CH_2O) durch den Frankfurter Arzt Ferdinand Blum.[247] Ein Jahr später nutzte Blums Vater, Isaak Blum, das Formalin zur Konservierung von zoologischen und botanischen Präparaten.[248] Daraufhin fand Formaldehyd, bedingt durch seine gewebehärtenden und fäulnishemmenden Eigenschaften, Eingang in die anatomische Konservierungstechnik sowie in die Histologie. In Grönfoos Arbeit von 1898, in der er die Konservierungsmethoden anatomischer Institute in Europa verglich, stellte sich heraus, dass Formaldehydmischungen oder Carbolglycerin in nahezu jeder Institution zu Konservierungszwecken von

243 Gregor Horst (1578–1636), deutscher Mediziner und Anatom, lehrte an der Universität Gießen, vgl. Universität Gießen, http:/www.med.uni-giessen.de/allgemein/fakgeschichte.htm, zuletzt geprüft am 23.12.2015.

244 Melchior Sebisch (1539–1625), deutscher Mediziner, Professor für Medizin an der Universität Straßburg, vgl. Deutsche Biographie, http://www.deutsche-biographie.de/sfz79841.html, zuletzt geprüft am 28.10.2015.

245 Vgl. Paul, 1937, S. 1488.

246 Formaldehyd (Methanal): einfachster Aldehyd, farbloses, stechend riechendes Gas, gut löslich in Wasser, kanzerogen vgl. Institut für Arbeitsschutz der Deutschen Gesetzlichen Unfallversicherung, http://gestis.itrust.de/nxt/gateway.dll/gestis_de/010520.xml?f=templates$fn=default.htm$3.0, zuletzt geprüft am 28.10.2015.

247 Vgl. Blum, 1894.

248 Vgl. Blum, 1893.

Leichen genutzt wurde.[249] Es ist anzumerken, dass es einige Verwirrungen in der Verwendung der Begriffe Formaldehyd, Formalin und Formol gibt. Formaldehyd ist der Trivialname für das in chemischer Nomenklatur exakt als Methanal bezeichneten Aldehyd. Formalin bezeichnet die wässrige Lösung mit einer Konzentration von ca. 40 % Formaldehyd in Wasser und ist unter diesem Handelsnamen von der Firma Schering, Berlin, 1893 auf den Markt gebracht worden. Bei Formol handelt es sich um den Handelsnamen des gleichen Gemisches, welches von der Firma Farbwerke Höchst vertrieben wurde.[250] Dies ist bei der Mengenangabe von Konservierungsgemischen mit Formaldehyd zu beachten, wurde allerdings nicht von allen Autoren strikt eingehalten. Es kam zu Beschwerden von Seiten anderer Anatomen, da falsche Mischverhältnisse die Qualität der Konservierung erheblich beeinflussten.[251] Formaldehydlösungen bieten zwar sehr gute Fixierungs- und Konservierungsmöglichkeiten, bergen aber nachweislich ein hohes Gesundheitsrisiko. Darum werden heute nur geringkonzentrierte Lösungen verwendet, oder es wird auf den Einsatz von Formaldehyd verzichtet.

Ein präparatorischer Nachteil der Formaldehydkonservierung ist der natürliche Farbverlust der Präparate, weshalb es schon kurz nach dessen Einführung in die Anatomie Versuche zur Lösung dieses Problems gab. Formaldehyd wurde mit verschiedenen Schwermetallsalzen wie Kaliumbichromat, Sublimat oder Chlorzink versetzt. Auch die Mischung mit Säuren wie Pikrin-, Karbol- und Chromsäure wurden probiert. Kaiserling[252] entwickelte eine Mischung aus 1.000 cm^3 destilliertem Wasser, 200 cm^3 Formol, 15 gr. Kaliumnitrat (KNO_3) und 30 gr. Kaliumacetat (CH_3COOK), in die das Präparat ca. 24 Stunden bis zu drei Tagen eingelegt wurde. Anschließend wurde es für 12 bis 24 Stunden in 70–80 %igen Alkohol überführt, bevor es in einer Mischung aus 1.000 cm^3 destilliertem Wasser, 400 cm^3 Glycerin und 200 gr. Kaliumacetat aufbewahrt werden konnte.[253] Pick[254] veröffentlichte im Jahr 1900 die Zusammensetzung

249 Vgl. Grönfoos, 1898.

250 Vgl. Gerabek, 2005, S. 410.

251 Vgl. Lee, 1896, Bethe, 1896.

252 Johann Carl Kaiserling (1869–1942), deutscher Pathologe, 1912 wurde er außerordentlicher Professor für pathologische Anatomie, folgte im Jahr 1913 einem Ruf an die Universität Königsberg, wo er ordentlicher Professor für allgemeine Pathologie und pathologische Anatomie und gleichzeitig Direktor des Pathologischen Instituts wurde, vgl. Engelhardt, 2002, S. 318.

253 Vgl. Kaiserling, 1896.

254 Ludwig Pick (1868–1944), deutscher Pathologe, promovierte 1893 an der Universität Leipzig und ging anschließend an verschiedene Institut nach Berlin, 1899 erfolg-

einer Mischung, die aus 1.000 cm^3 destilliertem Wasser, 50 cm^3 Formalin und 50 gr. künstlichem Karlsbader Salz[255] (Na_2SO_4) bestand. In dieser Mischung wurde das Präparat für 2 bis 24 Stunden fixiert. Anschließend wurde es in 80–85 %igen Alkohol überführt, um es schließlich in einer Mischung aus 9.000 cm^3 destilliertem Wasser, 5.400 cm^3 Glycerin und 2.700 gr. Natriumacetat ($C_2H_3NaO_2$) aufzubewahren.[256] JORES[257] veröffentlichte 1896 eine eigene Rezeptur, die aus 1 Teil Chlornatrium (NaCl) und je 2 Teilen Magnesium- ($MgSO_4$) und Natriumsulfat (Na_2SO_4), 5 oder 10 Teilen 40 %igem Formalin und 100 Teilen Wasser bestand. In diese Mischung wurde das Präparat für 1 bis 2 Tage eingelegt, bevor es für weitere 24 Stunden in 95 %igen Alkohol überführt wurde. Die Aufbewahrung erfolgte in Glycerin, welches zur Hälfte mit Brunnenwasser verdünnt wurde.[258] 1913 schlug JORES eine verbesserte Rezeptur seiner ursprünglichen, unter JORES I bekannten Flüssigkeit vor. Das Magnesiumsulfat schied in der Fixierungslösung aus, und das Chlornatrium wurde durch Chlorhydrat ($C_2H_3Cl_3O_2$) ersetzt. Die Überführung in hochprozentigen Alkohol wurde durch ein intensives Wässern des Präparates ebenfalls ersetzt. Auch die Zusammensetzung der Aufbewahrungsmischung wurde modifiziert, die jetzt neben Glycerin und Wasser noch Kalium- oder Natriumacetat enthielt.[259]

Den vorgestellten Methoden liegt das gleiche Prinzip zu Grunde. Das zu präparierende Objekt wird zunächst in einer Fixierungsflüssigkeit gehärtet, in der der Blutfarbstoff verschwindet. Anschließend wird das Präparat in eine Entwicklungsflüssigkeit (in den meisten Fällen Alkohol) gegeben, um die Farbe

te die Habilitation in pathologischer Anatomie, er unterrichtete an der Friedrich-Wilhelms-Universität Berlin, aufgrund seiner jüdischen Abstammung wurde er 1943 in das Konzentrationslager Theresienstadt deportiert, wo er 1944 an Mangelernährung verstarb, vgl. Deutsche Biographie, http://www.deutsche-biographie.de/sfz74529.html, zuletzt geprüft am 02.11.2015.

255 Karlsbader Salz (Natriumsulfat, Glauber-Salz): Natriumsalz der Schwefelsäure, vgl. Institut für Arbeitsschutz der Deutschen Gesetzlichen Unfallversicherung,http://gestis.itrust.de/nxt/gateway.dll/gestis_de/001400.xml?f=templates$fn=default.htm$3.0, zuletzt geprüft am 01.11.2015.

256 Vgl. Pick, 1900.

257 Leonhard Jores (1866–1935), deutscher Pathologe, Studium der Medizin in München, Berlin und Bonn, wo er 1889 promoviert wurde, Habilitation am Pathologischen Institut der Universität Bonn im Jahr 1893, danach Prosektor in Braunschweig und Köln, bevor er 1913 als Ordinarius an das Pathologische Institut der Universität Marburg berufen wurde, vgl. Korte, 2014, S. 29 ff.

258 Vgl. Jores, 1896.

259 Vgl. Jores, 1913, S. 976.

wiederherzustellen. Danach wird es in einer farberhaltenden Flüssigkeit aufbewahrt.[260]

Die vorgestellten Methoden sind die drei bekanntesten. Jedoch hatte nahezu jeder präparierende Anatom seine persönlichen Präferenzen, sodass auch die Konservierung der Leichen in jedem anatomischen Institut unterschiedlich war. Dazu schreibt SCHWERIN: „Natürlich sind [...] die Ansichten über die Zweckmäßigkeit der einzelnen Lösungen genau so verschieden und mannigfaltig wie deren Zahl und Zusammensetzung."[261]

3.2.1 Feuchtpräparate aus der Bünger-Zeit (1812–1842)

Die Marburger Sammlung enthält ca. 1.500 Feuchtpräparate, die teilweise noch aus der ersten Hälfte des 19. Jahrhunderts stammen. Die von BÜNGER gefertigten Präparate sind leicht an der Machart der Gläser[262] und dem Verschluss durch Rinds- oder Schweinsblasen erkennbar. Auch die Konservierungsflüssigkeiten wie Weingeist (Spiritus vini), Terpentinöl oder Branntwein geben einen Hinweis auf den Präparator und die Zeitstellung. Bedauerlicherweise befindet sich ca. ein Drittel der Feuchtpräparate in einem erhaltungsgefährdeten Zustand und müssten dringend fachmännisch restauriert werden, doch die Restaurierung historischer Feuchtpräparate erfordert ein hohes Maß an präparatorischer Erfahrung und ist sehr kostspielig.

Für die Mehrheit der Büngerschen Feuchtpräparate allerdings wird eine Restaurierung nicht mehr möglich sein. Das Terpentinöl, in dem beispielsweise das mittlere Penispräparat konserviert wurde (Abb. 32), ist oxidiert und zu einer zähen Masse verharzt. Alleine das Entfernen der Präparate aus den Gläsern dürfte hier schon erhebliche Probleme verursachen und nicht ohne Schaden für das Präparat von statten gehen. Es gilt abzuwägen, ob man das Risiko des unwiederbringlichen Verlustes, welches beim Öffnen der Gläser und Herauslösen der Präparate aus dem verharzten Terpentinöl besteht, eingeht. Da die Aussicht einer erfolgreichen Restaurierung in diesen Fällen gering ist, sollte auf restauratorische Maßnahmen verzichtet werden.

260 Vgl. Voss, 1939, S. 10.

261 Schwerin, 1952, S. 28.

262 Die Gläser sind mundgeblasen und mit einem runden Fuß versehen.

Abb. 32: Penispräparate in Terpentinöl, von Bünger hergestellt, durch Zerstörung des Verschlusses ist das Terpentinöl verharzt, (© Bildarchiv Foto Marburg, fmd 453605, Fay Nolan, Sven Köhler)

Abb. 33: Ein Feuchtpräparat aus neuerer Zeit (1986): injizierte Gefäße einer menschlichen Plazenta von Zwillingen (© N. Ulrich)

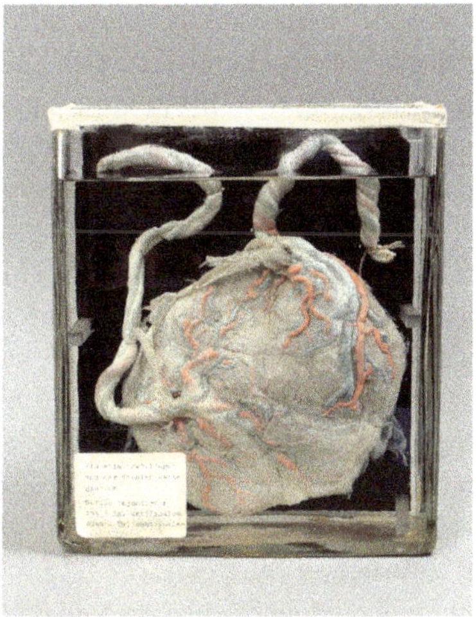

3.2.2 Makroskopisch-topographische Schnittpräparate

Schon die Bedeutung des Begriffes Anatomie[263] beinhaltet förmlich die Schnitttechnik mit Messer und Schere. Der Durchschnitt durch Organe in verschiedenen Ebenen ist so alt wie die anatomische Technik selbst. Schon MONDINO DE LUZZI und LEONARDO DA VINCI kannten die Technik des Sagittalschnittes. In den *Quaderni* sind zahlreiche Längs- und Querschnitte durch Knochen, Herz und Gehirn abgebildet. Der Horizontalschnitt durch das Gehirn zur Eröffnung der Seitenventrikel, wie er auch heute noch Praxis bei der Gehirnsektion ist, wurde schon von VESAL[264] und STEPHANUS praktiziert. Von EUSTACHI sind Sägeschnitte durch das

263 Anatomie: αυατέμνειν = zerschneiden, vgl. Pschyrembel, Klinisches Wörterbuch, 2013, S. 91.

264 Andreas Vesalius (1514–1564), flämischer Anatom und Begründer der neuzeitlichen Anatomie, führte 1537 seine erste öffentliche Sektion durch. Nachdem er 1537 promoviert wurde, lehrte er an verschiedenen italienischen Universitäten Anatomie und Chirurgie, u. a. in Padua und Bologna. Er ist Autor des bedeutenden anatomischen Werkes *De humani corporis fabrica*, vgl. Deutsche Biographie, http://www.deutsche-biographie.de/sfz83698.html, zuletzt geprüft am 23.12.2015.

Felsenbein und Nierenschnitte bekannt. In Michael Lysers[265] *Culter anatomicus*, eines der ersten Handbücher zur Zergliederung von Leichen, gehört der Organschnitt zur üblichen Sektionspraxis.[266] Auch die bereits erwähnten Mediziner Malpighi, de Graaf und Ruysch versuchten sich an dieser Schnitttechnik.

Mitte des 19. Jahrhunderts wandten sich Anatomen vermehrt makroskopisch-topographischen Fragestellungen zu. Die Technik der Scheiben- und Sagittalschnitte durch ganze Körper etablierte sich als eigene Forschungsrichtung, um die Gesamtheit organischer Systeme in ihrer natürlichen Lage und Beziehung zueinander studieren zu können. Eduard Friedrich Winter hatte im Jahr 1836 Scheibenschnitte einer ganzen Leiche hergestellt, die er zuvor in der Winterkälte vollkommen durchfrieren ließ und anschließend mit einer Blattsäge zerteilte. Der russische Chirurg Nikolaj Iwanowitsch Pirogow[267] wurde ebenfalls durch seine Gefrierschnitte ganzer Körper bekannt. Im Jahr 1859 veröffentlichte er ein umfassendes Werk zu dieser Methode, in dem er angibt, dass der Körper eines durchschnittlichen Erwachsenen ca. drei Tage bei -15° R[268] braucht, um vollständig durchzufrieren.[269] Da jedoch in hiesigen Breitengraden selten konstante Temperaturen um -20° C über einen mehrtägigen Zeitraum herrschten, experimentierte der Leipziger Anatom Christian Wilhelm Braune[270] mit einer künstlichen Kältemischung, um sich von den natürlichen Temperaturbedingungen unabhängig zu machen. Er benutzte eine Mischung aus zwei Zentnern Salz und sechs Zentnern zerstoßenem Eis, in welche die zu präparierenden Körper gelegt wurden. Das Material musste in mit Stroh

---

265 Michael Lyser (1626–1660), deutscher Mediziner und Anatom, hat bei Bartholin studiert und mit ihm geforscht, Autor des anatomischen Handbuchs *Culter anatomicus*, vgl. Deutsche Biographie, http://www.deutsche-biographie.de/sfz55372.html, zuletzt geprüft am 02.11.2015.

266 Vgl. Faller, 1948, S. 95.

267 Nikolaj Iwanowitsch Pirogow (1810–1881), russischer Chirurg und Professor für pathologische Anatomie, gilt durch die Entwicklung der Gefrierschnitttechnik als Mitbegründer der topographischen Anatomie, vgl. Spektrum, http://www.spektrum.de/lexikon/biologie/pirogow-nikolai-iwanowitsch/51974, zuletzt geprüft am 25.01.2016.

268 ° R: Réaumur, bis zu Beginn des 20. Jahrhunderts in Westeuropa gebräuchliche Temperatureinheit, Umstellung auf ° Celsius in Deutschland im Jahr 1901, – 15° R = -18.75° C, vgl. Chemie, http://www.chemie.de/lexikon/R%C3%A9aumur-Skala.html, zuletzt geprüft am 25.01.2016.

269 Vgl. Pirogov, 1859.

270 Christian Wilhelm Braune (1831–1892), deutscher Anatom, Professor für topographische Anatomie an der Universität Leipzig unter der Leitung von His, vgl. Universität Leipzig, http://www.uni-leipzig.de/unigeschichte/professorenkatalog/leipzig/Braune_751/, zuletzt geprüft am 02.11.2015.

und Brettern bedeckten Blechsärgen zwei Tage bei – 5° R (-6.25° C) verbleiben, um eine vollkommene Durchfrierung zu gewährleisten. Es war notwendig, die Kältemischung in dieser Zeit zweimal zu erneuern.[271] Abschließend bewahrte Braune die Schnitte in Alkohol auf, wo sie jedoch mit der Zeit ihre natürliche Farbe verloren.[272] Einige Jahre später veröffentlichten Waldeyer (1886), Winter (1888) und Braune (1890) unabhängig voneinander weitere topografische Anatomieatlanten mit Durchschnitten von hochschwangeren Frauen.[273]

3.2.2.1 Marburger Lenchen

In der Marburger Sammlung sind zahlreiche topografisch-anatomische Feuchtpräparate des Herz-Kreislauf- und Atmungssystems, des weiblichen und männlichen Urogenitalsystems, des Verdauungstraktes sowie einige neurologische Präparate erhalten, die aus Platzgründen nicht im Museum Anatomicum ausgestellt werden können und magaziniert sind.[274] Eine herausragende Stellung nimmt dabei das sagittal geschnittene Totalpräparat einer hochschwangeren Frau ein, welches sich in der embryologisch-teratologischen Abteilung des Museums befindet.[275] Beide Hälften des Körpers sind in zwei Glasbehältern, mit der jeweils nicht eröffneten Seite zueinander, aufgestellt, sodass Besucher von beiden Seiten in die eröffnete Körperhöhle der beiden Körperhälften blicken können (Abb. 34, 35). In der rechten Hälfte wurde der zuvor ebenfalls geschnittene, nachträglich zusammengefügte Fetus in den Uterus eingefügt.[276] Zu diesem Präparat kursiert eine Geschichte, die als Vorlage für eine der Figuren in dem von Walter Bloem verfassten Roman *Der krasse Fuchs* (1911) diente.[277] Darin wird das Corpsstudentenleben in Marburg um die Jahrhundertwende im kaiserlichen Deutschland beschrieben. Das von dem Corpsstudenten Scholz geschwängerte Dienstmädchen Lene Trimpop stürzte sich, nachdem der Kindsvater keinerlei Verantwortung für sie und ihr ungeborenes Kind übernahm, bei Einsetzen der Wehen in die Lahn.

271 Vgl. Braune, 1872.
272 Vgl. Faller, 1948, S. 98.
273 Vgl. Braune, 1890, Waldeyer, 1886, Winter, 1888.
274 Vgl. Grundmann, 2012b, S. 92.
275 Vgl. Grundmann, 2012b, S. 93–94.
276 Der Fetus des Kindes weist eine wulstige Naht auf, wo beide Körperhälften zusammengenäht wurden und ist bei näherer Betrachtung gut am Kopf des Kindes und an dessen Hand zu erkennen. Der Schnitt verläuft nicht senkrecht (wie bei der Mutter) durch den Körper des Kindes, da es im Mutterleib etwas um die Sagittalachse gedreht lag. Eine Sectio in mortua ist ausgeschlossen, da sich am Bauch der Mutter kein Sektioschnitt findet. vgl. Abb. 34.
277 Vgl. Bloem, 1911.

Da es sich um den Körper einer Selbstmörderin handelte, wurde sie, wie damals üblich, in die Anatomie verbracht, um dort im Präparierkurs „verwendet“ zu werden. In diesem Kurs erkannte der Medizinstudent Scholz die Leiche seiner früheren Geliebten wieder. In Anlehnung an die Romanfigur Lene Trimpop wird das Marburger Präparat im Volksmund als *Marburger Lenchen* bezeichnet. Es kann nicht ausgeschlossen werden, dass die Frau in der Marburger Anatomie nicht ein ähnliches Schicksal wie die Romanfigur teilte, jedoch ist dies nur eine Vermutung.[278] Einen Hinweis auf den möglichen Entstehungszeitraum liefert ein Eintrag aus den Universitätschroniken von 1888/89, in dem es für das anatomische Institut heißt, dass „topografisch-anatomische Präparate […], namentlich eine Reihe von Gefrierschnitten nach verbesserter Methode gewonnen“[279] neu hergestellt wurden. Da schriftliche Quellen zum Material fehlen, ist in diesem Fall die Ermittlung von näheren Umständen nur über den Zugang zum Präparat selbst möglich. Dieser Zugang erfordert jedoch einen hohen Aufwand an technischen, zeitlichen und personellen Mitteln, der bisher nicht geleistet werden konnte.

Abb. 34: Das „Marburger Lenchen“: Ganzkörper-Sagittalschnittpräparat einer hochschwangeren Frau mit Fetus (© Bildarchiv Foto Marburg, fmd 453568, Fay Nolan, Sven Köhler)

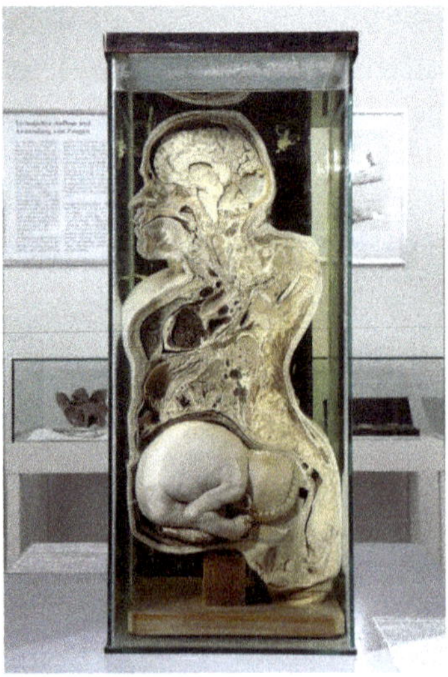

Abb. 35: Das Marburger Lenchen aus einer anderen Perspektive (© Bildarchiv Foto Marburg, fmd 453569, Fay Nolan, Sven Köhler)

278 Vgl. Metz-Becker, 1993.
279 Philipps-Universität, 1889, S. 70.

3.2.3 Präparate zur normalen Embryonalentwicklung und teratologische Präparate in der Marburger Sammlung

Feuchtpräparate zur normalen Embryonal- und Fetalentwicklung (Abb. 36) sowie teratologische menschliche Präparate und Tierfeten mit Fehlbildungen sind in zwei gesonderten Räumen des Museum Anatomicum ausgestellt (Abb. 37, 38). Einige Präparate stammen aus der Frauenklinik der Universität oder wurden von auswärtigen Gynäkologen oder Geburtskliniken eingesandt, um in der Marburger Anatomie und/oder Pathologie untersucht zu werden.[280] Es gibt jedoch Hinweise, dass einige embryonale Feuchtpräparate aus der berühmten Sammlung des Jenaer Anatomen Carl Friedrich Kaltschmied[281] stammen. Sie wurden von Soemmerring nach dem Tod Kaltschmieds für das Anatomische Theater in Kassel angekauft und kamen nach der Transferierung desselben nach Marburg. Somit sind diese Präparate über 250 Jahre alt.[282]

Abb. 36: Entwicklungsreihe von Embryonen und Feten von der 7. bis zur 15. Schwangerschaftswoche (© Bildarchiv Foto Marburg, fmd 453607, Fay Nolan, Sven Köhler)

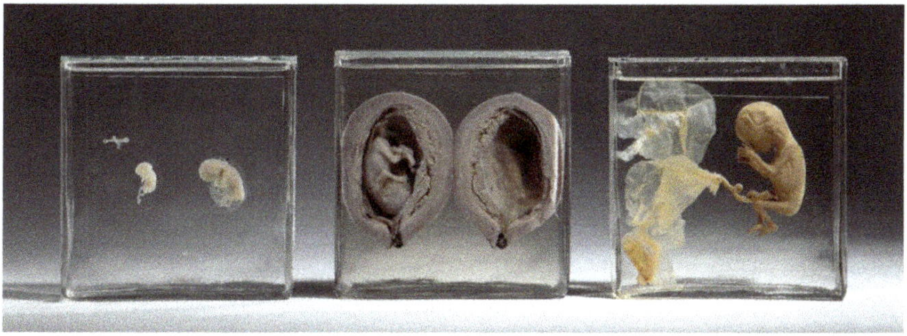

280 Beispiel: ein Feuchtpräparat eines 5 bis 6 Monate alten Fetus, der im März 1923 von Wilhelm August Rieländer [(1875–1926), ab 1903 erster Assistent an der Frauenklinik in Marburg und selbstständiger Leiter der Ausbildung der Hebammenschülerinnen an der Hebammenlehranstalt Marburg, Professor für Geburtshilfe und Gynäkologie an der Universität Marburg] an die Anatomie abgegeben wurde und in 4 %igem Formol-Wasser konserviert ist. Diese Angaben finden sich auf einem an das Glas angebrachten Zettel. Es gibt weitere Präparate, die einen Einsender und ein Datum, meist auf einem Zettel im oder am Glas, aufweisen. Zu Rieländer vgl. Auerbach, 1979, S. 346.

281 Carl Friedrich Kaltschmied (1706–1796), lehrte ab 1738 bis zu seinem Tod Anatomie und Chirurgie an der Universität Jena, schuf eine aus mehr als 8.000 Objekten bestehende Naturaliensammlung, die auch Feuchtpräparate enthielt, vgl. Enke, 2012, S. 101.

282 Enke, 2012, S. 102.

Zu den in der Marburger Sammlung am häufigsten vorkommenden Fehlbildungen gehören Doppelbildungen jeglicher Art (Abb. 37), Fehlbildungen des Gesichts (Lippen-Kiefer-Gaumen-Spalte) und des Gehirns mit Beteiligung des knöchernen Schädels (Anencephalie, Hydrocephalie) (Abb. 38), sowie Fehlbildungen der Extremitäten (Klumpfuß) und der Wirbelsäule (Spina bifida).[283]

Tierische Präparate mit Fehlbildungen (Abb. 39, 40) stammen überwiegend aus Einsendungen von Tierärzten und dienten vergleichend-anatomischen Studien.[284] Bei diesen Präparaten handelt es sich, wie auch bei den humanen Präparaten, nicht ausschließlich um Feuchtpräparate. Auch andere Präparationstypen (Trocken, Gips) sind darunter.[285]

Abb. 37: Am Becken zusammengewachsene Feten (Ischiopagus) (© Bildarchiv Foto Marburg, fmd 453596, Fay Nolan, Sven Köhler)

Abb. 38: Doppelbildung des Kopfes mit Lippen-Kiefer-Gaumenspalte und Anencephalie (© Bildarchiv Foto Marburg, fmd 463501, Horst Fenchel, Esther Bos, Daniela Frank)

283 Enke liefert eine Zusammenfassung der in der Marburger Sammlung enthaltenen teratologischen Präparate, die von ihr bearbeitet wurden, vgl. Enke, 2012.

284 bspw. Eintrag im Präparatekatalog der pathologischen Sammlung: No 757: Verkalkte (verknöcherte?) Cyste von einer Kuh, bei der Geburt eines Kalbes mit der Nachgeburt ausgestoßen, Tierarzt Kayser, Marburg.

285 Vgl. dazu in dieser Arbeit: Die osteologische Abteilung der Marburger Sammlung anhand von Beispielen aus der pathologischen und der vergleichend-anatomischen Sammlung, S. 43.

Abb. 39: Feuchtpräparat einer Schweinemissbildung mit zwei Köpfen, aber nur einem Körper (© N. Ulrich)

Abb. 40: Feuchtpräparat eines fehlgebildeten Ferkels mit zwei Hinterrümpfen und einem Kopf mit doppeltem Unterkiefer (© N. Ulrich)

3.3 Histologische Präparate

Zu Beginn des zweiten Drittels des 19. Jahrhunderts mannifestierten sich in Marburg unter dem Ordinariat des Anatomen und Embryologen Nathanael Lieberkühn mikroskopisch-anatomische Fragestellung, welche in den 1850er Jahren durch die Einführung eines Mikroskopierkurses durch Franz Ludwig Fick initiiert wurden.[286] Neben makroskopisch-anatomischen Fragestellungen mit topografischen Bezügen zum Aufbau des menschlichen Körpers widmeten sich Anatomen ab Mitte des 19. Jahrhunderts vermehrt dem Kleinstaufbau des menschlichen Organismus. Schon im ausgehenden 18. Jahrhundert gelang es dem Pariser Anatomen und Physiologen Francois Xavier Bichat (1771–1802) ohne Mikroskop, 21 Gewebetypen zu unterscheiden.[287] Er erkannte, dass die

286 Vgl. Aumüller, 2012, S. 26.
287 Vgl. Bichat, 1800.

verschiedenen Gewebetypen den Organismus auf unterschiedliche Weise zusammensetzen und diese jeweils Ausgangspunkt für Erkrankungen sein können, weshalb eine Unterscheidung zwischen den Gewebetypen getroffen werden musste.[288] BICHAT hatte so die Zellularpathologie „ohne Mikroskop" beschrieben, um die sich RUDOLF VIRCHOW[289] Jahrzehnte später mit Hilfe des Mikroskops und unter Einsatz neuester Färbetechniken verdient gemacht hat. Ab der ersten Hälfte des 19. Jahrhunderts prägte ein enormer Wissenszuwachs auf dem Gebiet der medizinischen Grundlagenforschung die Wissenschaft. Nachdem der Anatom AUGUST FRANZ JOSEF CARL MAYER[290] im Jahr 1819 den Begriff der Histologie für die Lehre der Gewebe eingeführt hatte, dauerte es noch weitere 20 Jahre, bis der Botaniker SCHLEIDEN (1838) und der Physiologe SCHWANN (1839) die Zelle als kleinste Funktionseinheit lebender Organismen belegten (Zelltheorie). Ab diesem Zeitpunkt etablierte sich die histologische Forschung mit Hilfe des Mikroskops.[291] Neue Techniken der Fixierung, des Schneidens und der Färbung sowie Weiterentwicklungen auf Seiten der verwendeten Gerätschaften und Methoden kamen auf.[292]

---

288 Vgl. Dhom, 2001, S. 10.

289 Rudolf Virchow (1821–1902): deutscher Pathologe, Begründer der modernen Pathologie und der Zellularpathologie, jedoch sehr vielseitig interessiert, gilt zu Recht als Universalgelehrter, Schüler von Johannes Müller in Berlin, bei dem er 1843 im Teilbereich Pathologie auch promovierte, anschließend Prosektor an der Berliner Charité, Herausgeber des *Archivs für pathologische Anatomie und Physiologie und für klinische Medizin*, das heute noch unter dem Namen *Virchows Archiv* existiert, Erstbeschreiber der Leukämie, aufgrund seines politischen Engagements verliert er seine Stelle an der Charité, daraufhin folgt er 1849 einem Ruf an die Universität Würzburg und lehrte dort allgemeine Pathologie, pathologische Anatomie und Medizingeschichte, 1856 Rückkehr an die Charité für das Ordinariat für Pathologie, vgl. Humboldt-Universität, http://www.sammlungen.hu-berlin.de/dokumente/47/, zuletzt geprüft am 26.01.2016.

290 Vgl. Mayer, 1819.

291 Vgl. Dhom, 2001, S. 59.

292 Auswahl an grundlegender Literatur zu den Themen: Histopathologie, vgl. Dhom, 2001, Histotechnik, vgl. Romeis, 1968 und Lang, 2006, Färbetechniken, vgl. Hintzsche, 1943.

Abb. 41: Historischer Schrank mit geöffneten Schubladen mit Objektträgern der Schnittserien von Gasser und Strahl (© Bildarchiv Foto Marburg, fmd 453564, Fay Nolan, Sven Köhler)

3.3.1 Die Gasser-Strahlsche Sammlung von tierischen und menschlichen Embryonen

In der Marburger Anatomischen Sammlung stehen zwei historische Schränke, die Objektträger zweier Schnittserien beinhalten (Abb. 41). Die Anzahl Schnitte wurde aufgrund der Kataloge, die für die beiden Serien existieren, auf insgesamt 15.000 Stück geschätzt.[293] Die erste Schnittserie enthält vergleichend-anatomische Präparate von menschlichen und tierischen Embryonen, die von dem aus Berlin stammenden Anatomen und Embryologen NATHANAEL LIEBERKÜHN, dessen Forschungsschwerpunkt die Entwicklungsbiologie war, hergestellt wurde. Seine Mitarbeiter GASSER und STRAHL erforschten die embryonale Entwicklung von

293 Vgl. dazu in dieser Arbeit: *Verzeichnis von Schnittserien aus dem anatomischen Institut der Universität Marburg und Verzeichnis der Gasser-Strahl'schen Sammlung menschlicher Embryonen aus dem anatomischen Institut der Universität Marburg*, S. 109.

Säugetieren und verglichen diese mit anderen Tierklassen.[294] Nach der Übernahme der Institutsleitung durch Emil Gasser im Jahr 1887 verlagerte sich der Forschungsschwerpunkt auf die menschliche Embryologie. In seiner über 30jährigen Amtszeit stellten er und seine Mitarbeiter und Kollegen über 10.000 Schnitte menschlicher Embryonen in unterschiedlichen Entwicklungsstadien her. Ursprünglich aus den Forschungsinteressen um Gassers Arbeitsgruppe entstanden, wurden die histologischen Präparate zu einem späteren Zeitpunkt in der Lehre eingesetzt. Aumüller gibt in seinem Beitrag an, dass die histologischen Objektträger der Gasser-Strahl´schen Sammlung noch 1966 im Kurs zur menschlichen Embryonalentwicklung genutzt wurden.[295]

Eine umfassende Bearbeitung der einzelnen Objektträger steht bis zum heutigen Zeitpunkt aus.

3.4 Makroskopische und mikroskopische anatomische Modelle aus Wachs und Gips sowie Totenmasken

In den nachfolgenden Abschnitten wird die Geschichte der plastischen Anatomie (Anatomica plastica) exemplarisch anhand der berühmten Wachsmodellsammlungen in *La Specola* (Florenz) und dem *Josephinum* (Wien) dargestellt. Ausgehend von einem gemeinsamen Ursprung der Wachsbildner-Werkstatt in Bologna gründete sich Mitte des 18. Jahrhunderts die über die Grenzen Europas bekannte ceroplastische Werkstatt in Florenz, deren herausragende Arbeiten in *La Specola* und später im *Josephinum* ausgestellt wurden. Der in diesen Fällen benutzte Werkstoff Wachs war schon lange vor der Nutzung für anatomische Modelle aus anderen Bereichen plastischer Modellierungen bekannt und wurde aufgrund seiner für die Feinbearbeitung geeigneten Materialeigenschaften in der Modellage eingesetzt. Auch Gips als Ausgangsstoff für Totenmasken war bereits seit der Antike bekannt und wurde später für anatomische Modelle genutzt. Ebenso wurden die Negativformen der in Wachs auszuarbeitenden Objekte zuerst in Gips abgegossen.

Zu Beginn des 19. Jahrhunderts entwickelte sich die pathologische Anatomie als eine eigenständige Teildisziplin der Anatomie. Nicht mehr das normale Ganze sollte dargestellt werden, sondern spezifische Gesichtspunkte des Kranken rückten in den Fokus des Interesses. Es reichte aus, die Symptome der erkrankten Körper-

---

294 Gasser spezialisierte sich auf die Entwicklung verschiedener Vogelarten, Strahl arbeitete zur Reptilienentwicklung und Lieberkühn zur Knochenentwicklung bei Säugetieren, vgl. Grundmann, 2012b, S. 88.

295 Vgl. Aumüller, 2013a, S. 13.

stelle ausschnittsweise abzubilden, um Krankheiten differenzieren, systematisch beschreiben und klassifizieren zu können.[296] Der Gründer der Marburger Anatomischen Sammlung, Christian Heinrich Bünger, bediente sich ebenfalls der Abgusstechnik erkrankter Körperteile in Gips. Gerade bei größeren Präparaten war die Gipsmodellage eine günstige Alternative, da große Mengen an Konservierungsflüssigkeiten teuer waren.

Mit der Verlagerung auf mikroskopisch-anatomische Schwerpunkte Anfang des 19. Jahrhunderts, traten die makroskopisch-anatomischen Modelle zunehmend in den Hintergrund. Die plastische Anatomie konzentrierte sich auf die Darstellung von entwicklungsbiologischen und embryonalen Vorgängen, und es entstanden ganze Serien aus Wachs oder Gips, die diese Vorgänge abbildeten. Die maßstabsgetreuen Modelle ermöglichten es, mikroskopische Vorgänge auch „ohne Mikroskop" sichtbar zu machen. Solche anatomischen Modelle wurden überwiegend in der Lehre und medizinischen Ausbildung eingesetzt.

3.4.1 Zur Geschichte der plastischen Anatomie und die berühmten Wachsmodellsammlungen in Florenz und Wien

Im kirchlichen Bereich wurde Wachs in der Bossierkunst[297] seit dem Mittelalter zur Herstellung von Votivtafeln oder anderer heiliger Utensilien verwendet.[298] Auch für die Abformung von Totenmasken kam es zum Einsatz, nachdem bereits in der Antike Totenmasken aus Bronze oder Terracotta bekannt waren.[299] In Persien und Ägypten wurde Wachs zu Einbalsamierungszwecken genutzt, um Mumien herzustellen. In der Kunst war Wachs seit der Renaissance ein gängiges Medium zur Herstellung von Skulpturen, doch erst gegen Ende des 17. Jahrhunderts begann die Nutzung von Wachs zur Herstellung anatomischer Modelle.[300] Die anatomischen Wachsmodelle dienten als Lehr- und Ausbildungsmittel, da die Präparationen, die in einer Sektion gemacht wurden, aufgrund fehlender Konservierungs- und Darstellungsmöglichkeiten im ausgehenden 17. Jahrhundert temporär begrenzt waren. Durch die Abformung relevanter anatomischer Strukturen mit Gips oder Wachs war es möglich, dauerhafte, realitätsgetreue

296 Vgl. Schnalke, 1994, S. 16.

297 Bossieren: in diesem Zusammenhang die Bedeutung von "etw. in Ton, Gips oder Wachs modellieren", vgl. Duden, http://www.duden.de/rechtschreibung/bossieren, zuletzt geprüft am 01.02.2016.

298 Vgl. Museo La Specola Florence, 1999, S. 31.

299 Vgl. Skopec, 2002, S. 47.

300 Vgl. Haviland und Parish, 1970, S. 52–54 und Museo La Specola Florence, 1999, S. 32.

Repliken zu produzieren. Grundlage blieb jedoch nach wie vor das organische Material selbst. Für die Herstellung eines Modells waren bis zu 200 Sektionen nötig, wie die Autoren des Sammlungsführers von *La Specola* aus Archivdokumenten rekonstruierten.[301] KLEINDIENST erläutert in ihrer Dissertation den Herstellungsprozess eines Wachsmodells. Im ersten Arbeitsschritt wurde ein „Basispräparat" durch die Sektion geschaffen (anatomia practica). Anschließend wurde eine Gipsschablone angefertigt, wobei für deren Abnahme verschiedene Verfahren zur Auswahl standen. Diese, aus Gips oder minderwertigem Wachs hergestellte Negativform bedurfte der Nacharbeitung durch Anatomen und Künstler, bevor sie mit Wachs ausgegossen werden konnte, um das endgültige Positivmodell zu erhalten (anatomia plastica). Anschließend folgte die Feinarbeit und Herausarbeitung von anatomischen Details (anatomia aesthetica). Ganzkörpermodelle wurden aus einzelnen Elementen zusammengesetzt. Die Gipsschablonen wurden nach dem Ausguss sorgfältig gereinigt und aufbewahrt. Die Rezeptur der Wachsmassen ist, zumindest in ihren Grundzutaten, weitgehend bekannt, doch auch hier hatte jeder Modelleur seine eigenen Kunstgriffe und Geheimnisse. Häufig wurde weißes Wachs mit Terpentin in einem Wasserbad erhitzt, bis es geschmolzen war. Anschließend wurde Schweinefett oder Öl zugesetzt, um die Masse geschmeidiger zu machen, und schließlich die gewünschten Farbpigmente hinzugefügt.[302]

Der Erfolg von Wachs als Werkstoff für Modellagen in der Anatomie hängt hauptsächlich mit dessen Materialeigenschaften zusammen. Es ist ein mit verschiedenen Techniken (gießen, kneten, schneiden) zu bearbeitender Stoff, der leicht gefärbt und mit anderen Stoffen gemischt werden kann, um ihn in seiner Konsistenz zu verändern. Dadurch erhält Wachs eine Lebendigkeit und Naturtreue, die nur durch die im 20. Jahrhundert entwickelten synthetischen Materialien (Kunststoffe) erreicht wird.[303] Je nach Qualität ist Wachs in günstigen Ausführungen und teuren, hochwertigen Varianten zu bekommen. Kleinere Fehler können mühelos ausgebessert werden. Unsachgemäße Handhabung und Aufbewahrung (zu hohe Temperaturen, Brüchigkeit) wirken sich jedoch ungünstig auf den Erhalt und die Qualität der Wachspräparate aus.

Die norditalienischen Metropolen Bologna und Florenz entwickelten sich im 18. Jahrhundert zu Hochburgen der anatomischen Ceroplastik.[304]

---

301 Museo La Specola Florence, 1999, S. 35.

302 zu den Verfahren, vgl. Kleindienst, 1989, S. 62 ff.

303 Vgl. Werner, 2015, S. 20.

304 Zur Geschichte der ersten Wachsbildnerschule in Bologna und zu den Bologneser Wachsmodelle vgl. Schnalke, 1995, S. 27–30, 35–47 und Skopec, 2002, S. 50–54.

3.4.1.1 Anfänge in Bologna

Ein früher Vertreter der anatomischen Wachsbildnerei war der Syrakusermönch GUILIO GAETANO ZUMBO (1656–1701), der für seine „erschreckend" realen Darstellungen von Körpern, die durch verschiedene Krankheiten (Pest, Syphilis) gezeichnet sind, bekannt wurde. ZUMBOS Modelle stellen ein Memento mori dar, die den Betrachter ständig an die eigene Vergänglichkeit, Hinfälligkeit und Zerstörung erinnerten und den für die damalige Zeit typischen Vanitas-Gedanken aufgriffen. ZUMBO arbeitete als erster mit farbigen Wachsmassen zur Modellierung anatomischer Präparate an der Anatomie-Schule in Bologna. Als Begründer der Bologneser Ceroplastik-Schule gilt der Maler, Bildhauer und Architekt ERCOLE LELLI (1702–1766). Er hatte in Erzbischof LAMBERTINI (später Papst Bendedikt XIV) einen Förderer, der, obwohl er der Kirche angehörte, naturwissenschaftlich so interessiert und fortschrittlich denkend war, dass er die Möglichkeiten, die anatomische Wachsmodelle in Kombination mit der medizinischen Sektion für die Ausbildung von Ärzten hatten, erkannte. Zu Beginn seiner Regentschaft als Papst gab BENEDIKT XIV die Errichtung eines anatomischen Wachsmuseums durch LELLI an der Universität Bologna in Auftrag. Bedeutende Mitglieder von LELLIS Arbeitsgruppe aus Anatomen, Präparatoren und Künstlern waren der Wachsplastiker GIOVANNI MANZOLINI (1700–1755) und dessen Frau ANNA MORANDI (1716–1774), deren Präparate sich durch Kunstfertigkeit und Schönheit auszeichneten und weit über die Grenzen Europas bekannt wurden.[305] Die Bologneser Wachsbildner-Schule um LELLI war die erste ihrer Art. Aus deren Tradition erwuchs die Schule für Ceroplastik in Florenz, deren eindrucksvolle Modelle in *La Specola* ausgestellt sind.

3.4.1.2 La Specola, Florenz

Großherzog LEOPOLD I. (1747–1792) gab 1766 den Auftrag zur Errichtung eines physikalischen Kabinetts und übertrug die Planung und Umsetzung dem Anatomen, Physiologen und Wissenschaftshistoriker FELICE FONTANA (1730–1805) aus Pisa. Dazu erwarb der Großherzog den Palazzo Torrigiani und umstehende Gebäude und ließ diese nach Fontanas Plänen zu einem Museum umbauen. Bereits 1775 wurde das *Imperiale Reale Museo di Fisica e Storia Naturale* eröffnet, welches neben wissenschaftlichen Sammlungen und den Objekten zahl-

305 Die Wachsmodelle von Anna Morandi erregten auch das Interesse von John Morgan, dem Gründer der Medical School der University of Pennsylvania, der nach Italien reiste, um sich die Sammlung anzuschauen, vgl. Haviland und Parish, 1970 und Skopec, 2002, S. 53.

reicher Auslandsreisen FONTANAS auch die Sammlung anatomischer Modelle beherbergte. Zum Zweck der Anfertigung dieser Modelle stellte FONTANA ein Team aus Anatomen, Präparatoren, Zeichnern und Wachsbildnern zusammen. Sie arbeiteten in dem ebenfalls im Museum untergebrachten Forschungslaboratorium und der Modellwerkstatt an der naturgetreuen Darstellung von anatomischen Wachsmodellen für die Sammlung.[306] Die Zahl der Modelle, die in der 100jährigen Bestandszeit der Werkstatt (1775–1893) angefertigt wurden, kann nicht genau ermittelt werden, da viele Modelle Auftragsarbeiten für andere Sammlungen waren und an andere Institute verkauft wurden. Doch bedenkt man, dass in *La Specola* heute noch an die 600 anatomische Modelle existieren und alleine die Wiener Sammlung im *Josephinum* annähernd 1.200 Präparate aus der Florentiner Werkstatt enthält, wird die Zahl sicher in die 3.000er gehen. Der Name *La Specola* (ital. = die Sternwarte) leitet sich von dem Türmchen des Observatoriums ab, welches im Zuge von Baumaßnahmen in den Museumskomplex integriert wurde.[307]

3.4.1.3 Josephinum, Wien

Im Jahr 1780 besuchte Kaiser JOSEPH II. (1741–1790) die Wachsmodellsammlung in Florenz. Er war beeindruckt von deren Schönheit und „Echtheit" und erkannte, ähnlich wie Papst BENEDIKT XIV, dessen Wert und Nutzen für die ärztliche Ausbildung an der von ihm geplanten medizinisch-chirurgischen Akademie zur Ausbildung von Militärärzten in Wien.[308] Dazu erließ er im Jahr 1781 mehrere Reformen, die die Ausbildung von Militärärzten regelten und neu strukturierten. Das Josephinum mit angeschlossenem Garnisonshospital konnte 1784/85 fertiggestellt werden. Im darauf folgenden Jahr erreichten 1.192 Einzelpräparate, darunter 16 überlebensgroße Figuren, die Stadt Wien.[309]

---

306 Vgl. Museo La Specola Florence, 1999 und Frieß, 2000.

307 Zur ausführlichen Geschichte von "La Specola" vgl. Museo La Specola Florence, 1999 und Skopec, 2002.

308 Vgl. Allmer, 1965.

309 Die Fertigung der Wachsmodelle verlief nicht ohne Schwierigkeiten, da Großherzog Leopold I, jüngerer Bruder von Jospeh II, dem Auftrag zuerst nicht zustimmte, da er befürchtete, dass die Produktion von Modellen für sein eigenes Museum in Florenz durch die enorme Auslastung der Arbeitskräfte ins Stocken geraten könne. Schließlich einigte man sich darauf, dass nur ein Teil des Fachpersonals für die Herstellung der Wiener Präparate abgestellt wurde und neue Arbeiter für diesen Zweck angelernt wurden. Die Personal- sowie die Materialkosten mussten von Joseph II übernommen werden. Er bezahlte letztendlich einen Gesamtpreis von 30.000 Gulden. Der Trans-

„Im Gegensatz zur „barocken“ Präsentation steht das didaktische Ziel dieser Sammlung [im Vordergrund] [...]“,[310] schreibt Skopec im Bildband *Anatomie als Kunst*. Die Idee KAISER JOSEPHS II, die hinter der neugegründeten Militärakademie stand, war für die damalige Zeit fortschrittlich. Seine Reformen zielten darauf ab, den seit dem Mittelalter geteilten Medizinerstand zu vereinen, der sich in die „gelehrten Herren“ (Doktoren) und die „Handwerker“ (Chirurgen, Wundärzte) gliederte. Er begriff, dass nur eine vertiefende, umfassende, aus Theorie und Praxis aller medizinischen Teilbereiche bestehende Ausbildung die Qualität der ärztlichen Versorgung verbessern konnte.[311] Durch diese Vereinigung von Medizin und Chirurgie erfuhr die Chirurgie nicht zuletzt eine Anerkennung als eigenständige Wissenschaft.[312] Auch Weiterbildungen an führenden medizinischen Instituten im Ausland wurden gefördert. Aufgrund ihres qualifizierten Personals wurde die Wiener Lehrstätte ihrerseits zu einem begehrten Ausbildungsort auch für ausländische Militärärzte. Die stetige Schaffung von neuen Lehrstühlen und die ab 1786 herausgegebene Publikation von Arbeiten aus der „Josephinischen medicinisch-chirurgischen Akademie“ unterstrichen den Stellenwert als einer der führenden medizinischen Ausbildungsstätten.[313] Obwohl viele der in Wien ausgestellten Modelle aus früheren Gipsformen aus Florenz gegossen wurden, ist die Sammlung keine Kopie der Modelle in *La Specola*. SKOPEC bezeichnet sie als Zwilling der Florentiner Sammlung – „wie bei Zwillingen gibt es viele Gemeinsamkeiten, aber dennoch auch Unterschiede.“[314]

---

port über die Alpen erfolgte mit Maultieren, bei Linz wurden die Modelle auf Schiffe verladen und donauabwärts nach Wien transportiert, vgl. Skopec, 2002, S. 66.

310 Skopec, 2002, S. 70, auch der in den Diensten von Kaiser Joseph II stehende Mediziner Giovanni Alessandro Brambilla (1728–1800) betonte in seiner Eröffnungsrede des Josephinums den didaktischen Charakter und Wert für die Ausbildung der Militärärzte. Die Ausbildungsstätte war sein Lebenswerk, in dem er eine praxisorientierte, mit der allgemeinen Medizin verbindende Ausbildung für Chirurgen realisierte, vgl. Gröger, 2007, S. 318.

311 „bessere Ausbildung in allen Zweigen der medizinisch-chirurgischen Wissenschaften“, Skopec, 2002, S. 33.

312 Vgl. u.a. Lesky, 1965, Lesky, 1971, Lesky, 1976 (Auswahl) und Horn und Ablogin, 2012.

313 In einem Handschreiben vom 13. Februar 1786 erhebt Kaiser Joseph das Josephinum zur josephinischen medicinisch-chirurgischen Akademie“, da sie „sowohl Lehranstalt als auch Anstalt der Gelehrten mit in- und ausländischen Mitgliedern“ war, wie Skopec schreibt, vgl. Skopec, 2002, S. 43.

314 Skopec, 2002, S. 70.

3.4.2 Makroskopische Gipsmodelle in der Marburger Sammlung und die *Marburger Venus*

In der Marburger Sammlung sind keine Vollkörperplastiken aus Wachs, wie sie aus den beiden vorgestellten Sammlungen in Florenz und Wien bekannt sind, vorhanden. Vier Körpergipsmodelle des Leipziger Bildhauers Franz Joseph Steeger[315] knüpfen an die Technik der schichtweisen Präparation der makroskopischen Situs-Wachsmodelle an. Steeger arbeitete eng mit dem zu dieser Zeit am Leipziger Anatomischen Institut wirkenden Wilhelm His zusammen. His nahm die Präparation und Fixierung der relevanten Organe bzw. der Körper vor, Steeger fertigte davon die naturgetreuen Gipsabgüsse an und übernahm die weiteren Feinarbeiten.[316] So entstanden ganze Modellserien, die den Zustand eines Körpers in den verschiedenen Situs der Präparation darstellten (Abb. 42, 43).[317] Bei den in Marburg vorhandenen Objekten handelt es sich um die Modelle e, f, g und h der Serie 32. Grundlage war der Körper eines 15jährigen Mädchens, dessen linke Körperhälfte eröffnet wurde. Die schichtweise Präparation wurde in insgesamt acht Modellen dargestellt, jedoch sind in Marburg nur noch die genannten vier Modelle vorhanden.[318]

315 Franz Joseph Steeger (1845–1938), deutscher Bildhauer und Modelleur mit einem Atelier in Leipzig, fertigte in Zusammenarbeit mit His die bekannten His-Steeger-Modelle an, vgl. Barbian, 2010, S. 33–34.

316 Prinzipiell gleicht das Verfahren der Gipsmodellage dem der bereits vorgestellten Abgusstechnik mit Wachs.

317 Vgl. Barbian, 2010, S. 31–34.

318 Abgleich mit dem Modellkatalog des Atelier Steeger.

Abb. 42: Gipsmodell des Torsos eines 15jährigen Mädchens, schichtweise präpariert, aus dem Atelier Steeger, Leipzig, Modell 32g (© N. Ulrich)

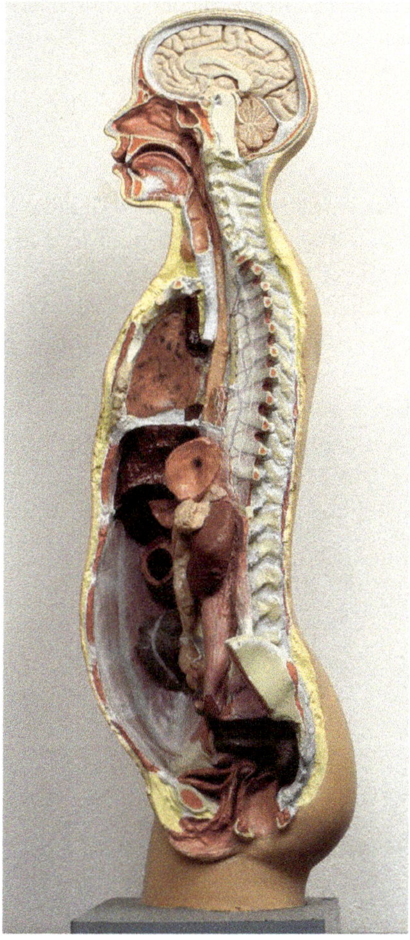

Abb. 43: Gipsmodell desselben Mädchens wie in Abb.32, diesmal Modell 32e (© N. Ulrich)

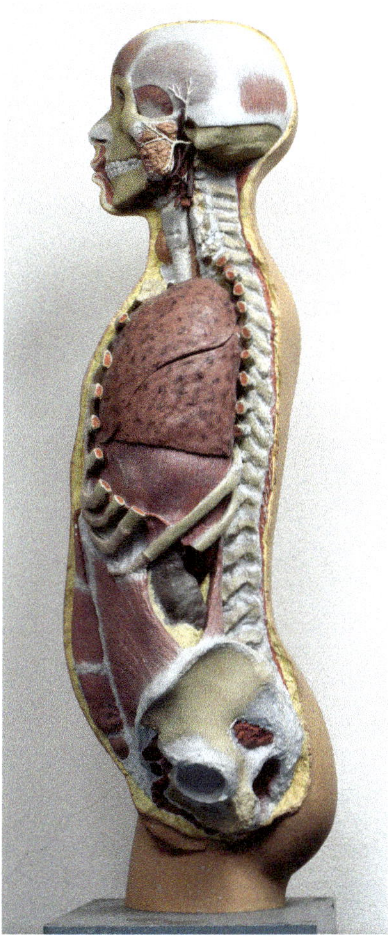

Aus Wachs sind zwei Halbreliefs, die zum einen eine Frau mit eröffneter Bauchdecke und zum anderen eine schwangere Frau mit eröffnetem Uterus zeigen, vorhanden (Abb. 45, 46). Aufgrund der Ähnlichkeit im Habitus (schlafend mit zur Seite geneigtem Kopf) mit der Venus von Medici werden die beiden Objekte als *Marburger Venus* bezeichnet.[319] Sie stammen aus der Werkstatt des Wachsbossierers JOHANN CHRISTOPH HASELMEYER[320]. Bei den beiden Darstellungen steht deutlich der ästhetische Aspekt eines Frauenkörpers gemäß dem Schönheitsideal des 19. Jahrhunderts im Vordergrund. Erst im Zuge der sich entwickelnden naturwissenschaftlichen Medizin wurde diese Darstellungsform durch eine realistische ersetzt.[321]

Des Weiteren ist eine Embryonentafel aus Wachs erhalten (Abb. 44), die vermutlich ebenfalls aus der Tübinger Werkstatt HASELMEYERS stammt und den Embryonendarstellungen von SAMUEL THOMAS SOEMMERRING in seinem Tafelwerk *Icones embryonum humanorum* nachempfunden ist, der dieses Werk, angeregt durch die berühmten Kaltschmied'schen Embryonen, im Jahr 1799 veröffentlichte.[322]

Insgesamt sind fünf Wachsreliefs vorhanden. Die beiden Darstellungen der Marburger Venus mit jeweils einer Replik in Gips, die angesprochene Embryonentafel und eine zusätzliche Nachbildung in Wachs der Firma Marcus Sommer (SOMSO) sowie eine Darstellung weiblicher Geschlechtsorgane mit intaktem Hymen.[323]

319 Von diesen beiden Reliefs existiert jeweils noch ein Abguss in Gips.

320 Johann Christoph Haselmeyer (1746-?), Tübinger Wachsbossierer und Bildhauer, betrieb in Tübingen seit 1771 ein Atelier für Wachsmodellierung, vgl. Grundmann, 2012b, S. 60.

321 Vgl. Grundmann, 2012b, S. 60/61 und Kleindienst, 1991.

322 Zum Werk von Soemmerring und zu der in Marburg vorhandenen Embryonentafel arbeitete Ulrike Enke, vgl. Enke, 2012; Enke, 2000a, Enke, 2013.

323 Vgl. Enke, 2013, S. 157.

Abb. 44: Embryonentafel der Marburger Sammlung (© Bildarchiv Foto Marburg, fmd 463503, Horst Fenchel, Esther Bos, Daniela Frank)

Abb. 45: Die „Marburger Venus“: gynäko-anatomisches Wachsrelief einer Frau mit eröffneter Bauchdecke, von Johann Christian Haselmeyer, um 1790 (© Bildarchiv Foto Marburg, fmd 453592, Fay Nolan, Sven Köhler)

Abb. 46: Die „Marburger Venus“: gynäko-anatomisches Wachsrelief einer schwangeren Frau mit eröffnetem Uterus, von Johann Christian Haselmeyer, um 1790 (© Bildarchiv Foto Marburg, fmd 453593, Fay Nolan, Sven Köhler)

3.4.2.1 Marburger Totenmasken und Schädelabgüsse

Gipsabgüsse wurden schon seit frühester Zeit für die Herstellung von Totenmasken verwendet. In der Marburger Sammlung sind neben Totenmasken und Schädelabgüssen berühmter Persönlichkeiten[324] sechs Totenmasken und die dazugehörigen Schädel von hingerichteten Verbrechern (Abb. 49) erhalten.[325] Die Totenmaske von BÜNGERS Lehrer CHRISTOPH GOTTFRIED BEIREIS wurde von BÜNGER selbst angefertigt und befindet sich in zweifacher Ausführung in der Sammlung (Abb. 50). Vom Schädel des *Langen Anton* wurden laut dem Schädelkatalog von GÖPPERT und JAENSCH (1920/23) neun Abgüsse von BÜNGERS Anatomiediener HEPPE gefertigt.[326] Die Repliken des außergewöhnlichen Präparates waren zum Verschenken oder Tauschen unter Fachkollegen vorgesehen, was augenscheinlich geschehen ist, da sich heute nur noch zwei Abgüsse des Anton-Schädels in der Sammlung befinden. Des Weiteren befindet sich eine kolorierte Totenmaske einer „hiesigen Herumtreiberin mit affenähnlicher Gesichtsbildung" mit dazugehörigem Schädel in der Sammlung (Abb. 47).[327]

In der Rassenschädelsammlung gibt es neben zwei Schädelabgüssen von „Dalekarliern"[328] (Abb. 48) einen Schädelabguss eines künstlich deformierten Botokuden-Schädels (Abb. 29) und die Totenmaske eines „unbekannten Negers".[329]

---

324 Die Marburger Sammlung enthält einen Abguss des Schädels von Friedrich Schiller (1759–1805), der, wie man heute weiß, nachweißlich nicht von Schiller stammt. Schillers Gebeine gelten als verschollen. Des Weiteren befindet sich je eine Replik der Totenmasken von Robespierre (1758–1794) und Napoleon I (1769–1821) in der Sammlung.

325 Grundmann bearbeitete den Fall des Mörders Nolte, dessen Schädel und Totenmaske sich in der Marburger Sammlung befindet, vgl. Grundmann und Sahmland, 2013, S. 55–77.

326 Vgl. dazu in dieser Arbeit: Der *Lange Anton* – das Helmstedter Erbe des Museum Anatomicum, S. 115.

327 Beschreibung aus dem Schädelkatalog von Göppert/Jaensch 1920/23.

328 Dalekarlien (Dalarna): eine historische Provinz in Zentralschweden.

329 Vgl. den Beitrag Objekt des Monats Mai 2016 von Ulrike Enke auf der Homepage der Emil-von-Behring-Bibliothek.

Abb. 47: Kolorierte Totenmaske einer „hiesigen Herumtreiberin" (© N. Ulrich)

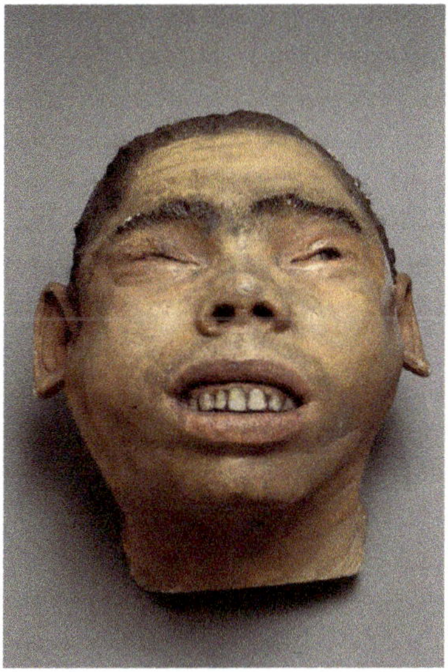

Abb. 48: Schädelgipsabguss eines „männlichen Dalekarliers" (© N. Ulrich)

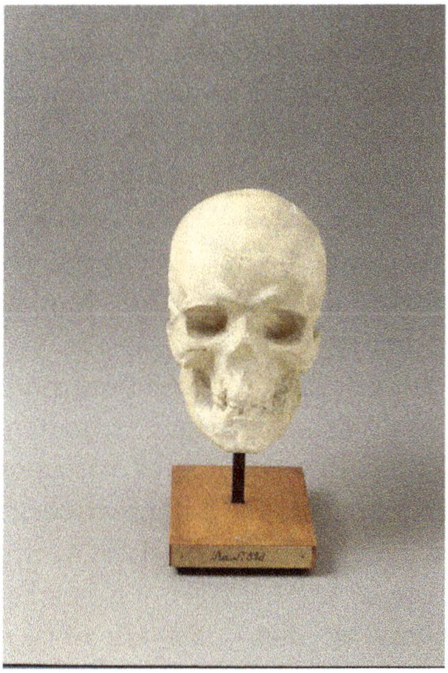

Abb. 49: Totenmaske des Mörders Müller aus Zündersbach (© N. Ulrich)

Abb. 50: Totenmaske von Beireis, von Bünger selbst gefertigt (© N. Ulrich)

3.4.2.2 Medizinische Moulagen pathologischer Zustände von Menschen und Tieren in der Marburger Sammlung

Als Weiterentwicklung makroskopisch-anatomischer Modelle gelten die medizinischen Moulagen, die zum Darstellungsmedium pathologischer Zustände, vorwiegend in der Dermatologie und Venerologie wurden und sich im Zuge der ebenfalls zu Beginn des 19. Jahrhunderts herausbildenden pathologischen Anatomie etablierten.[330] Im Gegensatz zu Ceroplastiken, die mit Hilfe von speziellen Werkzeugen aus einem Materialstück geformt werden, sind Moulagen die Positivausgüsse von zuvor am Objekt direkt abgenommenen Negativabdrücken. Beide Modellagen werden nachträglich bemalt und ausgearbeitet.

In der Marburger Sammlung sind keine venerologischen oder dermatologischen Wachsmoulagen enthalten. Gipsmoulagen, vornehmlich aus der Hand Büngers, stammen vorwiegend aus dessen chirurgischer Praxis, die einen reichen Fundus pathologischer Kondition bereithielt.

Eindeutig aus Büngers Hand identifiziert sind der Gipsabguss eines Klumpfußes von einem 3jährigen Kind und ein Gipsabguss eines Blutschwammes am Arm eines Patienten[331]. Der Gipsabguss einer am Brustkorb zusammengewachsenen Doppelbildung (Abb. 51) stammt von einer in Braunschweig „todt zur Welt gekommenen Doppelmißgeburt“[332] und wurde von dem braunschweigischen Zeichner und Modelleur Carl Friedrich Heinemann (1802–1846) hergestellt.[333]

Der Wachsabguss eines Kindes in „Zwergengestalt“ (Abb. 52) wird in Büngers Katalog von 1830 erwähnt, das Skelett Nr. 26 soll laut Katalogeintrag dazugehören.[334] Enke verweist in ihrem Beitrag im Museumsführer auf ein achondroplastisches Kinderskelett mit dazugehöriger Zeichnung (Abb. 53), welches aus der Kasseler Sammlung Soemmerrings stammt. Nach dessen Ab-

---

330 Moulagen aus der Dermatologie und Venerologie und deren Entstehungsgeschichte wurden von Thomas Schnalke ausführlich in zahlreichen Arbeiten dargelegt, vgl. Schnalke, 1987, Schnalke, 1994, Schnalke, 1995, Schnalke, 2011 (Auswahl).

331 Ein Bild des Präparates findet sich auf dem Foto des Einbandes „Tote Objekte – Lebendige Geschichten“ (siehe Bibliographie).

332 Beschreibung im Bünger-Katalog von 1825, V. Wachsabgüsse (?), Nr. 12 und 1830, B. Pathologische Präparate, Missgeburten, Nr. 22.

333 Vgl. Grundmann, 2012b, S. 62.

334 Beschreibung im Bünger-Katalog von 1830, II. Pathologische Präparate, A. Kranke Knochen, Nr. 26 (Skelett) und Nr. 101 (Wachsabguss).

gabe nach Marburg findet es sich in der Liste der überstellten Präparate von Ernst Gottfried Baldinger aus dem Jahr 1787 und wurde in Büngers Auflistung der vorhandenen Bestände aus dem Jahr 1819 erwähnt. In Baldingers „Medicinischem Journal“ wurde das Kind als „sehr fett[es], mit zu kurzen Armen und zu kurzen Füßen“[335] beschrieben. Ähnlich äußerte sich Bünger in seinem Katalog von 1819, Präparate in Spiritus, B. Pathologische, Nr. 334: „Eine menschliche Mißgeburt sehr fett mit dickem Kopf und äußerst kurzen Extremitäten.“[336] In dem von Gasser erstellten Katalog der osteologischen Präparate von 1912 wurde ebenfalls das Skelett eines weiblichen „chondrodystrophen Zwerges“ erwähnt und auf den Eintrag im Bünger-Katalog von 1830 unter II. (Pathologische Präparate), A (Kranke Knochen), Nr. 26 verwiesen.[337] Diese Signatur ist schon bei dem anfänglich beschriebenen Wachsabguss vorhanden, in dessen Beschreibung ebenfalls auf ein dazugehöriges Skelett Nr. 26 aus dem Bünger-Katalog von 1830 verwiesen wurde. Augenscheinlich handelt es sich bei dem Wachsabguss, der Zeichnung und dem Skelettpräparat um ein und dasselbe Kind. Das totgeborene Mädchen wurde vor 1784 von Soemmerring in Spiritus konserviert, gelangte dann im Zuge der Transferierung der Kasseler Präparate nach Marburg, wurde hier von Bünger zwischen 1819 und 1830 in Wachs abgebildet und anschließend mazeriert. Nachfolgend wurde eine Zeichnung des Skelettpräparates angefertigt. Diese stammt wohl nicht von Bünger, könnte aber laut Enkes Vermutungen von Johann Christian Lucae (1814–1885), einem Schüler Büngers, stammen.[338]

335 Enke, 2012, S. 114. Das Präparat wird auch im Bünger-Katalog von 1819 erwähnt: Präparate in Spiritus, B. Pathologische, Nr. 334.

336 Uniarchiv Marburg, 305a, Nr. 5650.

337 Enke, 2012, S. 113/114.

338 Ein Handschriftenvergleich schließt Bünger als Zeichner aus. Lucae war ein guter Zeichner, wie die Schädelzeichnungen in seinen Werken beweisen, vgl. Lucae, 1839, Lucae, 1844, Lucae, 1855, Lucae, 1857.

Abb. 51: Gipsabguss einer am Brustkorb zusammengewachsenen Doppelbildung (Thoracopagus) (© N. Ulrich)

Abb. 52: Wachsabguss eines chondrodystrophen Kindes (© N. Ulrich)

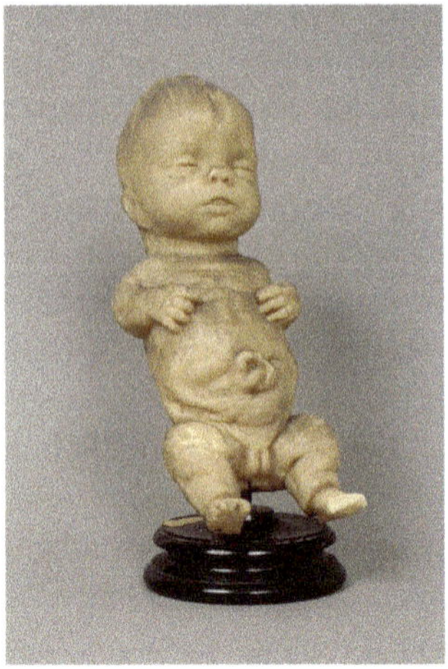

Abb. 53: Das Skelett und die Zeichnung eines chondrodystrophen Kindes, es handelt sich dabei um das erwähnte Skelett Nr. 26 aus Büngers Katalog von 1830 (© Bildarchiv Foto Marburg, fmd 463502, Horst Fenchel, Esther Bos, Daniela Frank)

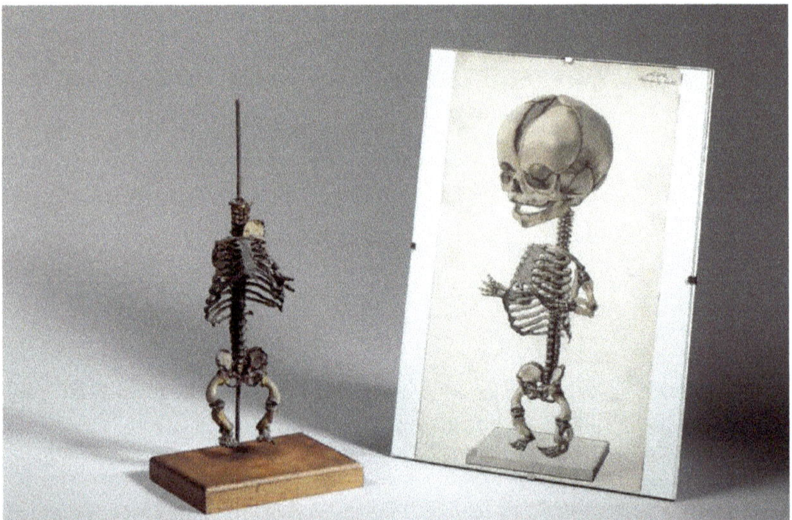

Außerdem finden sich mehrere Gipsabgüsse von Tierfeten und -geburten mit Fehlbildungen in der Sammlung. Zum einen handelt es sich um ein Gipsrelief einer Schweinemissgeburt mit einer überzähligen Vorder- und Hinterextremität (Abb. 54). Ein anderes Präparat zeigt ebenfalls einen Schweinefetus mit Augen- und Schnauzenfehlbildungen (Abb. 55). Beide Objekte werden im Bünger-Katalog von 1830 erwähnt.

Abb. 54: Gipsrelief einer Schweinemissgeburt mit zusätzlichen Beinen (© Bildarchiv Foto Marburg, fmd 463504, Horst Fenchel, Esther Bos, Daniela Frank)

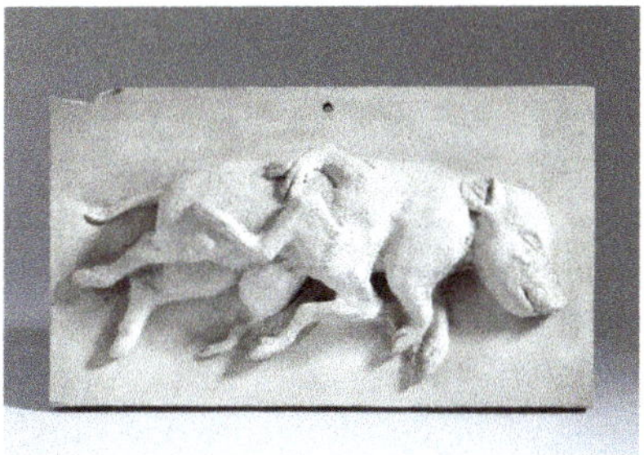

Abb. 55: Gipsabguss einer Schweinemissgeburt ohne Augen und mit rüsselartigem Anhang an der Schnauze (© N. Ulrich)

3.4.3 Wachsmodelle in der mikroskopischen Anatomie am Beispiel der Ziegler'schen Wachsmodelle in der Marburger Sammlung

Mit dem Einzug der Mikroskopie in die Anatomie traten anatomische Ganzkörper- und Organmodelle, wie sie in den beiden oben vorgestellten Sammlungen ausgestellt sind, zunehmend in den Hintergrund. Im 19. Jahrhundert hergestellte Modelle wurden den neuen Schwerpunkten (Mikroskopie, Entwicklungsbiologie) und veränderten Lehrmethoden angepasst. Einzelne Körperteile, anatomische Strukturen oder komplexe Verläufe von Nerven und Gefäßen wurden nun herausgearbeitet. Den exponierten Effekt erzielte man durch teilweise betonte, unnatürliche Farbgebung oder Weglassen für den Lehrinhalt irrelevanter, kleinerer Strukturen.[339] Mikroskopische Strukturen wurden maßstabsgetreu vergrößert und Entwicklungsvorgänge in ihren wichtigsten Stadien abgebildet.

Der Blick durch das Mikroskop lässt sich von Einzelpersonen recht gut betreiben. Problematisch wird es dann, wenn mikroskopische Sachverhalte einer größeren Zahl von Personen möglichst gleichzeitig, beispielsweise im Rahmen

339 Werner, 2015, S. 23.

einer Lehrveranstaltung, zugänglich gemacht werden sollen. Heute projiziert man das Mikroskopbild, welches mit einer Kamera aufgenommen wird, über einen Beamer auf eine Leinwand und ermöglicht so allen Zuschauern gleichzeitig „den Blick durch das Mikroskop". Doch wie behalf man sich vor Erfindung dieser Technologie?

Die Methode der Wachsplattenrekonstruktion des Breslauer Embryologen Gustav Born[340] (1876) tritt diesem Problem entgegen. Die mikroskopischen, auf einen Objektträger aufgezogenen, gefärbten Schnitte wurden mit Hilfe eines am Mikroskop angebrachten Zeichentubus auf Pappe gezeichnet. Die Zeichnung wurde auf Wachsplatten übertragen, deren Dicke dem Vergrößerungsfaktor des Mikroskops und der Schnittdicke entsprachen. Anschließend wurden die äußeren und inneren Strukturen der Zeichnung auf den Wachsplatten mit einem heißen Messer ausgeschnitten und gefärbt. Durch das Zusammensetzen der Wachsplattenausschnitte erhielt man ein im Maßstab vergrößertes Modell des vorher in mikroskopische Schnitte zerlegten Präparates.[341] Solche Modelle waren wichtige Lehrmittel in der letzten Hälfte des 19. Jahrhundert. Sie ermöglichten die Demonstration mikroskopischer Strukturen und deren Zusammenhänge ohne den direkten Zugang zum Mikroskop. Das Prinzip der Wachsplattenrekonstruktion findet sich heute in der modernen bildgebenden Diagnostik wieder. Ein durch Computertomographie (CT) gescannter, in virtuelle Schnitte unterteilter Körper kann mit spezieller Software zum ursprünglichen Objekt unter Darstellung innerer Strukturen rekonstruiert und digital bearbeitet werden.

Um Entwicklungsvorgänge, wie beispielsweise die Gastrulation, darstellen zu können, wurden ganze Serien, bestehend aus einzelnen Entwicklungsphasen dieser Vorgänge, modelliert. Marktführer für die Herstellung von anatomischen

---

340 Gustav Jakob Born (1851–1900), deutscher Embryologe, studierte Medizin in Breslau, Bonn, Straßburg und Berlin, promovierte 1873 in Berlin, danach Assistent am Anatomischen Institut in Breslau. Nach der Habilitation im Fach Anatomie im Jahr 1876 übernahm er die Leitung der Entwicklungsgeschichtlichen Abteilung des Anatomischen Instituts Breslau, 1886 außerordentlicher Professor und 1898 ordentlicher Professor für Anatomie und Embryologie, beschäftigte sich zeitlebens mit entwicklungsgeschichtlichen und embryologischen Fragestellungen, vgl. Deutsche Biographische Enzyklopädie, https://books.google.de/books?id=kh3XPau9g_AC&pg=PA840&dq=Gustav+Born+Embryologe&hl=de&sa=X&ei=tefgVM3SF8msPaSqgLgP&ved=0CDQQ6AEwAw%20-%20v=onepage&q=Gustav%20Born%20Embryologe&f=false#v=snippet&q=Gustav%20Born%20Embryologe&f=false, zuletzt geprüft am 23.11.2015.

341 Vgl. Grundmann, 2012b, S. 90.

Wachsmodellen war die FIRMA ZIEGLER[342] aus Freiburg im Breisgau. Durch die Zusammenarbeit mit führenden Medizinern und Anatomen gelang es, zahlreiche Serien herzustellen.[343] Die Modelle erfreuten sich höchster Beliebtheit, da sie für den anatomischen Unterricht um die Wende zum 20. Jahrhundert unverzichtbar waren. In nahezu jedem anatomischen Institut, auch außerhalb Deutschlands, sind die Modelle der FIRMA ZIEGLER als Bestandteil anatomischer Sammlungen zu finden.

In der Marburger Sammlung befinden sich insgesamt zehn Serien aus dem Hause ZIEGLER, die teilweise nicht mehr vollständig sind. Drei der Serien stellen die embryonale Entwicklung verschiedener Tierarten dar (Abb. 59), wohingegen der Großteil der Serien die menschliche Embryonalentwicklung (Abb. 56) und die Entwicklung verschiedener menschlicher Organsysteme thematisiert (Abb. 57, 58, 60).

Abb. 56: Ziegler-Modell der Serie 1b zur Entwicklung des menschlichen Embryo (© N. Ulrich)

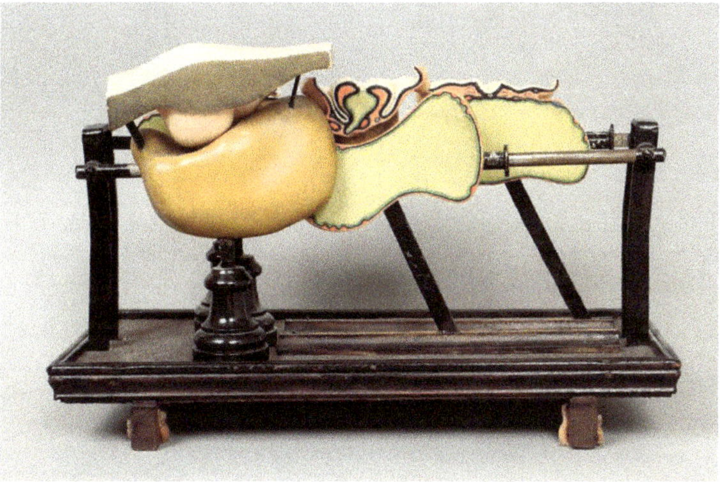

342 Das Atelier für Wissenschaftliche Plastik wurde 1852 von Adolf Ziegler (1820–1889) in Freiburg im Breisgau gegründet, nach dessen Tod übernahm sein Sohn Friedrich Ziegler das Atelier, das mit zahlreichen namhaften Medizinern zusammenarbeitete (u. a. Born, His, Wiedersheimer). Nach dem Tod Friedrich Zieglers im Jahr 1876 übernahm Marcus Sommer den Zieglerschen Betrieb, die Firma SOMSO mit Firmensitz in Sonneberg/Thüringen sicherte sich die Patente zur alleinigen Herstellung und Vertrieb der Zieglerschen Modellreihen und betreibt diese bis heute, vgl. Veterinärmedizin Freie Universität Berlin, http://www.vetmed.fu-berlin.de/einrichtungen/institute/we01/Studium_und_Lehre/embryologie/ziegler/index.html, zuletzt geprüft am 23.11.2015, vgl. Hopwood, Embryos in Wax, 2002.

343 Modellkatalog der Firma Ziegler, herausgegeben von M. Sommer, vgl. Sommer, 1936.

Abb. 57: Ziegler-Modell der Serie 10 zur menschlichen Zahnentwicklung, nach C. Röse (© Bildarchiv Foto Marburg, fmd 453574, Fay Nolan, Sven Köhler)

Abb. 58: Ziegler-Modell der Serie 4 zur Entwicklung des menschlichen Gehirns (© N. Ulrich)

Abb. 59: Ziegler-Modelle der Serie 22: Entwicklung des Amphioxus (Lanzettfischchen) (© N. Ulrich)

Abb. 60: Ziegler-Modelle der Serie 7: Entwicklung verschiedener Wirbeltiergehirne (© N. Ulrich)

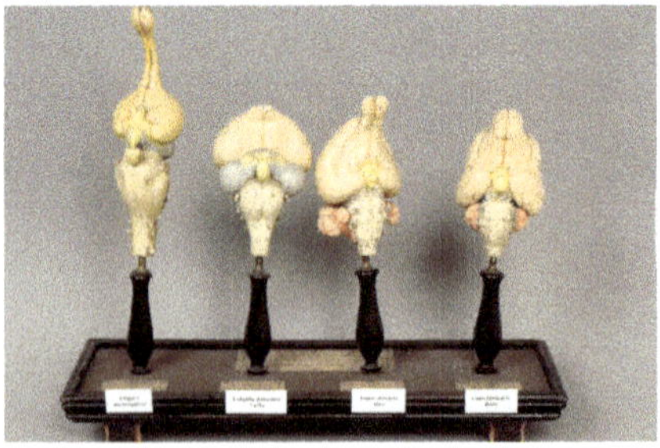

3.5 Instrumente

Zur Grundausstattung eines jeden Anatomen gehören zweifelsfrei Skalpell, Pinzette und Schere. Abhängig von der jeweiligen Präparationsmethode kommen zusätzlich andere Werkzeuge zum Einsatz. Mit Herausbildung medizinischer Fachdisziplinen spezialisierten sich auch die benötigten Instrumente.

Die Marburger Sammlung verfügt über einen großen Bestand historischer Instrumente zur Geburtshilfe, Anatomie, Chirurgie und Augenheilkunde, die durch Schenkung aus Nachlässen oder durch Übernahme von universitätsinternen Sammlungen erworben wurden. Die Transaktionen sind nur teilweise durch Dokumente belegt und zum Großteil nicht mehr nachvollziehbar, weswegen eine detaillierte Bearbeitung der Bestände noch aussteht. Im folgenden Kapitel werden darum nur wenige Instrumente exemplarisch vorgestellt, die ihrerseits auch in der Dauerausstellung im Museum Anatomicum zu sehen sind.

Diagnostische Instrumente zur Feststellung der Beckenmaße von Schwangeren (Beckenmesser = Pelvimeter) wurden eingesetzt, um den Beckenumfang, der durch Krankheiten wie Rachitis verändert sein kann, zu messen (Abb. 61, großes Instrument) und so eine Prognose zu möglichen intrapartalen Komplikationen aufgrund der Beckenverhältnisse oder der Kindslage stellen zu können. Der schottische Arzt WILLIAM SMELLIE (1697–1753) erkannt 1752, wie wichtig die Bestimmung und Beurteilung der Beckenmaße für eine problemlose Geburt war.[344] Es war, wie auch bei den Geburtszangen, der Eitelkeit der Erfinder geschuldet, die ihren Namen in Verbindung mit einem von ihnen erfundenen Instrument gerne in der Fachwelt verewigt sehen wollten. Ein von der französischen Hebamme MARIE-ANNE-VICTOIRE BOIVIN (1773–1847) entworfener Beckenzirkel ist in der Ausstellung im Museum Anatomicum zu sehen (Abb. 62). Die äußere Beurteilung der Beckenmaße mit Hilfe dieses Instrumentes ist jedoch kritisch zu sehen, da die Einschätzungen ein hohes Maß an Erfahrung des Untersuchers erfordern. Bedeutend präzisere Aussagen lassen sich mit einem vaginal anzuwendenden Beckenmesser machen (Abb. 61, kleines Instrument).[345]

---

344 Vgl. Wilcockson, 2012, S. 132

345 Vgl. Wilcockson, 2012, S. 133.

Abb. 61: Das große Instrument ist ein Beckenzirkel zur äußerlichen Anwendung nach David W. H. Busch, das kleine Instrument dagegen ein Beckenzirkel zur vaginalen Messung der Beckenmaße nach F. B. Breit (© Bildarchiv Foto Marburg, fmd 463509, Fay Nolan, Sven Köhler)

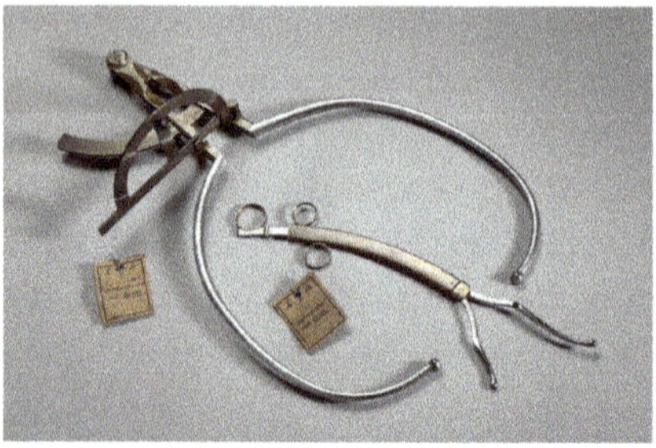

Abb. 62: Beckenzirkel zur äußerlichen Beckenmessung nach Boivin (© Bildarchiv Foto Marburg, fmd 463508, Horst Fenchel, Esther Bos, Daniela Frank)

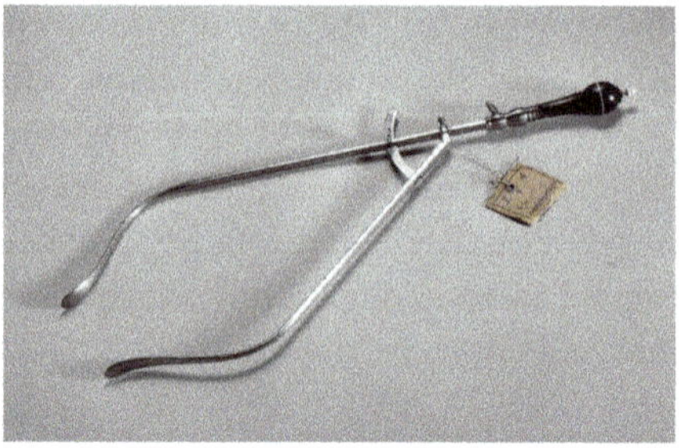

Ein Transportkasten der FIRMA J.C. BREITHAUPT mit geburtshilflichem Instrumentarium ist ebenfalls in der Sammlung erhalten (Abb. 63). BREITHAUPT war Feinmechaniker und Instrumentenhersteller in Kassel und arbeitete eng mit GEORG WILHELM STEIN D. ÄLTEREN[346] zusammen, nach dessen Vorgaben und Ideen er geburtshilfliche Instrumente herstellte.

Die brandenburgische Hebamme JUSTINE SIEGEMUNDIN (1650–1705) beschrieb in ihrem Werk *Die königlich-preußische und Chur-Brandenburgische Hof-Wehe-Mutter, das ist: ein höchst nöthiger Unterricht von schweren und unrecht stehenden Geburten, in einem Gespräch vorgestellt* (1690)[347] über ungünstige Kindslagen den Einsatz von Wendestäbchen, mit Hilfe derer die Lage des Kindes im Mutterleib verändert werden konnte. Es handelt sich dabei um 30–35 cm lange, schmale Stäbe aus Holz, Horn oder Bein, die an einem Ende eingekerbt sind, um eine Schnur oder ein Seidentuch in die Gebärmutter einführen zu können. Diese Schnur wurde um die Füße des Kindes gewickelt und mit Hilfe des Stabes ver-

346 Georg Wilhelm Stein der Ältere (1737–1803), deutscher Mediziner, Promotion zum Dr. med. 1760 in Göttingen, ließ sich anschließend in Kassel als Arzt nieder, wurde 1763 als außerordentlicher Professor an das Collegium Carolinum in Kassel berufen, leitete das Accouchier- und Findelhaus in Kassel, wurde 1789 als zweiter Professor für Chirurgie und Entbindungskunst an die Universität Marburg versetzt, wo er Direktor der Entbindungsanstalt wurde, vgl. Gundlach, 1927, S. 232, Nr. 397.

347 Vgl. Siegemund, 1690.

sucht, das Kind zu drehen. Dieser Vorgang gelang selbstverständlich nur, wenn die Fruchtblase bereits geplatzt war. Mit einem Blasensprenger, einem dolch- oder nadelförmigen Instrument, konnte der Blasensprung ausgelöst werden. Ein ringähnlicher Blasensprenger mit Dorn ist ebenfalls im Transportkasten rechts unten enthalten (Abb. 63).

Abb. 63: Transportkasten für geburtshilfliche Instrumente von J.C. Breithaupt, Kassel, hergestellt: erstes Instrument von oben: lineares Pelvimeter zur vaginalen Anwendung von G.W. Stein d. Ä. entwickelt, neben diagnostischen Instrumenten sind auch geburtshilfliche Instrumente enthalten (stumpfer Haken, Geburtszange, Blasensprenger), ebenso embryotomische Instrumente (Perforatorium, spitze Haken) (© Bildarchiv Foto Marburg, fmd 463505, Fay Nolan, Sven Köhler)

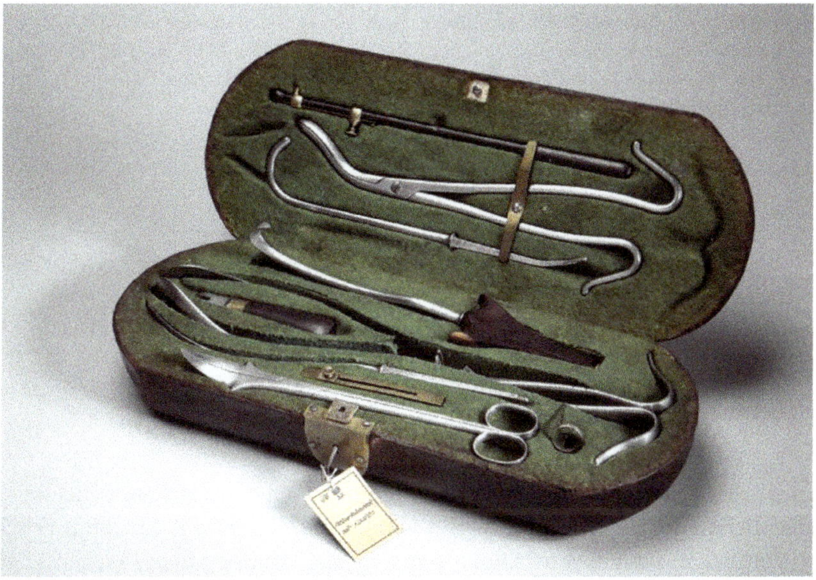

Bei schwierigen Geburten, bei denen das Kind nicht alleine von der Mutter ausgetrieben werden konnte und im Geburtskanal feststeckte, kamen die gegen Ende des 17. Jahrhunderts entwickelten Geburtszangen zum Einsatz. Dabei handelt es sich um zwei löffelartige Hebel, die nacheinander in den Geburtskanal eingeführt wurden, um den Kopf des Kindes zu umschließen und dem Geburtshelfer zu ermöglichen, durch externe Zugkraft den Geburtsvorgang voranzutreiben und das Kind herauszuziehen. Die ersten Zangen waren gerade und wurden an der Kreuzungsstelle der beiden Löffel mit einer Lederschnur zusammengebunden. Im Laufe der Jahre entwickelten sich verschiedene

Schließmechanismen, die für die Fixierung der Löffel im Artikulationspunkt entscheidend waren. Durch die stabilere Position der Löffel durch stetige Verbesserung des Schlosses und Hinzukommen anderer mechanischer Bestandteile ließ sich die Druckkraft besser regulieren.

In der Marburger Sammlung befindet sich eine von dem Göttinger Geburtshelfer Friedrich Benjamin Osiander (1759–1822) entwickelte Geburtszange mit einem Riegel über dem Schloss, der das Verschließen in der richtigen Position ermöglicht und so ein Herausrutschen verhindert (Abb. 65). Zusätzlich befindet sich am Griff-Ende ein gefederter Haken, der das Schloss sichert und dadurch den Kopf des Kindes zwischen den Löffeln fixiert.[348]

Abb. 64: Verschiedene Ausführungen von Geburtszangen, anatomisch gebogen, um sich an den Geburtskanal anzupassen, mit Holz- oder Metalllöffeln (© Bildarchiv Foto Marburg, fmd 453601, Fay Nolan, Sven Köhler)

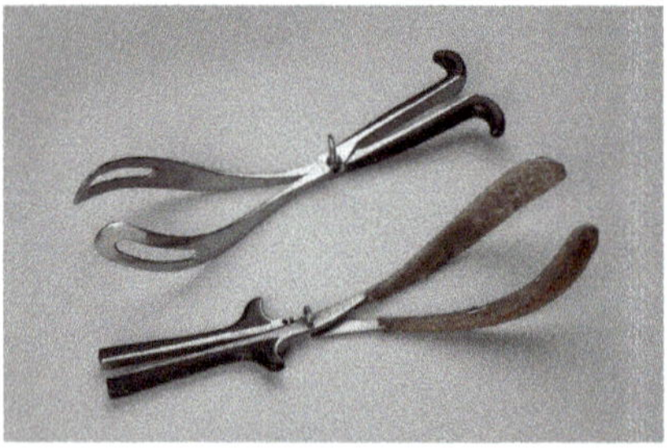

Abb. 65: Oben: Geburtszange nach Osiander, unten: Geburtszange nach Smellie, (© Bildarchiv Foto Marburg, fmd 463506, Horst Fenchel, Esther Bos, Daniela Frank)

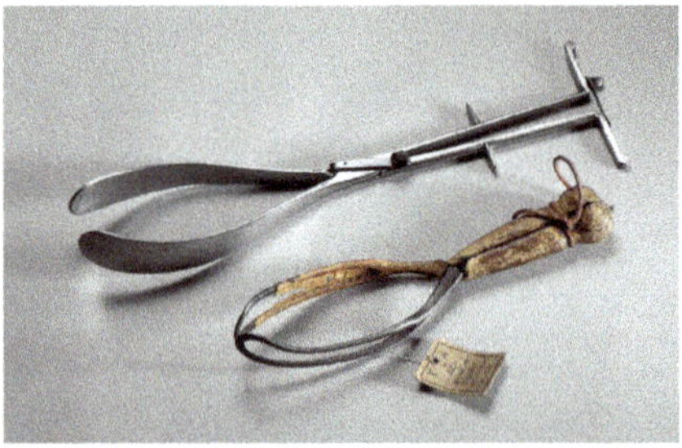

Wurde das Kind trotz dieser Maßnahmen nicht geboren, drohte eine lebensgefährliche Situation für Mutter und Kind. Eine Zersetzung der toten Frucht im Mutterleib oder Geburtskanal hatte für die Mutter schwerwiegende gesundheitliche Folgen, die nicht selten mit dem Tod einhergingen. Um eine Sepsis zu vermeiden, mussten Kinder, die über einen längeren Zeitraum im Geburtskanal feststeckten und für die keine Möglichkeit mehr bestand, auf natürlichem oder anderem Wege geboren zu werden (Kaiserschnitt), noch in diesem Zustand mit embryotomischen Instrumenten geborgen werden. Mit Perforatorien oder sogenannten Kranioklasten (Kopfquetschern) wurde versucht, den Kopf zu eröffnen und so den Umfang zu verringern, damit das Kind

348 Vgl. Wilcockson, 2012, S. 137.

anschließend unter Zuhilfenahme von Haken aus dem Geburtskanal entfernt werden konnte (Abb. 66, 67). Auch die Zerstückelung im Geburtskanal mit Hilfe langer Messer kam vor, wenn das Kind nicht im Ganzen entfernt werden konnte.

Abb. 66: Kopfzieher nach Petit, Perforatorium nach Fried und Haken (unbekannt) zum Eröffnen des Kopfes und Bergen des Fetus (© Bildarchiv Foto Marburg, fmd 453600, Fay Nolan, Sven Köhler)

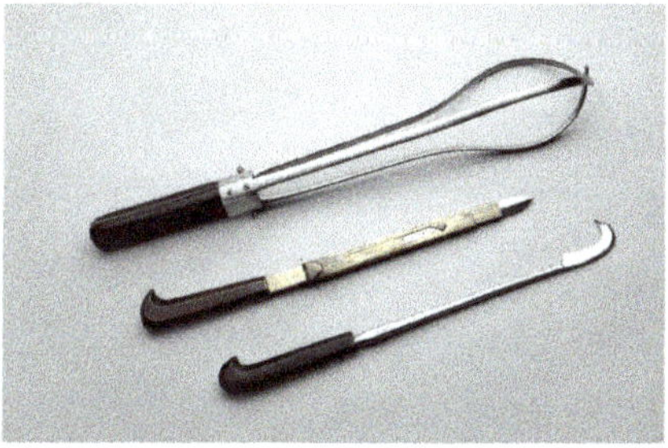

Abb. 67: Kranioklast mit Stellschraube und Perforatorium nach F.K. Kiwisch mit ausdrehbarer Spitze (© Bildarchiv Foto Marburg, 463507, Horst Fenchel, Esther Bos, Daniela Frank)

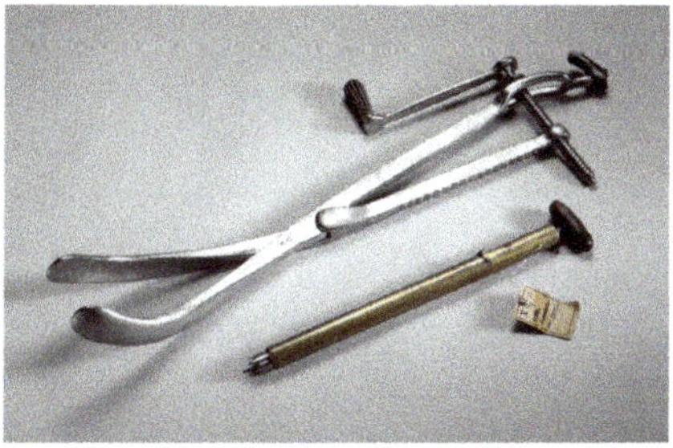

Neben geburtshilflichen befinden sich auch chirurgische, anatomische und augenheilkundliche Instrumente im Bestand der Marburger Anatomischen Sammlung. Zu den besonderen Stücken zählt das Präparierbesteck des Erlanger Anatomen und Patholgen, ADOLPH CHRISTIAN HEINRICH HENKE[349], welches in einer Holzvitrine in der Emil-von-Behring-Bibliothek ausgestellt ist (Abb. 68).

349 Adolph Christian Heinrich Henke (1775–1834), studierte zunächst Theologie, dann Medizin in Braunschweig, Helmstedt und Göttingen, promovierte in Medizin 1799 in Helmstedt und erhielt 1805 einen Ruf als außerordentlicher Professor für Pathologie an die Universität Erlangen, 1809 hielt er eine erste Vorlesung in Rechtsmedizin, auf die er sich dann auch zunehmend verlegte, brachte ein erstes Lehrbuch zur gerichtlichen Medizin heraus (1812), welches im Jahr 1841 bereits die 10. Auflage erfuhr, 1815 wurde er Ordinarius für Physiologie, Pathologie und Staatsarzneikunde in Erlangen, vgl. Deutsche Biographie, http://www.deutsche-biographie.de/sfz31369.html, zuletzt geprüft am 30.11.2015.

Abb. 68: Anatomische Präparierbesteck des Erlanger Anatomen und Pathologen Adolph Christian Heinrich Henke (1775–1843) (© Bildarchiv Foto Marburg, 476901, Horst Fenchel)

Abb. 69: Chirurgisches Operationsbesteck (© Bildarchiv Foto Marburg, 476902, Horst Fenchel)

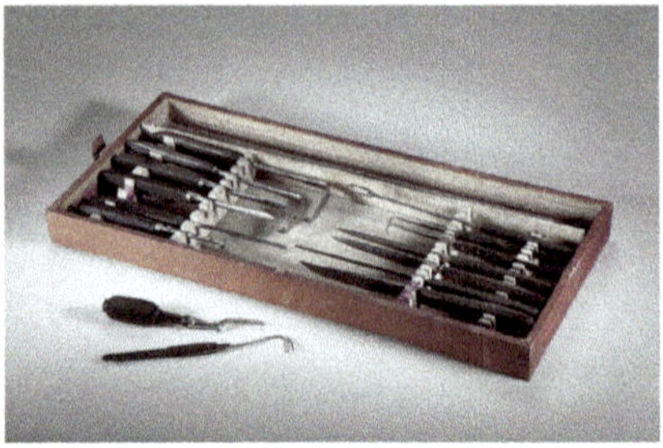

4 Die alten Kataloge

In der Marburger Sammlung sind insgesamt zehn historische Kataloge erhalten, die sich im Besitz der Emil-von-Behring-Bibliothek /Arbeitsstelle für Geschichte der Medizin Marburg befinden. Damit ist die Dokumentationsgrundlage recht solide, obwohl die meisten Kataloge nur Teilgebiete der Sammlung abdecken, lückenhaft geführt sind und teilweise wichtige Seiten fehlen. Trotzdem gelang mit Hilfe der Verzeichnisse eine erste Identifizierung der meisten Präparate, die im Zuge der Neukatalogisierung bearbeitet wurden.[350]

In den nachfolgenden Kapiteln folgt eine Kurzcharakterisierung der vorhandenen Kataloge in chronologischer Reihenfolge ihres Erstellungsdatums.

4.1 Die Kataloge von Christian Heinrich Bünger

Christian Heinrich Bünger erstellte während seiner 30jährigen Amtszeit insgesamt vier Kataloge der Anatomischen Sammlung, die nachfolgend in den jeweiligen Kapiteln 4.1.1 bis 4.1.4 vorgestellt werden.

4.1.1 Verzeichnis sämtlicher, der Anatomie zu Marburg gehörigen Präparate nebst einem Anhang betreffend die demselben gehörigen Gemälde, September 1811[351]

Christian Heinrich Bünger erstellte kurz nach Beginn seiner Anstellung in Marburg im Oktober 1811 den ersten Katalog über die in der Sammlung befindlichen Objekte. Diese Aufzählung gleicht mehr einem Inventarverzeichnis, da darin nicht nur anatomische Präparate, sondern auch Mobiliar, Gemälde und Instrumente aufgeführt sind. Er gliedert sich in zwei große Teile. Der erste Teil *Verzeichniß sämmtlicher der Anatomie zu Marburg gehörigen Mobilien, Instrumente und Gerätschaften. Aufgenommen im October 1811* ist jeweils in 12 Unterpunkte unterteilt. Der zweite Teil *Nr. II. Verzeichniß sämmtlicher der Anatomie zu Marburg gehörigen Präparate: nebst einem Anhange betreffend die derselben gehörigen Gemälde. Aufgenommen im October 1811* verzeichnet die Präparate, die Bünger bei seinem Amtsantritt in Marburg vorfand. Dieser Teil ist wiederum untergliedert in Knochen- und Feuchtpräparate und innerhalb dessen jeweils noch einmal in physiologische und pathologische Objekte. Im Anhang des Verzeich-

350 Vgl. dazu in dieser Arbeit: Die Neu-Katalogisierung, S. 176.
351 Bünger, 1811.

nisses befindet sich eine Aufstellung der zur Marburger Anatomie gehörenden Gemälde sowie ein *Inventarium über das Anatomiegebäude*, in dem BÜNGER den Aufbau und die Raumeinteilung des anatomischen Instituts beschreibt.[352]

BÜNGER verwendet für seinen ersten Katalog eine nummerische Aufzählung und beginnt die Nummerierung für jede Kategorie bzw. Unterkategorie mit der Ziffer 1. Ab Kategorie II: *Knochenpräparate* im zweiten Teil des Kataloges (*Nr. II. Verzeichniß sämmtlicher der Anatomie zu Marburg gehörigen Präparate: nebst einem Anhange betreffend die derselben gehörigen Gemälde. Aufgenommen im October 1811*) gibt BÜNGER jeweils hinter der Beschreibung des Präparates eine Nummer in Klammern an (Nr. + Zahl), die durchgängig fortläuft, obwohl die Aufzählung im nächsten Kapitel wieder mit der Ziffer 1 beginnt. Insgesamt sind 300 Präparate mit einer solchen Nummer gekennzeichnet. BÜNGER selbst schreibt dazu: „…die mit Klammern beigefügten fortlaufenden Nummern sind auf die Präparate mit Zeddeln aufgeklebt und an die Gläßer mit Farbe bezeichnet worden."[353] Aufgeklebte Zettel konnten jedoch nicht (mehr) gefunden werden.

4.1.2 Verzeichnis sämtlicher, der Anatomie zu Marburg gehörigen Präparate, nebst einem Anhang, betreffend die demselben gehörigen Gemälde, März 1819[354]

Bereits im März 1819 fertigte BÜNGER einen weiteren Sammlungskatalog an (*Verzeichniss sämtlicher der Anatomie zu Marburg gehörigen Präparate, nebst einem Anhange betreffend die derselben gehörigen Gemälde*). Auch dieser ist in zwei Teile unterteilt, unterscheidet sich jedoch inhaltlich von der ersten Ausgabe von 1811. Der erste Teil dieses Kataloges erfasst menschliche Präparate und besteht aus drei großen *Abtheilungen* (Osteologie, Syndesmologie, Trocken- und Feuchtpräparate), die sich jeweils in physiologische und pathologische Abschnitte gliedern. Im Gegensatz zum Katalog von 1811 wird in der Version von 1819 die Nummerierung konsequent durchgeführt und nicht bei jedem Kapitel neu begonnen. Die angesprochene, sich ableitende Nummerierung in Klammern ist hier jedoch nicht fortgeführt. Es ist äußerst unwahrscheinlich, dass die nummerische Aufzählung mit einer Signaturnummerierung korrespondiert, da die Reihenfolge der

---

352 Diese ca. 30 Seiten umfassende Beschreibung kann zeitlich nicht eindeutig zugeordnet werden. Es ist nicht klar, ob Bünger sie im Rahmen der Bestandsaufnahme 1811 oder später angefertigt hat, als er sich intensiv mit Neubauplänen für das anatomische Institut befasste.

353 Uniarchiv Marburg, 305a, Nr. 5634.

354 Bünger, 1819.

Präparate in den beiden Versionen nicht übereinstimmt, und somit eine Doppelvergabe erfolgt wäre. Waren die Präparate tierischen Ursprungs im Katalog von 1811 nur in einem Kapitel erwähnt, ist der komplette zweite Teil des Kataloges von 1819 den Präparaten der vergleichenden Anatomie gewidmet. Bünger unterscheidet auch hier zwischen verschiedenen Tiergruppen, Präparatetypen und Organsystemen. Auch in dieser Version von 1819 gibt es einen Anhang mit aufgelisteten Gemälden und ein Verzeichnis über Mobiliar, Instrumente und Geräte.

4.1.3 Verzeichnis der Neuzugänge zwischen Mai 1819 und Januar 1825[355]

Ein weiteres Verzeichnis entstand bereits sechs Jahre später. Dieser Katalog beinhaltet nur die in den Jahren 1819 bis 1825 hinzugekommenen Präparate. Auch hier beginnt die Nummerierung wieder mit der Ziffer 1 und setzt sich im ersten Teil *I. physiologische, menschliche Präparate* kontinuierlich fort. Alle folgenden Teile (*II. pathologische, menschliche Präparate; III. physiologische, tierische Präparate; IV. pathologische, tierische Präparate*) beginnen wiederum mit der Ziffer 1, sodass eine eindeutige Zuordnung problematisch ist. Unter Punkt V. sind Wachsabgüsse aufgelistet, unter Punkt VI. werden die Neuerwerbungen von Zeichnungen und Gemälden verzeichnet. Zwischen 1819 und 1825 sind insgesamt 124 Präparate sowie zehn Zeichnungen/Gemälde neu hinzugekommen.

4.1.4 Verzeichnis anatomisch-physiologischer Präparate von Menschen, Mai 1830[356]

BÜNGERS letzter Katalog aus dem Jahr 1830 ist das umfangreichste Dokument, welches strukturierter als die vorangegangenen Versionen ist. Wie in den vorangegangenen Katalogen, unterscheidet BÜNGER zunächst zwischen physiologischen, pathologischen und tierischen Präparaten (*I. Präparate zur physiologischen Anatomie des Menschen, II. pathologische Präparate von Menschen, III. Verzeichnis der Präparate für vergleichende Anatomie*). Jeder dieser drei Teile beginnt mit der Auflistung von osteologischen Präparaten, gefolgt von Muskelpräparationen, bis zu Präparaten verschiedener Organe in alphabethischer Reihenfolge. Die Nummerierung beginnt bei jedem neuen Unterpunkt mit der Ziffer 1.

Es fällt auf, dass BÜNGER kein eindeutiges systematisches Signatursystem benutzte, sondern die nach Objektgruppen und Präparatetypen sortierte Sammlung durchnummerierte, ohne dabei auf eine Doppelvergabe von Ziffern zu achten.

---

355 Bünger, 1825.
356 Bünger, 1830.

Eine Identifizierung über eine auf einem Objekt angebrachte Nummer ist dadurch nicht möglich und muss über die Objektbeschreibung in den Katalogen geschehen. Auch wird in keinem seiner Kataloge die in der Sammlung häufig vorkommende Signatur A.S. (=**A**lte/**A**natomische **S**ammlung) verwendet. Dies deutet wiederum darauf hin, dass die A.S.-Signatur erst von BÜNGERS Nachfolgern eingeführt wurde.[357]

4.2 Katalog der Präparate der osteologischen Sammlung, 1912

Aus dem Jahr 1912 ist ein Katalog über die osteologischen Präparate vorhanden, der in die Zeit des Ordinariats von EMIL GASSER fällt. Aufgrund von Handschriftvergleichen ist GASSER eindeutig als Verfasser dieses Katalogs auszuschließen. Ein anderer Katalog über die osteologischen Präparate der vergleichenden Anatomie wurde ein Jahr später aufgelegt und eindeutig von OTTO VEIT[358], damals zweiter Prosektor am anatomischen Institut Marburg, signiert. Die Handschrift der beiden Kataloge stimmt überein, sodass VEIT auch als Autor des Kataloges über die osteologischen Präparate anzunehmen ist. Innerhalb des Kataloges tauchen weitere Handschriften auf, was darauf schließen lässt, dass der Katalog auch in den Folgejahren zu Inventarisierungszwecken benutzt wurde. Erklärende Ergänzungen zu Präparaten, Auskunft über deren Erhaltungszustand oder Leihgaben an andere Institute sind oftmals späteren Datums (jüngster Eintrag: 1946), mit einem anderen Stift und von einer anderen Person geschrieben, was die oben genannte These unterstützt. Häkchen hinter den aufgelisteten Präparaten deuten darauf hin, dass die Vollständigkeit der Sammlung mindestens einmal anhand des Kataloges überprüft wurde. Der vollständige Titel auf dem Einband lautet *Katalog der Präparate der osteologischen Sammlung, Marburg 1912, I. Präparate der Demonstrationssammlung zur Vorlesung über Osteologie und Syndesmologie des Menschen*. OTTO VEIT hielt laut Vorlesungsverzeichnis[359] im Wintersemester 1912/13 die Vorlesung für Osteologie und Syndesmologie und hat demnach die aufgeführten Präparate didaktisch genutzt. Die Bezeichnung I lässt darauf schließen, dass es noch weitere Teile geben könnte, die bis jetzt nicht aufzufinden waren. Das Inhaltsverzeichnis auf der ersten Seite des Klappeneinbandes gliedert sich folgendermaßen: Unter I. werden die osteologischen Präparate der

---

357 Vgl. dazu in dieser Arbeit: Entschlüsselung der Signatursysteme – personenbezogene und zeitliche Einteilung der Katalognummern, S. 110.

358 Vgl. Ortmann, 1976, S. 162, letzter Absatz.

359 Die Vorlesungsverzeichnisse befinden sich in der Emil-von-Behring-Bibliothek, sind allerdings nicht elektronische erfasst und haben keine Signatur.

Demonstrationssammlung zur Vorlesung über Osteologie und Syndesmologie des Menschen aufgeführt. Dieser Punkt untergliedert sich in sechs mit Buchstaben versehene Unterkategorien (A. Knochenform, Knochenstruktur, Knochenverbindung; B. Wirbelsäule, C. Rippen, Sternum; D. Obere Extremität; E. Untere Extremität; F. Schädel und Schädelknochen). Ein mit II. bezeichneter Abschnitt gliedert sich in G. Ganze Skelette und H. Schädelsammlung, wobei hier der Hinweis auf einen gesonderten Katalog angegeben ist. Dieser Schädelkatalog ist ebenfalls nicht mehr auffindbar. Zusätzlich wird darauf hingewiesen, dass die aufgeführten Präparate fortlaufend numeriert sind. Diese Nummern wurden, zumindest teilweise, auch auf den jeweiligen Präparaten angebracht und können zur Identifizierung herangezogen werden. Teilweise wurden den Nummern einiger Präparate Buchstaben nachgestellt, die wohl größtenteils nachträglich hinzugefügt wurden bzw. aus der erneuten Bearbeitung und Präparation des Objektes unter bestimmten morphologischen Kriterien (bsp. Assimilation der Halswirbel) entstanden sind. Während jeweils nur die rechte Seite des aufgeschlagenen Journals beschrieben ist, wurden die mit zusätzlichen Buchstaben versehenen Präparate überwiegend auf die linke Seite geschrieben. Auch dies unterstützt die These einer nachträglichen Aufnahme bzw. einer Neupräparation bestimmter Objekte unter spezifischen Gesichtspunkten. Die Aufstellung beinhaltet sowohl Feucht- als auch Trockenpräparate, wobei bei Ersteren Spiritus als Konservierungsmedium dominiert. Es gibt allerdings auch vereinzelte Präparate mit dem Hinweis auf *Jores*, *Glycerin-Alkohol*, *Formolwasser*, *Pick´sche Lösung* oder der Knochenaufhellungsmethode nach *Spalteholz*.

4.3 Katalog von vergleichend-anatomischen Präparaten, 1913

Es handelt sich um ein gebundenes Journal, welches Otto Veit im Jahr 1913 für seine Vorlesung zur vergleichenden Anatomie anlegte.[360] Veit listet im Einband des Journals eine taxonomische Gliederung auf und vergibt dabei eine kategoriebezogene Signatur. Die Aufzählung beginnt mit dem Stamm der primitiven Chordatiere (A) und ihrer Überklasse der Rundmäuler (B, Cyclostomata) und den jeweiligen Klassen der Neunaugen (Petromyzonta, Ba) und der Schleimaale (Myximoidea, Bb). Es schließt sich die Klasse der Knorpelfische (Chondrichthyes, C) mit den Familien der Dornhaie (Squalidae, Ca) und der Echten Rochen (Rajidae, Cb), sowie die zweite Unterklasse der Knorpelfische, die Holocephali (Cc),

360 Veits Autorenschaft ist eindeutig, da sein Name auf dem Einband steht und auch der Handschriftenvergleich positiv ausfiel.

an.[361] Anschließend folgen die Ursprünglichen Knochenfische (Ganoiden, D), die Echten Knochenfische (Teleostei, E), die Lungenfische (Dipnoi, F), die Amphibien (Amphibia, G), die Reptilien (Reptilia, H) und schließlich die Klasse der Vögel (Aves, I). Insgesamt sind 145 Präparate im Katalog aufgeführt, wobei einige Kategorien ohne Einträge sind. Vermutlich sollten aus dieser Tierklasse Präparate angefertigt werden, was jedoch nicht geschehen ist.

4.4 Verzeichnis der Neuzugänge, 1922

Es existiert ein gebundenes Journal, das die Neuzugänge zur anatomischen Sammlung, beginnend mit dem Jahr 1922, dokumentiert. Der Autor des Journals ist nicht bekannt, jedoch deuten die unterschiedlichen Handschriften und die Einträge über einen Zeitraum von 20 Jahren (1922–1942) darauf hin, dass es sich um mehrere Autoren handelt. Das Verzeichnis beginnt im Jahr 1922 mit einer numerischen Aufzählung verschiedener Präparate mit Angabe des jeweiligen Präparators. Die Namen Nauck, Jaensch, Dassau, Dabelow kommen wiederholt vor.[362] Es ist nicht klar, ob das Journal bereits 1922 begonnen wurde oder ob die Einträge später nachgetragen wurden. Die letzten beiden Einträge stammen aus dem Jahr 1942. Dabei handelt es sich um zwei Gehirnpräparate (1. Hirnbasis mit Hirnstamm und Hirnnerven, 2. Horizontalschnitt in Höhe der Basalganglien), die jeweils von G. Timmer präpariert wurden. Laut dem Vorlesungs- und Personalverzeichnis aus dem Wintersemester 1942/43 war Gerard Johannes Timmer wissenschaftlicher Assistent und Stellenverwalter am anatomischen

---

361 An diesem Beispiel erkennt man, dass die biologisch-taxonomische Gliederung nicht konsequent durchgeführt wurde.

362 Ernst Theodor Nauck war ab dem 01.10.1921 Assistent am Anatomischen Institut Marburg, von 1924–1929 Privatdozent und ab 1929 außerordentlicher Professor, 1932 ging er als Prosektor an das Anatomische Institut Freiburg und kehrte 1934 für ein Jahr nach Marburg zurück, vgl. Universitätsarchiv Freiburg, https://www.uniarchiv.uni-freiburg.de/bestaende/Fremdprovenienzen/nachlass/c0049/findbuchc0049, zuletzt geprüft am 16.03.2016, Paul Adolf Jaensch verfasste den Schädelkatalog von 1920/23 unter dem Ordinariat von Ernst Göppert und war 1920 Assistent am Anatomischen Institut Marburg, vgl. Philipps-Universität, 1916–24 P. Dassau war ab dem 01.08.1923 Assistent am Anatomischen Institut Marburg, vgl. Philipps-Universität, 1916–24, S. 32, Adolf Dabelow war im Jahr 1934 ebenfalls Assistent am Anatomischen Institut Marburg, bevor er in den beiden darauffolgenden Jahren nichtplanmäßiger, außerordentlicher Professor für Anatomie in Marburg wurde, vgl. Universität Leipzig, https://www.uni-leipzig.de/unigeschichte/professorenkatalog/leipzig/Dabelow_597.pdf, zuletzt geprüft am 16.03.2016.

Institut, welches zu dieser Zeit von ALFRED BENNINGHOFF geleitet wurde. Von 1922 bis 1926 sind kontinuierlich Einträge vorhanden, jedoch bricht die Reihe im Jahr 1927 ab. Die Jahre 1928 bis 1934 sind zusammengefasst, wobei hier nur ein Präparat (1. Thymus, Neugeborenes) mit Verweis auf den Medizinstudenten VON JACKMANN aufgeführt ist. Dieses Präparat wurde in Jores'scher Lösung konserviert. Nachfolgend sind nur für das Jahr 1934 und, wie erwähnt, für das Jahr 1942 jeweils zwei Präparate hinzugekommen.

Es scheint sich hier lediglich um eine unstrukturierte Auflistung ohne jegliche Sortierung zu handeln. Für die Neukatalogisierung und die Identifizierung von Präparaten konnte das Journal nur sehr eingeschränkt benutzt werden, da keinerlei Verweise auf bekannte und keine neuen Signaturen vorhanden waren.

4.5 Katalog der Schädelsammlung des anatomischen Instituts Marburg, 1920/23

Der Schädelkatalog von 1923, der 1920 von PAUL ADOLF JAENSCH verfasst und von ERNST GÖPPERT[363] 1923 in seiner Richtigkeit bestätigt wurde, ist der meist genutzte der alten Kataloge und ermöglichte die Identifizierung eines Großteils der Schädel aus der Marburger Schädelsammlung. Die Aufstellung beinhaltet nicht nur die für die Marburger Anatomie üblichen Signatursysteme, sondern auch Angaben zu Person, Sterbedatum und -ort. Es handelt sich dabei ebenfalls um ein gebundenes Journal, auf dessen Deckblatt JAENSCH und GÖPPERT als Autoren mit entsprechendem Erstellungs- und Korrekturdatum genannt werden. Im vorderen Buchdeckel ist das Inventar des Schädelzimmers aufgelistet: Es befanden sich dort insgesamt vier Schränke, drei Podeste aus Holz mit jeweils einer Glasglocke, die Silberdose mit BÜNGERS Herz, ein Bild eines asymmetrischen Schädels von Lucae[364] gezeichnet und drei Gipsfiguren in Lebensgröße von griechischen und römischen Göttern. Die Seiten sind fortlaufend numeriert, wobei die Seiten

363 Ernst Göppert (1866–1945), ab dem SS 1912 bis zum SS 1914 außerordentlicher Professor für Anatomie, erster Prosektor und Abteilungsvorsteher am anatomischen Institut Marburg. Nach fünfjährigem Lehrauftrag an der Johann-Wolfgang-Goethe-Universität Frankfurt wechselte er 1919 als ordentlicher Professor der Anatomie wieder an das anatomische Institut Marburg, dem er zugleich als Direktor bis zu seiner Emeritierung im Jahr 1934 vorstand. Vgl. Auerbach, 1979, S. 241.

364 Johann Christian Gustav Lucae (1814–1885), studierte u. a. in Marburg Medizin unter Christian Heinrich Bünger, promovierte 1839 in Würzburg. Die Dissertation behandelt u. a. den oben genannten Schädel samt Zeichnung, die beide noch heute in der Sammlung des Museum Anatomicum ausgestellt sind. Vgl. Lucae, 1839.

56 bis 63 fehlen. Die Schädel wurden nach bestimmten anatomischen, anthropologischen oder pathologischen Merkmalen in Gruppen zusammengefasst. Auf Seite 1 werden unter Punkt 1 die Schädel aufgelistet, die „unter Gasser gesammelt" wurden und die sich damals im Mittelschrank befanden. Alle Schädel tragen die Signatur im Format A.S. I x (= arabische Ziffer). Unter Punkt 2 und 3 werden jeweils männliche und weibliche Schädel „als Musterbeispiel der kaukasischen Rasse" aufgelistet, die „aus der Marburger Anatomie kommen und vor 1860 gesammelt" wurden. Punkt 4 beinhaltet zwei in sich geschlössene Sammlungen, die die Entwicklung des Schädels dokumentieren. Schädel mit epigenetischen Merkmalen wie Metopismus oder Schalt- und Nahtknochen werden jeweils unter den Punkten 5 und 6 aufgeführt. Schädel aus der „alten Sammlung vor 1860" schließen sich im nächsten Punkt an, und unter Punkt 8 sind die unter Claudius gesammelten und mit einer J.N.-Nummer versehenen Schädel aufgeführt. Als nächstes werden die Schädel aufgelistet, die sich im Schrank Nr. 51 befinden.[365] Unter Punkt A finden sich Schädel von hingerichteten Verbrechern, deren Personalien bekannt sind, wohingegen unter Punkt B diejenigen Personen aufgeführt sind, deren Identität von Claudius 1860 nicht mehr festgestellt werden konnte. Dem schließt sich eine Auflistung von „Rassenschädeln", unterteilt in verschiedene Ethnien, an. Auf den nachfolgenden Seiten finden sich Schädelabgüsse, die einerseits wiederum von verschiedenen Ethnien stammen, pathologische Veränderungen zeigen oder Nachbildungen von Totenmasken teils berühmter Persönlichkeiten sind. Danach folgen Schädel, deren Präparation der Verfasser dem Anatomen Nathanael Lieberkühn zuordnet, wobei er sich bei dieser Annahme nicht sicher ist.[366] Die folgenden zehn Seiten, die sich in der Mitte des Journals befinden sollten, sind nicht mehr vorhanden. Auf den letzten beiden Seiten sind Schädel aufgeführt, die in „neuester Zeit" gesammelt wurden. Das hier verwendete Signatursystem ähnelt dem Format Gassers, wobei statt der römischen Ziffer I die römische Ziffer II verwendet wurde. Die Schädel mit dieser Signatur A.S. II x (x= arabische Ziffer) wurden in der Zeit zwischen 1914 bis 1918 von Georg Wetzel gesammelt. Wetzel vertrat in der Zeit des Ersten Weltkrieges Emil Gasser, der sich als Oberstabsarzt im Felde befand, und leitete kommissarisch das anatomische Institut bis zu Gassers Rückkehr im Frühjahr 1918.

---

365 Die Nummerierung der Schränke kann heute nicht mehr nachvollzogen werden, da nur noch einzelne historische Schränke erhalten geblieben sind. Da die Angabe der Schranknummern für die Systematik der Sammlung anscheinend von Bedeutung war, wurde sie hier mit aufgeführt.

366 Basierend auf dem aktuellen Erkenntnisstand scheint diese Annahme eher unwahrscheinlich.

4.6 Katalog der makroskopisch-anatomischen Präparate in der Sammlung des Anatomischen Instituts der Universität Marburg, 1936

Zur Zeit des Direktorats des Anatomen HELLMUT BECHER[367] wurde ein weiteres Verzeichnis über makroskopisch-anatomische Präparate angelegt. Es befindet sich im gleichen Journal wie die Neuzugänge von 1922, allerdings in umgekehrter Reihenfolge, da es auf den letzten Seiten des Journals begonnen wurde. Auf der ersten Seite befinden sich der Name des Verzeichnisses mit Angaben zum Herstellungsdatum und eine Inhaltsgliederung. Das Verzeichnis wurde zwischen Juli und September 1936 angelegt. Der Autor ist nicht bekannt, jedoch wird es sich mit großer Wahrscheinlichkeit um einen zu dieser Zeit am Institut angestellten Assistenten gehandelt haben, da dies bei den anderen Katalogen ebenfalls der Fall war. Die Gliederung setzt sich aus fünf Kategorien zusammen, die zu einzelnen Teilgebieten der Anatomie gehören. **O** steht für **Osteologie** und beinhaltet Knochen, Bänder und Gelenkpräparate. Hier wurde der Hinweis auf einen Sonderkatalog gegeben, der nicht mehr auffindbar ist. Dann folgen Muskelpräparate unter der Kategorie **M** für **Myologie**. **Splanchnologische Präparate** des Verdauungs-, Respirations-, Exkretions- und Genitalsystems sowie Präparate von innersekretorischen Drüsen wurden in der Kategorie **S** zusammengefasst. Anschließend finden sich **angiologische Präparate** des Gefäßsystems und **neurologische Präparate**, wie Gehirn, Rückenmark, Nerven und Sinnesorgane unter den Kategorien **A** und **N**. Die Präparate der jeweiligen Kategorien wurden mit dem der Kategorie vergebenen Großbuchstaben und einer fortlaufenden, mit der Ziffer 1 beginnenden Nummerierung, versehen, die in jeder Kategorie von neuem beginnt. So ergibt sich für diesen Katalog abermals ein neues Signatursystem im Format Buchstabe (= anatomische Kategorie) + fortlaufende, arabische Ziffer (beginnend mit 1). An einigen Beispielen konnte gezeigt werden, dass es sich vorwiegend nicht um neue, in dieser Zeit hergestellte Präparate handelt, sondern dass schon vorhandene Präparate lediglich mit dieser neuen Signatur versehen wurden, da sie offensichtlich unter bestimmten Kriterien neu geordnet wurden. Diese These wird durch die Tatsache unterstützt, dass die neu geordneten Präparate gemäß in jeweilige Sammlungsschränke einsortiert wurden. Insgesamt umfasst dieser Katalog ca. 1.300 Präparate auf 46 Seiten. Es fehlen gänzlich An-

367 Hellmut Becher (1896–1976), o. Professor der Anatomie in Marburg und Direktor des anatomischen Instituts von 1936 bis 1941, folgte 1941 dem Ruf an die Universität Münster, an der er bis zu seiner Emeritierung im Jahr 1964 unterrichtete. Vgl. Auerbach, 1979, S. 189.

gaben zu Hersteller, Präparationstechnik und Herkunft, so dass dieser Katalog zur Provenienzforschung nicht genutzt werden konnte.

4.7 Katalog der „Rassenschädelsammlung" des anatomischen Instituts Marburg, 1938

Bei dem Katalog der „Rassenschädelsammlung" des Instituts Marburg handelt es sich lediglich um eine aus sieben Blättern bestehende, mit Schreibmaschine geschriebene Blattsammlung. Unter der Überschrift auf dem Deckblatt findet sich der Hinweis, dass E. Jacobshagen[368] die Sammlung nach einer Schädelmessung neu zusammengestellt hat. Insgesamt wurden 60 Schädel, die in sieben ethnische Hauptgruppen aufgeteilt waren, von Jacobshagen unter rassenideologischen Gesichtspunkten neu vermessen und geordnet. Dazu wählte Jacobshagen drei metrische Indices, die er für jeden Schädel maß und bestimmte.[369]

Auch hier wurde ein neues Signatursystem im Format Ra.S. (= Rassen (Schädel) Sammlung) Nr. x (= arabische Ziffer) eingeführt. Es zeigt sich jedoch, dass der überwiegende Teil der Schädel eine A.S.- oder J.N.-Nummer aufweist. Dies belegt, dass diese Schädel bereits Mitte des 19. Jahrhunderts in die Marburger Sammlung kamen.

Aus wissenschaftlicher Sicht hat die „Rasseneinteilung" Jacobshagens keine Bedeutung mehr, jedoch konnte der Katalog aufgrund der guten Dokumentation mit Verweisen auf die beiden in der Marburger Sammlung verwendeten Hauptsignatursysteme A.S. und J.N. und den teils ausführlichen Beschreibungen zur Identifizierung von bis dahin unbekannten Schädeln genutzt werden.

4.8 Katalog der normalen und pathologischen Embryonalentwicklung, inklusive „Missbildungen", 1946

Ebenso wie die Kataloge der makroskopisch-anatomischen Präparate von 1936 und der Neuzugänge von 1922 wurde auch der Katalog der Präparate normaler und pathologischer Embryonalentwicklung und der „Missbildungen" am Ende

---

368 Eduard Karl Konrad Jacobshagen (1886–1968), ab April 1926 persönlicher, ord. Professor am anatomischen Institut Marburg, wurde 1945 entlassen, jedoch 1949 wieder eingestellt, 1957 erfolgte die endgültige Emeritierung, Forschungsinteressen u. a. auf dem Gebiet der Anthropologie, las erstmals auch Vorlesungen auf diesem Gebiet, daher begründet sich auch das Interesse für die Rassenschädelsammlung, vgl. Peppas, 2001, S. 37 ff.

369 Jacobshagen bestimmte den Längen-Breiten-Index (Verhältnis von Schädelbreite zu Schädellänge), den Gesichtsindex (Verhältnis von Gesichtshöhe zu Gesichtsbreite) und den Nasenindex (Verhältnis von Nasenöffnungsbreite und Nasenhöhe).

eines Kataloges in umgekehrter Reihenfolge angelegt.[370] Laut Katalog befanden sich in Schrank Nr. 80 Präparate zu verschiedenen Plazentatypen, menschliche Keimblasen, Embryonalhüllen von Vögeln und Präparate zur Entwicklung des Primitivstreifens bei Säugetieren. In Schrank Nr. 82 befinden sich menschliche und tierische Fehlbildungspräparate des Gesichts, des Kiefers und des Urogenitalsystems sowie Präparate zur normalen Gesichts-, Lungen-, Darm-, Kehlkopf- und Genitalbildung menschlicher Feten. Danach folgen Präparate zur Entwicklung des Integuments und des Zentralnervensystems. In Schrank Nr. 83 befinden sich ausschließlich „Missbildungen". Zuerst werden Doppelbildungen von Menschen, anderen Säugetieren und Vögeln aufgelistet, diesen schließen sich „Hirnmissbildungspräparate" dieser Tiergruppen an. Am Ende werden „Gliedmaßenmissbildungen" von Menschen und Tieren und letztendlich geschlossene, menschliche Keimblasen aufgeführt. Der Katalog endet auf Seite 12. Es gibt, im Gegensatz zu anderen Katalogen, keine neuen Signaturnummern, allerdings auch keinen Verweis auf andere Signatursysteme. Die Präparate sind in ihren Kategorien jeweils durchnummeriert, wobei die Nummerierung nicht zwingend mit der Ziffer 1 beginnt und auch nicht kontinuierlich fortläuft. Der Grund dafür ist unklar. Insgesamt werden in diesem Katalog ca. 305 Präparate aufgeführt. Die Erstellung dieses Kataloges fällt in die Zeit des Direktorats von Alfred Benninghoff[371]. Der Autor des Kataloges wird nicht genannt, wobei für die Ausführung auch hier mit großer Wahrscheinlichkeit ein Assistent des anatomischen Instituts verantwortlich gewesen sein dürfte.

4.9 Katalog über die Neuaufstellung der Schädelsammlung, 1956

Auch wenn es sich bei diesem Katalog dem Namen nach um eine Neuaufstellung der Schädelsammlung handelt, so bleibt er in den Erwartungen relevanter Informationen bezüglich der Provenienzen der Objekte der Schädelsammlung im Vergleich zum Vorgänger von Jaensch aus dem Jahr 1920 zurück. Die vorhandenen

370 Diesmal auf den Rückseiten des Kataloges der vergleichend-anatomischen Sammlung, 1912, von Otto Veit.

371 Alfred Benninghoff (1890–1953), Studium der Medizin in Heidelberg und München, im SS 1914 Praktikant am anatomischen Institut Marburg, im April 1919 Promotion zum Dr. med. an der Universität Heidelberg, danach Assistent am anat. Inst. der Universität Frankfurt, ab September 1919 2. Prosektor am anat. Inst. Marburg, ab 1921 Privatdozent und weiterhin 2. Prosektor in Marburg, nach Zwischenstation in Kiel, dann im Jahr 1941 o. Prof. und Direktor des anat. Inst. Marburg, Vgl. Auerbach, 1979, S. 195.

Schädel der Sammlung wurden lediglich mit einer neuen Nummer, beginnend mit der Ziffer 1, fortlaufend durchnummeriert. Die jeweilige Nummer befindet sich ausschließlich auf dem linken Schläfenbein der Schädel. Über den Handschriftenvergleich aus Katalog und Nummer auf dem Schädel konnte sie eindeutig als identisch und mit Abgleich eines handschriftlichen Zettels, der sich im Katalog befand, als Schrift des Institutsgehilfen Joh. Funk[372] identifiziert werden. Die Schädel sind in einer zweispaltigen Tabelle aufgeführt, wobei alte Signaturen in der zweiten Spalte angegeben sind, soweit diese bekannt waren. Die erste Tabelle umfasst 206 Schädel von Erwachsenen. Eine zweite Tabelle beinhaltet 65 Schädel von Kindern und Neugeborenen.

Obwohl dieser Katalog keine schriftlichen Erläuterungen zu Personendaten o. ä. enthält, war er für die Identifizierung von großem Wert. Der Grund dafür liegt zum einen darin, dass die von Funk an so prominenter Stelle wie dem Schläfenbein platzierten Nummern noch gut lesbar sind, was für die älteren Signaturen wie A.S und J.N. leider nicht immer zutrifft. Durch den Vergleich dieser Nummern konnten einigen Schädeln A.S. oder J.N.-Nummern zugeordnet werden, die auf dem Schädel nicht mehr eindeutig zu erkennen waren. Der Katalog wurde 1957 und 1958 erneut kontrolliert, wobei bei der Prüfung 1957 auch der Verbleib der Schädel dokumentiert wurde. Ein Kreuz hinter der Nummer bedeutet, dass sich der Schädel im Präpariersaal befindet. Ein mit einem Haken gekennzeichneter Schädel befindet sich in der Schädelsammlung. Insgesamt befanden sich damals 14 Schädel im Präpariersaal, darunter auch der Schädel des bekannten Mörders Johann Heinrich Seidenfaden[373]. Bei einer Sichtung eventueller Bestände im Präpariersaal des Anatomischen Instituts konnten fünf Schädel anhand der noch lesbaren alten Signaturen eindeutig als „historische" und somit aus der anatomischen Sammlung identifiziert und wieder in diese integriert werden. Die Identifizierung der Schädel im Präpariersaal, die dort zu Lehrzwecken verwendet werden, war nicht einfach, da die alten Nummern entweder bis zur Unkenntlichkeit abgegriffen sind, teils mit neuen Nummern mit einem Permanentstift regelrecht „bemalt" wurden, oder die Schädel mit Knetmasse präpariert wurden,

---

372 Joh. (Johann oder Johannes) Funk, laut den Chroniken der Universität Marburg im Herbst 1925 als Institutsgehilfe angestellt. Funk findet nochmals Erwähnungen in den Chroniken des Jahres 1928, wo er als Fahrer des neu in der Anatomie angeschafften „Leichentransportmobils" erwähnt wird. Bei der Erstellung des Kataloges über die Neuaufstellung der Schädelsammlung gehört er schon über dreißig Jahre zum Personal des Instituts. Vgl. Philipps-Universität, 1928, S. 18 und Philipps-Universität, 1928, S 32.

373 Zur Geschichte des Mörders Johann Heinrich Seidenfaden vgl. Lindner, 2002.

sodass die knöcherne Oberfläche nicht mehr sichtbar ist. Da diese Schädel dem anatomischen Unterricht dienen, wurde von einer Entfernung der Knetmasse vorerst abgesehen. Vermutlich finden sich unter diesen modellierten Schäden noch einige Exemplare, die zur anatomischen Sammlung gehören.

4.10 Verzeichnis über Sammlungspräparate, Schrank Sinnesorgane, Augen und Ohren, März 1962

Bei diesem Verzeichnis handelt es sich wiederum um eine aus vier Blättern bestehende, mit Schreibmaschine geschriebene Blattsammlung. Es sind insgesamt 57 Augenpräparate mit der Signatur **Si A** + Ziffer und 88 Ohrpräparate mit der Signatur **Si O** + Ziffer aufgeführt. Die Erstellung fällt in das Direktorat von Klaus Niessing[374], der Autor kann aber auch in diesem Fall nicht bestimmt werden, da es sich nicht um ein handschriftliches Dokument handelt. Für die Provenienzforschung der Präparate ist dieses Verzeichnis nicht geeignet, da es lediglich die neu eingeführte Signatur und keine näheren Beschreibungen zu Herkunft o. ä. enthält.

4.11 Verzeichnis von Schnittserien aus dem anatomischen Institut der Universität Marburg und Verzeichnis der Gasser-Strahl´schen Sammlung menschlicher Embryonen aus dem anatomischen Institut der Universität Marburg

In der Marburger anatomischen Sammlung befinden sich heute noch zwei historische Sammlungsschränke aus Holz, die die Objektträger der histologischen Schnittserien von menschlichen und tierischen Embryonen beherbergen.[375] Das erste Dokument der dazugehörigen Aufzeichnungen *Verzeichnis der Gasser-Strahl'schen Sammlung menschlicher Embryonen* wurde maschinell erstellt, sodass ein Handschriftenvergleich zur Bestimmung des Autors in diesem Fall zwecklos ist. Die einzelnen Schnittserien sind tabellarisch aufgeführt. Die Tabelle umfasst in sechs Spalten die Kategorien Größe, Alter, Herkunft (= des Ausgangsmaterials), Plattenanzahl, Datum der Serie und Bemerkungen. So entsteht eine geordnete

---

374 Klaus Niessing (1904–1962), Studium der Medizin und Promotion zum Dr. med. in Marburg von 1926–1932, ab 1933 planmäßiger Assistent ebenda, Habilitation 1936 an der Universität Kiel, ab 1953–1962 Direktor des anatomischen Instituts Marburg, vgl. Auerbach, 1979, S. 330.

375 Vgl. dazu in dieser Arbeit: Die Gasser-Strahlsche Sammlung von tierischen und menschlichen Embryonen, S. 109.

Übersicht, die es ermöglicht, die einzelnen Objektträger in den Schränken wiederzufinden, da auch dort die Bezeichnungen für die Serie mit Datum und Herstellername auf den jeweiligen Schubladen angegeben sind. Auf insgesamt 16 Seiten sind, in jeweils 9 bis 12 Zeilen pro Seite, die einzelnen Schnittserien mit einer Plattenanzahl von 1 bis zu 823 Schnitten pro Serie aufgeführt. Geschätzt dürfte es sich alleine bei der Gasser-Strahl'schen Sammlung von menschlichen Embryonen um ca. 10.000 Objektträger handeln, die innerhalb von etwa 30 Jahren (1880-ca. 1912) am Institut angefertigt wurden.[376] Auf zwei weiteren Seiten finden sich zudem ca. 361 Objektträger histologischer Schnittserien von Hodenpräparaten Neugeborener, Kinder und Erwachsener.

Eine weitere maschinell geschriebene Zettelsammlung listet die histologischen *Schnittserien der vergleichend-anatomischen Sammlung* in ähnlich tabellarischer Form auf. Hierbei handelt es sich überwiegend um Präparate von Reptilien und Amphibien. Insgesamt umfasst dieses Verzeichnis weitere ca. 4.600 Objektträger mit histologischem Schnittmaterial aus dem Bereich der Entwicklungsgeschichte.

4.12 Entschlüsselung der Signatursysteme – personenbezogene und zeitliche Einteilung der Katalognummern

In den vorangegangenen Absätzen wurde jeder Katalog, der Informationen zu Sammlungspräparaten der anatomischen Sammlung enthält, kurz beschrieben. Ein Großteil der Dokumente weist ein Datum auf. Dieses ist jedoch lediglich der Zeitpunkt, an dem das Dokument angelegt wurde und nicht gleichbedeutend mit der Entstehung der Präparate selbst. Oft tragen Präparate mehr als eine Signaturnummer, was dafürspricht, dass 1) die Objekte bei Vergabe weiterer Signaturnummern schon vorhanden waren und 2) unter anderen Gesichtspunkten neu zusammengestellt und sortiert wurden, wobei die neue Signaturnummer vom Bearbeiter vergeben wurde. Um einen Aufschluss über die zeitliche Einordnung der Präparate zu erhalten, musste zuerst die chronologische Reihenfolge der Signaturen bestimmt werden. Aus diesem Grund wurde mit dem ältesten Katalog begonnen.

BÜNGER hat in seinen drei Katalogen keine eindeutig ihm zugeordnete Signatur benutzt. In den von ihm vergebenen Kategorien mit Groß- und Kleinbuchstaben beginnt die Nummerierung jeweils wieder mit der Ziffer 1, wobei auf den Präparaten nur die Ziffer, nicht aber die Buchstaben angegeben sind. Durch die sich

376 Über die tatsächliche Anzahl der noch vorhandenen Objektträger kann zu diesem Zeitpunkt noch keine Aussage getroffen werden, da die histologische Schnittseriensammlung noch nicht katalogisiert wurde.

stets wiederholenden Ziffern ist eine eindeutige Zuordnung der Präparate nur durch den Abgleich der Beschreibung im Katalog möglich. Von BÜNGERS Nachfolger FICK ist kein Katalog erhalten, doch es ist anzunehmen, dass die Signatur A.S. + Ziffer von ihm stammt. Ein Abgleich von Beschreibungen mit Jahresangaben lässt jedoch den Schluss zu, dass die A.S.-Signatur von seinem Nachfolger CLAUDIUS eingeführt wurde und nicht wie gedacht „Anatomische Sammlung", sondern „Alte Sammlung" bedeutet. CLAUDIUS katalogisierte bei seinem Amtsantritt 1857 die Sammlung neu. Den bereits vorhandenen Präparaten gab er die Signatur A.S. + Ziffer und führte für die von ihm angeschafften oder hergestellten Präparate die Signatur J.N. + Ziffer ein. Die Annahme der chronologischen Vergabe der J.N.-Nummern wird durch den Abgleich von Datumsangaben, die sich teilweise in den Katalogen finden, bestätigt.[377] Auch die Ausgusspräparate des Innenohres signierte CLAUDIUS mit seiner J.N.-Nummerierung.[378]

CLAUDIUS' Nachfolger LIEBERKÜHN übernahm zumindest für makroskopische Präparate die J.N.-Nummerierung von CLAUDIUS mit einem zusätzlichen Kleinbuchstaben, um neue Präparate in eine vorhandene, wohl von CLAUDIUS eingeführte Systematik einzuordnen.[379] Da LIEBERKÜHNS Hauptinteresse in ent-

---

377 Bei J.N. 2 handelt es sich um den Schädel eines Patienten aus Haina. Der Verstorbene wurde im Sommer 1859 in die Anatomie nach Marburg gebracht. Dies ist der älteste Eintrag, der sich eindeutig (mit Datumsangabe) für Claudius im Schädelkatalog von 1920/23 nachweisen lässt. Dort wird immer wieder Bezug auf den Schädelkatalog von Claudius, den er 1860 erstellt hatte, genommen. Dieser Katalog ist heute nicht mehr auffindbar, muss jedoch bei Erstellung des Schädelkataloges von 1920/23 noch vorhanden gewesen sein, sonst wären die teils zitierten Beschreibungen aus dem Claudius-Katalog von 1860 nicht möglich gewesen. Die chronologische Nummerierung der J.N.-Nummer setzt sich bis zum Ende seiner Amtszeit fort.

378 Die Ausgusspräparate von Claudius sind derzeit nur als Konvolut erfasst, weshalb eine genaue Zuordnung einzelner Nummer nicht möglich ist.

379 Der Schädel mit der Nummer J.N. 952 musste, legt man die angesprochene Chronologie von Claudius Nummerierung zugrunde, um 1863/64 in die Marburger Sammlung gekommen sein. Es handelt sich dabei um den Schädel eines offenbar microcephalen Individuums mit einer Schädelkapazität von nur 925 ccm, deren Herkunft bis jetzt unbekannt ist. Der Schädel des nachweisbar microcephalen A. Heil wurde 1885 von Lieberkühn in die Sammlung aufgenommen und mit der J.N. Nummer 952a versehen. Lieberkühn ordnete demnach den neuen Schädel systematisch unmittelbar hinter den bereits vorhandenen Microcephalen-Schädel zu, vgl. dazu in dieser Arbeit: Der Fall Augustin Heil, ein weiteres Beispiel: J.N. 1088: Schädel des taubstummen H. Ludolph, dessen erster Halswirbel mit dem Hinterhauptsbein assimiliert ist, ein weitere Schädel mit der Nummer J.N. 1088a weist die gleiche Pathologie auf (Atlas mit Hinterhauptsbein verwachsen). Da es auch Präparate mit

wicklungsbiologischen Fragestellungen lag, wurden unter seinem Direktorat nur wenige makroskopische Präparate hergestellt.

Gasser benutzte für Schädel die Form der A.S.-Nummerierung, jedoch erweitert um die römischen Ziffer 1 (A.S. I + Ziffer).[380] Für andere osteologische Präparate benutzte er eine fortlaufende Nummerierung, ebenfalls beginnend mit der Ziffer 1.

Neben diesen drei großen Signatursystemen, von denen nahezu jedes Präparat mindestens eine dieser Nummern aufweist, gibt es für spezielle Sammlungen eigene Signaturen. So haben beispielsweise die Schädel der Rassenschädelsammlung neben A.S.- und J.N.-Nummern eine zusätzliche Nummer (RaS + Ziffer), die von Jacobshagen bei seiner Neuaufstellung im Jahr 1938 vergeben wurden.[381] Gasser nummerierte menschliche Skelette mit einer vierstelligen Nummer, die mit 12xx beginnt.

Es erforderte Einarbeitungszeit und Erfahrung im Umgang mit der Sammlung, die Urheber der Signaturen anhand deren Schrift und der Formate zu erkennen und sie entsprechend zuzuordnen. Um diesem Problem zukünftig zu begegnen, wurde im Zuge der Neukatalogisierung jedem Präparat eine neue Signatur gegeben.[382]

A.S.-Nummer und zusätzlichem Buchstaben gibt, die ebenfalls systematisch zusammenpassen, liegt die Vermutung nahe, dass diese auch von Lieberkühn stammen, denn sein Nachfolger Gasser benutzte andere Signaturen.

380 Im Schädelkatalog von 1920/23 gibt es einen Abschnitt *Schädel unter Gasser gesammelt*, der diese Signatur aufweist. Sie taucht sonst nicht mehr auf. In der Zeit von 1914 bis 1918 vertrat Georg Wetzel den sich im Lazarettdienst befindlichen Gasser und nummerierte die von ihm hergestellten Schädel ähnlich dem Gasser´schen System. Wetzel ersetzte die römische Ziffer 1 durch eine römische 2 (A.S. II + Ziffer). Diese Schädel sind im Abschnitt *Schädel in neuester Zeit gesammelt* im Schädelkatalog von 1920/23 enthalten.

381 Vgl. dazu in dieser Arbeit: *Katalog der „Rassenschädelsammlung" des anatomischen Instituts Marburg, 1938*, S. 105.

382 Vgl. dazu in dieser Arbeit: Die Neu-Katalogisierung, S. 174.

5 Provenienzen

Provenienzforschung ist ein aktuelles Gebiet der Museologie. Die heutige Museumsforschung beschäftigt sich zunehmend mit der Herkunft der in Museen ausgestellten Objekte. Nicht erst seit dem Schwabinger Kunstfund im Jahr 2012 ist die Provenienzforschung in den Fokus öffentlichen Interesses getreten.[383] Im Zuge dieses Ereignisses wurde die Bedeutung der Klärung der Herkunft von kulturhistorischen und wissenschaftlichen Objekten im Zusammenhang mit Unrechtskontexten juristischer und ethischer Natur nochmals deutlich.[384] Deutschland verpflichtete sich bereits im Jahr 1998 in der *Washingtoner Erklärung* (*Washington Principles*)[385], die Aufklärung, Identifizierung und gegebenenfalls die Restitution von als Raubkunst geltenden Kunstwerken, die in der Zeit des Nationalsozialismus (1933–1945) widerrechtlich von überwiegend jüdischen Mitbürgern geraubt wurden, zu fördern. Die Konvention ist rechtlich nicht bindend und wurde von nur 44 an der Konferenz teilnehmenden Staaten ratifiziert. 2007 fand eine Anhörung mit Historikern, Juristen und Museumsvertretern im Kulturausschuss des Bundestages statt, da die bisher bereitgestellten finanziellen Mittel für den geforderten, erhöhten Arbeitsaufwand- und -einsatz zur Provenienzforschung nicht ausreichten. 2008 wurde die *Arbeitsstelle für Provenienzforschung*[386] am *Institut für Museumsforschung der Staatlichen Museen zu Berlin – Stiftung preußischer Kulturbesitz* eingerichtet, deren Aufgabe es ist, Kulturgut-bewahrende Einrichtungen insbesondere finanziell zu unterstützen. Der dafür zur Verfügung stehende Etat beläuft sich auf derzeit zwei Millionen Euro. Anfang 2015 ging diese Einrichtung

---

383 Schwabinger Kunstfund: in der Münchner Wohnung des Kunsthändlers Cornelius Gurlitt wurden die aus der Kunstsammlung seines Vaters Hildebrandt Gurlitt stammenden Werke, die dieser im Zuge der Beschlagnahmung sogenannter „entartete Kunst" (NS-Raubkunst, verfolgungsbedingt entzogene Kulturgüter) durch die Nationalsozialisten im Dritten Reich verkaufte bzw. erwarb. Und die somit aus einem unrechtlichen Kontext stammten, vgl. Focus Online, http://www.focus.de/kultur/kunst/nazi-raubkunst-meisterwerke-zwischen-muell-fahnder-entdecken-kunstschatz-in-milliardenhoehe_aid_1147066.html, zuletzt geprüft am 27.11.2015.

384 Hierbei wir die Diskrepanz juristischer Korrektheit und ethischer Verantwortung deutlich.

385 Washington Principles , vgl. http://www.state.gov/p/eur/rt/hlcst/122038.htm, zuletzt geprüft am 30.11.2015.

386 Arbeitsstelle für Provenienzforschung, vgl. Kulturstiftung, http://www.kulturstiftung.de/provenienzforschung-2/, zuletzt geprüft am 30.11.2015.

in die Magdeburger *Koordinierungsstelle für Kulturgutverluste* über. Bereits im Jahr 2001 wurde die Datenbank **LostArt**[387], die kunsthistorische Objekte, die unter dem Verdacht der Raubkunst stehen beinhaltet, initiiert. Die hier vorgestellten Initiativen beziehen sich bisher nur auf kunsthistorische Gegenstände. Initiativen zur finanziellen Unterstützung für Sammlungen, in deren Beständen sich Präparate menschlichen Ursprungs befinden, die eventuell aus Unrechtskontexten erworben oder hergestellt wurden, sind nicht bekannt. Laut Grundmann wurden zwischen 1940 und 1944 Leichen von Justizopfern als Präparierleichen in den Anatomiekursen in Marburg aufgelegt. Allerdings gibt es keine Hinweise darauf, dass aus diesen Leichen Präparate für die Anatomische Sammlung hergestellt wurden. Gleichwohl „wurden Anfang der 1990er Jahre alle Präparate, die im Verdacht standen, von Opfern des Nationalsozialismus zu stammen [...] auf Anweisung der Hessischen Landesregierung ausgesondert und auf dem Zentralfriedhof in Frankfurt am Main in einem Gemeinschaftsgrab bestattet."[388]

Trotz der gesetzlich geregelten Abgabe von Leichen aus Gefängnissen, von Hinrichtungen, aus Psychiatrischen Kliniken (Haina) oder aus Landkrankenhäusern und Universitätskliniken herrschte an deutschen Universitäten von Beginn des 16. Jahrhunderts an ein chronischer Leichenmangel, der teilweise die Fortführung des anatomischen Unterrichtes bedrohte.[389] Viele der potentiellen „Spender" fürchteten nichts mehr, als dass ihr Körper nach ihrem Tod zerstückelt würde und sie somit nicht „als Ganzes und voll funktionsfähig"[390] ins Jenseits eintreten könnten.[391] So waren auch die gesetzlichen Beschlüsse zur Ablieferung von Leichen, die im 19. Jahrhundert nahezu 5jährlich aufgrund der Beschwerden der Direktoren der anatomischen Anstalten bei den zuständigen Behörden und Ministerien erlassen wurden trotz Androhung von Strafen nahezu unwirksam. Es war möglich, sich gegen Bezahlung von 10 Reichstalern von der Ablieferung in die Anatomie freizukaufen.[392] Diejenigen im oberhessischen Einzugsgebiet, denen das Geld für diese Möglichkeit fehlte oder die aufgrund einer geistigen Behinderung entmündigt waren, eine solche Entscheidung persönlich zu treffen, kamen in die Anatomie der Universität Marburg. So fanden mehrere Hospitaliten der „Irrenanstalt" Haina (heute Vitos Klinik für forensische Psychiatrie Haina)

387 Vgl. Datenbank LostArt, http://www.lostart.de/Webs/DE/Datenbank/Kunstfund Muenchen.html, zuletzt geprüft am 30.11.2015.
388 Grundmann, 2012b, S. 96.
389 Vgl. Sahmland, 2008, S. 65.
390 Jeggle, 1986, S. 14.
391 Vgl. Kolling, S. 153.
392 Vgl. Hein, 1976, S 172.

ihren (un)freiwilligen Weg in die Marburger Anatomie. Anhand von Sektionsprotokollen, Patientenakten[393] und ärztlichen Gutachten lassen sich die Schicksale und Lebensgeschichten der Personen, namentlich die Provenienz der Präparate, rekonstruieren.[394] Aufgrund der in den Akten gestellten Diagnosen kann man davon ausgehen, dass die Patienten geistig nicht in der Lage waren, ihre Lebenssituation richtig einzuschätzen. Viele von ihnen wussten mit Sicherheit nicht, was sie nach ihrem Tod erwartete.[395]

5.1 Der *Lange Anton* – das Helmstedter Erbe des Museum Anatomicum

Riesen haben die Menschen seit jeher fasziniert. Schon im Alten Testament begegnet man dem Riesen Goliath, der durch die Steinschleuder des jungen König David getötet wurde.[396] In vielen bekannten Märchen[397] spielen Riesen ebenfalls eine oftmals antagonistische Rolle und werden mit negativen Eigenschaften und Attributen besetzt. Sie werden als böse, gewalttätig, verroht, gefährlich und dümmlich dargestellt und befinden sich entweder im Kampf gegen andere Riesen oder gegen den Menschen. Geschichten und Sagen über Riesen gehören zum Kulturgut nahezu jeder ethnischen Gruppierung, jedoch lassen sich nicht alle Erzählungen auf historisch belegbare Fälle von großwüchsigen Menschen zurückführen.[398] Sind schriftliche Quellen vorhanden, gilt es, diese kritisch zu untersuchen und auf ihre Authentizität zu überprüfen. Auch in der heutigen Literatur gibt es durchaus noch Begegnungen mit Riesen.[399] Riesenwuchs ist keine Laune der Natur, sondern die Folge einer pathologischen Überproduktion von Wachstumshormon.[400]

---

393 Herzlichen Dank an Horst Hecker (Archiv der Vitos-Kliniken Haina) für die Bereitstellung der Patientenakten.

394 Vgl. dazu in dieser Arbeit: Von „Affenmenschen“ und „Vogelgesichtern“ – Zwei microcephale Patienten aus Haina, S. 145.

395 Zur gesetzlichen Regelung zur Ablieferung von Leichen an die Universität Marburg vgl. Sahmland, 2008, S. 65–105.

396 Vgl. hierzu: u. a. 1. Buch Samuel (Altes Testament).

397 u. a. *Rübezahl* (aus dem Riesengebirge), *Das tapfere Schneiderlein*.

398 Als Titanen werden die Riesen in der griechischen Mythologie bezeichnet, vergleichbar sind die Thursen in der germanischen Mythologie.

399 vgl. hierzu: J. Swift (1726): *Gullivers Reisen*, J.R.R. Tolkin (1937): *Der Hobbit*, die *Harry-Potter*-Romane von J.K. Rowling.

400 Die zugrundeliegenden Mechanismen und die typischen Symptome des sogenannten Gigantismus bzw. der Akromegalie werden in Kapitel: Diagnose Akromegalie – die

Zunehmend beschäftigen sich Wissenschaftler unterschiedlicher Disziplinen mit der Aufklärung historischer Fälle von Riesen. Dabei kommen moderne wissenschaftliche Methoden zum Einsatz, um die Lebens- und Leidensgeschichten dieser Personen zu rekonstruieren.[401] So sollen der ägyptische Pharao ECHNATON (Amenophis IV, 14. Jh. v. Chr.), der römische Kaiser MAXIMINUS THRAX (172/173–238) und der Gründer der Ming-Dynastie in China, T´AI TSU (1368–1398) an Gigantismus und/oder Akromegalie gelitten haben.[402]

Eine Rekonstruktion der Lebens- und Krankengeschichte wurde auch im Fall des *Langen Anton* unternommen, dessen einzigartiges Ensemble aus Skelettpräparat und Gemälde sich in der anatomischen Sammlung des Museum Anatomicum der Philipps-Universität Marburg befindet.

5.1.1 Auf den Spuren eines Riesen – die Lebensgeschichte des *Langen Anton*

Laut STERLY[403] soll ANTON DE FRANCHEPOINCT (Franckenpoint) ein Haiduck[404] gewesen sein, der in den Diensten von Herzog HEINRICH JULIUS[405] von Braunschweig-Wolfenbüttel stand. Aus dem Fakultätsbuch der Universität Helmstedt geht hervor, dass "Herzog Heinrich Julius am 21. November 1596 aus Gröningen die Leiche des besonders groß gewachsenen Antonii de Franchepoinct nach Helmstedt geschickt habe, damit daraus ein Skelett gefertigt werden soll-

---

Krankheitsgeschichte des *Langen Anton* anhand der Befundung seines Skeletts in dieser Arbeit eingehend erläutert.

401 DNA-Analyse (vgl. hierzu den Fall von Charles Byrne, Chahal, 2011, Gesichtsrekonstruktion (vgl. hierzu den Fall von Thomas Hasler, Nerlich, 1997.

402 Vgl. Sheaves, 1999, Schaffert und Werder, 2001, Quabbe, 2007.

403 Sterly, 2007.

404 Haiducken: ursprüngl. ungar. Söldnertruppen (1605), später ging der Name auf die ungar. Gerichtsdiener und die Bediensteten der ungar. Großen über und wurde schließlich eine allg. Bezeichnung für die Lakaien auch an dt. Höfen, vgl. Brockhaus, 1954.

405 Herzog Heinrich Julius von Braunschweig Wolfenbüttel (1564–1613), war auch postulierter Bischoff zu Halberstadt und Stifter der Universität Helmstedt, hatte großes Interesse an Naturwissenschaften und förderte die Ausstattung und Lehre besonders der Medizinischen Fakultät der Universität Helmstedt, in dem er u.a. anatomische Instrumente und Unterrichtsmaterialien (Skelette) ankaufte. Professor Bokelius würdigte ihn in seiner Leichenrede als „Förderer der Wissenschaften". H.J. legte euch den Grundstock für die berühmte Wolfenbütteler Bibliothek, als Herrscher galt er als sparsam und strategisch, vgl. Lietzmann, 1993, Lippelt, 2003, Werner, 1976.

te.“[406] In den fürstlichen Kammerrechnungen für das Jahr 1596/97 findet sich unter den gemeinen Ausgaben zum 17. Dezember 1596 folgender Eintrag: „Johanni Sigfrid medico und Professorn zu helmstedt wegen des großen Antonii begrebnus 38 thaler 20 groschen“.[407] Somit ist belegt, dass Johannes Sigfrid[408], seit 1594 Anatomieprofessor an der Medizinischen Fakultät der Universität Helmstedt, die Präparation von Antons Leichnam durchführte und die Kosten für die Beisetzung der Überreste nachträglich erstattet bekam. Ein Eintrag im Kirchenbuch der Gemeinde St. Stephani in Helmstedt bestätigt das angesprochene Begräbnis. Darin heißt es: „Den 23. (Novembris 1596) ist einer begraben worden, Antonius genant, welcher bei hertzogk Heinrich unserm lieben herrn und landesfursten gewesen und zu Gruningen [Gröningen] naturliches todes gestorben, hieher aber zu Helmstet geschicket und anatomirt worden und hernache auff St. Stephans kirchoff begraben.“[409]. Antons Leiche wurde also am 21. November nach Helmstedt gebracht, um sie präparieren zu lassen. Die Präparation musste demnach im Laufe des 22. November vorgenommen worden sein, da Antons Überreste bereits am 23. November auf dem Friedhof der Gemeinde St. Stephani bestattet wurden. Am 17. Dezember erfolgte dann die Bezahlung des durch Professor Sigfrid vorgelegten Betrages für das Begräbnis durch Herzog Heinrich Julius. Antons Grab ist heute nicht mehr vorhanden. Die kirchennahen Gräber wurden im Zuge von Umbau und Abrissarbeiten am Kirchengebäude selbst abgeräumt bzw. beseitigt.[410]

Ein Mann von 244 cm bleibt nicht unentdeckt, und so ist es nicht verwunderlich, dass der damalige Herzog von Braunschweig-Wolfenbüttel auf Anton aufmerksam wurde und ihn in sein Gefolge aufnahm. Die Umstände, wie Anton in die Dienste von Heinrich Julius gelangte, sind jedoch unbekannt.

Anton (Antoni, Antonii, Antonij, Anthonie) de Franchepoinct (Franckenpoint, Franck, Francke) wurde vermutlich zwischen 1544 und 1561 in Pont (Ortsteil der Stadt Geldern/Niederrhein) an der heutigen niederländischen Grenze geboren. In einem Eintrag im Kirchenbuch der Nachbargemeinde Straelen von 1568 wird die Hochzeit eines Jacob Franck(e), Sohn von Peter Franck(e), mit

---

406 Vgl. Zimmermann, 1980, S. 416, Anm. 1.

407 Persönliche Korrespondenz, Dokument im Niedersächsischen Staatsarchiv, Wolfenbüttel, Signatur *17 III Alt Nr. 64 d.*

408 Vgl. Triebs, 1995.

409 Persönliche Korrespondenz, Dokument im Niedersächsischen Staatsarchiv, Wolfenbüttel, Signatur *1 Kb Nr. 582*, S. 109.

410 Information aus einem persönlichen Gespräch mit Frau Wiebke Kloth, Helmstedt, am 30. Januar 2015 anlässlich der Ausstellungseröffnung „Der Lange Anton“ im Kunstverein Marburg.

Senet Ingen Haeg erwähnt. Es könnte sich bei Jacob Franck(e) um den Bruder des *Langen Anton* gehandelt haben.[411] Obwohl diese Vermutung nicht zu belegen ist, beweist der Eintrag jedoch die Existenz einer Familie namens Franck(e), die im relevanten Zeitraum um 1560 in Pont bzw. Geldern ansässig war. Bei Antons Nachnamen **de Franckenpoint** handelt es sich um einen Gallizismus, der sich aus Antons Nachnamen **Franck(e)**, der französischen Präposition **de** (dt. = von) und Antons Herkunftsort **Pont** zusammensetzt. Vermutlich hat sich Anton diesen „Künstlernamen" zugelegt, um sich für sein Publikum interessanter zu machen.

Antons Geburtsjahr wird in keinem Dokument erwähnt, lässt sich aber aus verschiedenen Angaben ableiten, wobei die Informationen zu einem widersprüchlichen Ergebnis führen und so keine klare Datierung ermöglichen. Ein Kupferstich aus dem Jahr 1575 zeigt Anton 14jährig bei einem Aufenthalt in Nürnberg (Abb. 72). Aus der Bildüberschrift geht hervor, dass Anton aus Geldern stammt und sich 1575 in Nürnberg aufhielt. Wörtlich heißt es dort: „ANTHONI FRANCK AUS DEM Land zu Gellern geburtig seines Alters 14 Jahr seine Länge ist 3½ Eln, Kam in Nürnberg Anno 1575."[412] Dies entspricht einer Körpergröße von 229,78 cm.[413] Der Autor des Kupferstiches konnte nicht ermittelt werden. Das Bild zeigt einen Mann mit auffallend großen Augen, Händen und Nase. Er trägt eine für das ausgehende 16. Jahrhundert typische Bekleidung, bestehend aus einem Wams und einer Halskrause. In der rechten Hand hält er einen Kelch, in der Linken eine Art Schwert. Antons Aufenthalt in Nürnberg wird auch in den Nürnberger Chroniken erwähnt. Darin heißt es: „Den 17. Septem. [1575] ist ein gar Langer man mitt namens Antonius Franck den bischoff zu trier zustendig Auff ein wagn alhie von Nürnberg hinweg gefaren welcher etlich tag hie zur guldin stern zu herberich gelegen. Sein Lang war 3½ elln. Wie er dem mitt leng und gleichung in S. Bitterolts hoff conterfecht."[414] Anton logierte demnach im September 1575 einige Zeit im Gasthof *Stern*, um sich in Nürnberg gegen ein

---

411 Persönliche Korrespondenz zwischen Herrn Aumüller und Herrn Goswin Linder (Heimatgeschichtsforscher aus Pont), der besagten Eintrag der Hochzeit im Kirchenbuch der Stadt Straelen/Pont aus dem Jahr 1568 im Archiv der Stadt Straelen fand. Von Herrn Goswin stammt auch die Vermutung, dass es sich bei Jacob Franck(e) um den Bruder des „Langen Antons" handeln könnte. An dieser Stelle ein herzliches Dankeschön für die Bereitstellung der Informationen an sowohl Herrn Goswin als auch Herrn Aumüller.

412 Vgl. Holländer, 1921, S. 136.

413 Vgl. Bibliographisches Institut, 1906, S. 718.

414 Vgl. Württembergisches Landesmuseum, Nürnberger Chroniken 720–1620: Handschriften, Signatur G 13 453, S. 249.

Entgelt zur Schau zu stellen. Im Gasthof *Zum Bitterholz* war noch lange Zeit eine Wandmalerei von Anton und eines anderen „Riesen" zu sehen. Der Gasthof war dafür bekannt, dass sich dort „besondere" Personen ausstellten, ähnlich wie es heute in einschlägigen Künstlerkneipen der Fall ist.[415] Laut dem Beitrag in den Nürnberger Chroniken soll Anton zu dieser Zeit in den Diensten des Bischoffs von Trier gestanden haben.[416]

Ein weiterer Kupferstich aus dem Jahr 1583 zeigt Anton im Alter von 39 Jahren in Straßburg (Abb. 73). Die Überschrift des Bildes lautet: „Bildnuß Antonij Franckenpoint auß Gellern / wel-cher seiner ungewonlichen hie unden verzeichneter groeße und laenge halben ist gegenwertiger gstalt angezeiget".[417] Verleger dieser Arbeit ist der Straßburger Drucker Bernhard Jobin (1545–1593), dessen Schwager Johann Fischart (1546/47–1591) das unter dem Bild gedruckte Gedicht verfasst hat.[418] Der Künstler des Kupferstiches ist laut Andresen der Zeichner Hans Christoph Stimmer (1549–1578), ein mit beiden oben genannten Personen befreundeter Formschneider, dessen Bruder Tobias des Öfteren für Jobin arbeitete. Andresens Beschreibung lautet: „Riese aus Gellern [Geldern]. Brustbild, von vorn gesehen, mit geschlitztem Wams und Halskrause bekleidet".[419] Die Abbildung von Anton, die schon auf dem Straßburger Flugblatt verwendet wurde, ist in spiegelverkehrter Ausrichtung im Werk von Johann Georg Schenck zu Grafenberg enthalten. Es existiert eine lateinische Erstausgabe von 1609 und eine deutsche Ausgabe aus dem darauffolgenden Jahr. Die Abbildungen sind in beiden Werken identisch, jedoch unterscheiden sich die Bildunterschriften in den beiden Ausgaben. Abbildung 70 zeigt Antons Darstellung in der lateinischen Ausgabe mit dem dazugehörigen Text. Dieser lautet: „Antonius Franckenpoint Geldrus origine, annu ages nonu supra trigesimum, statura gigantaea visus est: cuius longitudo Lineam sedecies repetitam (eam quam imagini subiecimus) exaequabat. Familiariter autem cum alibi, tum circa Argentinam urbem, conuixit. Schenckius Filius".[420] In der deutschen Ausgabe von 1610 lautet die Bildüberschrift: „Contrafactur und Bildnus Antonii Franckenpoint auß Gellern/ welcher under die Riesen billich gezehlet werden kann/ auch seiner ungewöhnlichen grösse wegen

---

415 Persönliche Mitteilung von Herrn Aumüller, recherchiert im Nürnberger Häuserbuch.

416 Weitere schriftliche Belege zu diesem Sachverhalt konnten nicht gefunden werden.

417 Andresen, 1872.

418 Vgl. Weber, 1976, Nr. 63, S. 290, die Transkription der Inschrift findet sich im Anhang dieser Arbeit.

419 Andresen, 1872, Nr. 3, S. 211.

420 Schenck, 1609.

alhie abgebildet und vorgestellet worden ist." Weiter heißt es unter dem Bild: „Anton`us Franckenpoint auß Gellern bürtig/hat sich hin unnd wider in Teutschland und dem Elsäsischen Rhein[st]raum gehalten/ der ist seiner verwunderlichen grösse halben alhie abgebildet worden. Unnd hat er den hierbeigesetzten strich 13. Ma[h]l gehalten. Als volgt"[421]. (Abb. 71).

Mit dem im Text angegebenen Alter von 39 Jahren wird die bereits angesprochene Widersprüchlichkeit von Antons Geburtsjahr deutlich. Wenn Anton im Jahr 1575 14 Jahre alt gewesen ist, muss er 1561 geboren worden sein. War er allerdings der Straßburger Version folgend im Jahr 1583 39 Jahre alt, muss er im Jahr 1544 geboren worden sein. Da die Angaben zu seinem Todesjahr 1596 aus dem Fakultätsbuch der Universität Helmstedt als sicher gelten, war Anton zum Zeitpunkt seines Todes im Jahr 1596 entweder 35 oder 52 Jahre alt, wobei Ersteres unter Berücksichtigung von Antons diagnostizierter Erkrankung als wahrscheinlicher gilt. Patienten mit Gigantismus und/oder Akromegalie haben trotz umfassender, heute zur Verfügung stehender therapeutischer Maßnahmen eine verminderte Lebenserwartung. Dies dürfte sich im 16. Jahrhundert, als Therapiemaßnahmen noch lange nicht zur Verfügung standen, deutlich negativer ausgewirkt haben.

Die Straßburger Arbeit zeigt einen erwachsenen Mann mit auffällig wulstigen Lippen, ausgeprägter Kinn- und Wangenpartie und verhältnismäßig großen Händen. Die Bekleidung (Halskrause, Hose und Wams: hierbei besonders die Knöpfe) weisen große Ähnlichkeit mit dem Gemälde von Anton auf, das sich im Besitz des Museum Anatomicum befindet (Abb. 83, 84). Ein weiterer Beweis für Antons Aufenthalt im Jahr 1583 in Straßburg ist eine Anmerkung in den von Sebald Bühler verfassten Chroniken der Stadt Straßburg. Darin heißt es: „(Der Lange Mann) – mit dem langen mann Anthonie Franckenpoint, so 1583 im jenner hie sich sehen liess, und im Hirtzen zur herberg gelegen – „uff mittwoch, den 6ten tag hornung [Februar] do hab ich selbst mit ime alhie zu S. Johann im grienen werd zu nacht gessen und morgens widerum mit ime aldo zu morgen gessen."""[422] Sebald Bühler war wohl mit Anton persönlich bekannt und traf sich mit ihm mindestens zweimal zu einem gemeinsamen Essen. Auch in den Ratsbeschlüssen der Stadt Straßburg wird Antons Aufenthalt erwähnt, da das öffentliche sich-zur-Schau-Stellen eine Genehmigung des Stadtrates erforderte. Aus einem Dokument vom 11. Februar 1583, das sich im Archiv de Ville de Strasbourg befindet, geht hervor, dass Anton sich seiner guten Verbindungen zu hochrangigen Adligen rühmte und die Herren (gemeint ist hier wohl der Stadtrat) bat, seine Logiekosten im Straßburger Gasthof *Zum Hirschen* zu übernehmen. Der Gnadenpfennig, den

---

421 Schenck, 1610.
422 Bühler, 1887–1888.

er um den Hals trägt und der auf dem Bild des Straßburger Flugblattes nur ansatzweise anhand des Bandes um seinen Hals zu sehen ist, hat er nach eigenen Angaben vom Grafen von Hanau, Philipp Ludwig von Hanau-Münzenberg, erhalten.[423] Ein weiteres Dokument vom 13. Februar 1583 beinhaltet den positiven Beschluss des Stadtrates zur Übernahme der Übernachtungs- und Verpflegungskosten für Antons zweitägigen Aufenthalt in Straßburg.[424]

Antons Aktivitäten zwischen den Jahren 1575 und 1583 bis hin zu seinem Tod im Jahr 1596 bleiben unklar. Ebenso die Umstände, die ihn letztendlich in die Dienste von Heinrich Julius führten. Die in den folgenden Kapiteln dargelegten Beispiele von Lebensgeschichten anderer Großwüchsiger zeigen, dass das Herumreisen und sich-zur-Schau-Stellen oftmals die einzige Einnahmequelle zum Bestreiten des Lebensunterhaltes darstellte. Aufgrund der teils schwerwiegenden Begleiterscheinungen der Erkrankung wie Arthrose, Diabetes mellitus und Herz-Kreislauf-Erkrankungen waren die Patienten in ihrer Lebensweise oft so stark eingeschränkt, dass sie keiner geregelten Arbeit nachgehen konnten.

Abb. 70: Anton in der lateinischen Erstausgabe von Johann Georg Schencks „Monstrorum Historia Memorabilis" (Schenck, 1609)

Abb. 71: Anton in der deutschen Ausgabe von Schencks Werk aus dem Jahr 1610 (Schenck, 1610)

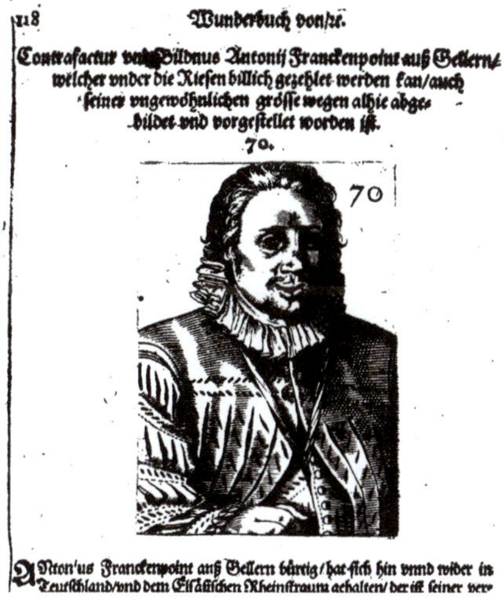

423 Vgl. Archives de Ville de Strasbourg 11.02.1583 – Protokolle der Herren Räth.
424 Vgl. Archives de Ville de Strasbourg 13.02.1583 – Protokolle der Herren Räth.

Abb. 72: Anton bei seinem Besuch im Jahr 1575 in Nürnberg (Holländer, 1921)

Abb. 73: Anton bei seinem Besuch in Straßburg im Jahr 1583 (Andresen, 1872), eine Transkription der Inschrift findet sich im Anhang

5.1.2 Diagnose Akromegalie – die Krankheitsgeschichte des *Langen Anton* anhand der Befundung seines Skeletts

Um die Diagnose Akromegalie und/oder Gigantismus in den Zusammenhang mit den diagnostischen Befunden am Skelett des *Langen Anton* stellen zu können, ist es notwendig, die Pathogenese des Krankheitsbildes sowie deren pathologische Mechanismen und Ursachen zu kennen. Nachfolgend werden zu diesem Zweck der historische Abriss zur Entdeckung und Entwicklung des Krankheitsbildes, die physiologischen Grundlagen der Wachstumshormon-Synthese sowie heutige Behandlungs- und Therapiemöglichkeiten dargestellt.

5.1.2.1 *Akromegalie und Gigantismus – von der Erforschung der Krankheit im 19. Jahrhundert bis zu heutigen Therapiemaßnahmen*

Das Krankheitsbild der Akromegalie ist mit dem Namen des französischen Neurologen Pierre Marie (1853–1940) verknüpft, der die Krankheit im Jahr 1886 erstmals in seinem Hauptwerk *Sur deux cas d´acromégalie*[425] beschrieb und ihr den bis heute gebräuchlichen Namen „Akromegalie" gab. Akromegalie ist ein aus den griechischen Wörtern ακροζ (*akros*) für „äußerst, die Extremitäten betreffend" und μεγαζ (*megas*) für „groß" zusammengesetztes Kunstwort und bedeutet „Vergrößerte Extremitäten/ Körperanhänge (Akren)". Bei der Durchsicht früher medizinischer Berichte fiel auf, dass die dort beschriebenen Fälle große Ähnlichkeit mit dem von Marie beschriebenen Krankheitsbild aufwiesen, allerdings unter anderem Namen veröffentlicht wurden.[426]

Die Ätiologie der Erkrankung war bis Ende des 19. Jahrhunderts ungeklärt. Zwar hatten mehrere Autoren in ihren Berichten auf eine Erweiterung der Sella turcica und/oder der Hypophyse hingewiesen, doch bis dato war nicht erwiesen, ob diese Vergrößerung eine Folge oder die Ursache der Krankheit war.[427] Verga beschrieb in seiner Arbeit von 1864 eine walnussgroße Erweiterung der Sella turcica an einer 59jährigen Patientin und Henrot[428] (1877) fand bei der Obduktion eines akromegalen Patienten einen 4,5 x 3 cm großen Hypophysentumor. Brigidi[429] führte im gleichen Jahr die Obduktion an dem damals bekannten italienischen Schauspieler Ghirlezoni durch und entdeckte eine hypertrophe

---

425 Marie beschrieb in seiner Arbeit die typischen Symptome wie Hypertrophie der Extremitäten und der Gesichtsweichteile, jedoch war ihm die Ursache für diese Veränderungen noch nicht bekannt. Er stellte jedoch schon die Differentialdiagnose zu den Krankheitsbildern des Myxödems und der Leontiasis ossea, vgl. Marie, 1886.

426 Bereits 300 Jahre vor Marie hatte der niederländische Chirurg Johannes Wier (Weyer; 1515–1588) die Krankheit beschrieben. In den folgenden Jahrhunderten waren es unter anderem Saucerotte (1772), Alibert (1822), Verga (1864) und Lombroso (1869), die weitere Fallbeschreibungen veröffentlichten. Insgesamt haben mehr als 20 Mediziner die heute als Akromegalie bezeichnete Krankheit vor der Veröffentlichung Maries im Jahr 1886 beschrieben. Die von Alibert als *Géant scrofuleux*, von Verga *Prosopo-ectasia* und von Lombroso als *Macrosomia* bezeichneten Fälle konnten nachträglich aufgrund ihrer präzisen symptomatischen Beschreibung eindeutig als Akromegalie klassifiziert werden.

427 Vgl. deHerder, 2009.

428 Vgl. Henrot, 1877.

429 Vgl. Brigidi, 1877.

Hypophyse. Jedoch zeigte erst Minkowski[430] im Jahr 1887 an post mortem Untersuchungen von Akromegaliepatienten, dass in allen Fällen eine Vergrößerung der Hypophyse zu finden war. Bereits fünf Jahre später konnte Massolongo[431] belegen, dass Akromegalie durch eine Überfunktion der Hypophyse verursacht wird, indem er granulierte Zellen in einem Hypophysentumor nachwies.[432] Somit postulierte er erstmals den kausalen Zusammenhang zwischen einer Hypertrophie der Hypophyse und dem Auftreten der Akromegalie. Diese Annahme wurde durch die Arbeit von Benda[433] (1900), der seinerseits eosinophile Ganulozyten in Hypophysentumoren akromegaler Patienten isoliert hatte, unterstützt. Langer[434], Fritsche und Klebs[435] folgten der Überzeugung, dass Akromegalie eine im Laufe des Lebens erworbene Erkrankung ist, die zu einem Zeitpunkt beginnt, an dem das Wachstum abgeschlossen ist. Auch Sternberg[436] führte in seiner Arbeit aus dem Jahr 1894 die auffallenden Gemeinsamkeiten von Gigantismus und Akromegalie auf, sodass der Schluss nahe lag, dass es sich um ein und dieselbe Krankheit handelte.[437]

In den letzten beiden Jahrzehnten des 19. Jahrhunderts und vor allem zu Beginn des 20. Jahrhunderts wurden zahlreiche Skelettstudien an Akromegaliepatienten durchgeführt und veröffentlicht. Dana[438] und Hutchinson[439] untersuchten den Fall der Französin Emma Aline Batallaird (*Lady Aama*) und wiesen in ihrer Arbeit ebenfalls auf die Gemeinsamkeiten zwischen Gigantismus und Akromegalie hin. Cunningham[440] untersuchte 1891 das Skelett des Riesen Cornelius Magrath, welches sich im Trinity College in Dublin befindet, und schloss sich der Meinung seiner beiden Kollegen Dana und Hutchinson an.

Ende des 19. Jahrhunderts setzte sich zunehmend die Erkenntnis durch, dass es sich bei Gigantismus und Akromegalie um die gleiche Erkrankung handelt,

---

430 Vgl. Minkowski, 1887.
431 Vgl. Massolongo, 1895.
432 Vgl. deHerder, 2009.
433 Vgl. Benda, 1900.
434 Vgl. Langer, 1872.
435 Vgl. Fritsche, 1884.
436 Vgl. Sternberg, 1872.
437 1897 trat er überraschenderweise von dieser Meinung zurück und stimmte der Arbeitsgruppe um Pierre Marie zu, die nicht von einer gemeinsamen Ursache beider Erkrankungen ausging, vgl. Sternberg, 1897.
438 Vgl. Dana, 1893.
439 Vgl. Hutchinson, 1895.
440 Vgl. Cunningham, 1891.

die sich aber zu unterschiedlichen Lebenszeiten manifestiert. Ein Großteil der Forscher war sich einig, dass eine Vergrößerung der Hypophyse aufgrund eines Tumors Ursache, nicht Folge der Erkrankung war.[441] HARVEY W. CUSHING[442], US-amerikanischer Neurologe und Mitbegründer der Neurochirurgie, beobachtete seinerseits, dass die Symptome in Patienten, die sich einer Hypophysektomie[443] unterzogen hatten, abklangen. Daraufhin formulierte er 1912 die These von der Existenz eines Wachstumshormons, welches in der Hypophyse gebildet wird. Diese Annahme war wiederum der Grundstein für die Hypothese, dass eine Hyperfunktion des vorderen Hypophysenlappens verantwortlich für eine Manifestation der Akromegalie sei.[444] Obwohl CUSHING 1912 bereits von der Sekretion eines Wachstumshormons in der Hypophyse ausging, konnte dieser Stoff erst 1944 von LI und EVANS isoliert werden.[445] Mehrere Experimente in den 40ern und 50er Jahren des vergangenen Jahrhunderts zeigten, dass die Wirkung des Wachstumshormons speziesspezifisch ist.[446] Nach dieser Erkenntnis wurde in den USA die *National Pituitary Agency* gegründet, die sich ausschließlich mit der Sammlung menschlicher Hypophysen von Verstorbenen und der Gewinnung von Wachstumshormon zur Behandlung von Kindern mit Wachstumsstörungen

---

441 Vgl. deHerder, 2009.

442 Harvey William Cushing (1869–1939), Neurologe und Chirurg, forschte vor allem auf dem Gebiet der heutigen Neuroonkologie, im Zuge dessen beschäftigte sich Cushing auch mit Hypophysentumoren und der Akromegalie, vgl. die erschienenen Biographien zu Cushing von Fulton (1946), Bliss (2005) und seine zahlreichen, wissenschaftlichen Beiträge, u. a. *The pituitary body and ist disorders* (1910), *Studies in Acromegaly* , vgl. Fulton J F, 1946 und Bliss, 2005.

443 Therapeutischer Eingriff an der Hypophyse (Hirnanhangsdrüse), um deren hormonelle Aktivität auszuschalten. Neurochirurgisch, strahlen- oder chemotherapeutisch, aus Pschyrembel, 2013, S. 964.

444 Gleichzeitig wurden zahlreiche Experimente an Tieren durchgeführt. Evans und Long wiesen Anfang der 1920er Jahre einen künstlich erzeugten Riesenwuchs an Ratten nach, denen sie Auszüge von Rinderhypophysen injiziert hatten. Nachdem sie Experimente an Hunden durchgeführt hatten, formulierten die beiden britischen Forscher Starling und Bayliss die These, dass es ein Hormonsystem geben muss, das an einem Ort Substanzen produziert, die wiederum an einem anderen Ort die Produktion von Substanzen auslösen, ohne dabei durch Nervenreize stimuliert zu werden. Starling war der Erste, der den Namen Hormon für das in seinem Experiment an Hunden gefundene Sekret vorschlug, vgl. Bayliss, 1902, S. 353, Long, 1922,

445 Vgl. Li, 1944.

446 Das bedeutet, dass Wachstumshormon von höheren Wirbeltieren (respektive Primaten) sowohl bei niederen Säugetieren als auch Fischen und Amphibien wirkt, jedoch nicht umgekehrt.

befasste. Anfang der 1970er Jahre wurde die chemische Struktur des menschlichen Wachstumshormons von verschiedenen Arbeitsgruppen entschlüsselt und beschrieben.[447] Fortan konnten Wachstumshormone synthetisch hergestellt werden.

Physiologische Grundlagen der Wachstumshormon-Synthese

Das menschliche Wachstumshormon (*somatotropes Hormon, Somatotropin, GH*) ist ein Polypeptid aus 91 Aminosäuren, das natürlicherweise in der Adenohypophyse (Hypophysenvorderlappen) gebildet wird. Die Sekretion des Wachstumshormons im Menschen verläuft pulsartig und überwiegend im Schlafzustand, wobei physiologische Faktoren wie Alter, Geschlecht, Stress, Trainings- und Ernährungszustand Einfluss auf den Sekretionsvorgang haben. Die Sekretionskontrolle obliegt dem Hypothalamus. Dieser bildet seinerseits zwei Peptide (*Wachstumshormon-Releasing Hormon = GHRH = growth hormone releasing hormone* und *Somatostatin = SIH = somatotropin-inhibitory hormone*), die ihrerseits teilweise gegensätzliche Wirkungen auf die Synthese und Freisetzung von Wachstumshormon haben.[448] Die Kontrolle über Produktion und Abgabe der beiden Hypothalamus-Hormone unterliegt wiederum anderen humoralen und neuronalen Mechanismen. Somatotropin (Synonym: Somatropin) löst seinerseits die Produktion von IGF-1 (= *insuline-like growth factor*) in der Leber aus. Erst durch die vermittelnde Wirkung von IGF-1 ist es möglich, dass sich Somatotropin auf das Knochen- und Gewebewachstum auswirkt. Somatotropin hat seinerseits wiederum eine hemmende Wirkung auf die Hypophyse und den Hypothalamus[449]. IGF-1 hemmt ebenfalls die Ausschüttung von Somatotropin und stimuliert den Hypothalamus zur Ausschüttung von Somatostatin, welches den inhibitorischen Effekt auf die Somatotropin-Ausschüttung verstärkt.

Bei Akromegalie-Patienten sind diese Rückkopplungsmechanismen gestört und es kommt zur permanenten Ausschüttung von Somatotropin. Ungeachtet dessen führt eine permanente Überproduktion von Somatotropin und IGF-1

---

447 Vgl. Freie Universität Berlin, http://www.diss.fu-berlin.de/diss/servlets/MCRFileNodeServlet/FUDISS_derivate_000000000559/02_kap2.pdf?hosts, zuletzt geprüft am 03.12.2014 S. 4 (ohne vollständige Angaben zu Autor etc.).

448 GHRH wird in das hypophysäre Gefäßsystem eingebracht und stimuliert die Synthese und Freisetzung von Wachstumshormon, wohingegen SIH eine inhibitorische Wirkung auf die Freisetzung, jedoch nicht auf die Synthese von Wachstumshormon hat.

449 Prinzip der autokrinen Sekretion.

zu einer Vergrößerung von Weichgewebe, Knochen, inneren Organen und Störungen im Stoffwechsel.

Akromegalie heute

Die Inzidenz der Akromegalie wird laut der *Deutschen Gesellschaft für Endokrinologie* mit 3–4 Patienten/Millionen/Jahr angegeben, was in Deutschland 250–330 Neuerkrankungen pro Jahr entspricht.[450] In 97 % der Fälle von Akromegalie-Patienten ist ein Hypophysenadenom (gutartige Tumore des Hypophysenvorderlappens) Ursache der Überproduktion an Wachstumshormon.[451] Üblicherweise manifestiert sich die Krankheit zwischen dem 30. und 50. Lebensjahr mit vier bis zehn Jahren subklinischem Vorlauf. Akromegalie-Patienten haben ein doppelt so hohes Risiko, an Herzkreislaufschwäche, Schlaganfällen und malignen Tumoren zu versterben. Historische Fälle belegen, dass das Durchschnittsalter bei 50 Jahren liegt, wobei 80 % der Patienten innerhalb der nächsten zehn Jahre nach Erstdiagnose versterben. Klinische Symptome sind Müdigkeit, Kopfschmerzen, übermäßiges Schwitzen und Gelenkschmerzen. Bei Frauen kann es zum Ausbleiben der Regelblutung kommen, bei Männern ist Impotenz nicht selten. Für beide Geschlechter gilt ein Verlust der Libido als typisch. Diese Symptome sind in ihrem alleinigen Auftreten recht unspezifisch und noch kein Beweis für eine vorliegende Akromegalie. Treten sie allerdings in Zusammenhang mit den für Akromegalie typischen Erscheinungen wie der schleichenden Vergröberung der Gesichtszüge, vorgewölbter Stirn, Gebissanomalien durch Unterkieferfehlstellungen, Vergrößerung der Zunge und übermäßigem Wachstum der Akren auf, ist die Diagnose Akromegalie naheliegend. Die Veränderungen betreffen dabei nicht nur sichtbare äußere Strukturen, sondern auch die Vergrößerung der inneren Organe, Ausprägung einer tieferen Stimme, Bluthochdruck, kongestive Herzinsuffizienz, Schlafapnoe, Spinalstenose, Arthropathien und bei einer signifikanten Anzahl an Patienten eine Beeinträchtigung des Glukosestoffwechsels mit einhergehendem Diabetes mellitus. Werden derartige Anzeichen festgestellt, hilft ein oraler Glukosetoleranz-Test (*OGTT = oral glucose tolerance test*), mit dem abschließend der Somatotropin-Spiegel im Blut gemessen wird. Liegt der gemessene Wert an Somatotropin über 1 mg/ml, sollten mittels bildgebender Verfahren (hier MRT = *Magnetresonanztomographie*) die endocranialen Strukturen um die Sella turcica und die Hypophyse begutachtet werden. Erst danach ist eine gesicherte Diagnose möglich. Heutige Therapiemaßnahmen umfassen

450 Vgl. http://www.endokrinologie.net/akromegalie.php, zuletzt geprüft am 28.09.2015 und Quabbe, 2007.
451 Vgl. Jane Jr et al., 2001.

einen operativen Eingriff zur Entfernung des Tumors, eine Bestrahlung, um die Tumorzellen zu zerstören oder eine medikamentöse Therapie, die darauf abzielt, den Wachstumshormonspiegel zu stabilisieren.

5.1.2.2 Der Skelettbefund von Anton de Franckenpoint

Bei dem hier vorliegenden Präparat handelt es sich um ein unvollständiges Skelett. In Büngers Katalog von 1830 heißt es: „[e]in männliches, nicht ganz vollständiges Skelett von einem vor 200 Jahren in Braunschweig als Heyduk gelebten sogenannten großen Anton. [...] Neben diesem Skelett steht eine Krücke, welche dies Subject lebend gebraucht haben soll."[452] Da Bünger dieses Präparat bei seinem Amtsantritt aus Helmstedt mitbrachte, findet es bereits Erwähnung in seiner inhaltlichen Aufstellung zur Marburger Sammlung von 1811, in der es schon damals als nicht vollständig ausgewiesen wird.[453] Auch Uffenbach bemerkt in seinem Reisebericht aus dem Jahr 1753, dass im Hörsaal der Mediziner im Juleum der Universität Helmstedt ein schwarzer Holzkasten mit der Jahreszahl 1596 gestanden habe, in dem das Skelett eines riesenwüchsigen Mannes mit einer Krücke aufbewahrt wurde. Es heißt darin weiter: „Mitten auf dem obersten Pulte des Catheders [..] stehet dieses Antons Kopf von Stein, der Hals und die Schultern sind daran [..]."[454] Im heutigen Zustand fehlen dem Skelett teilweise die Armknochen mit den Händen, das Brustbein und beide Schlüsselbeine. Die Zwischenwirbelscheiben und Füße sind Nachbildungen aus Kork, der Schädel ist ein Gipsabguss, den Bünger bzw. sein Anatomiediener Heppe[455] selbst anfertigten. Die Schulterblätter, der linke Oberarm und die rechte Elle sind derzeit nicht montiert, liegen dem Skelett aber bei. Ein weiterer Gipsabguss des Schädels und der Originalschädel mit Unterkiefer sind ebenfalls vorhanden. Der Originalschädel wurde bei der Sektion durch einen Schnitt eröffnet, sodass die Kalotte abnehmbar ist. Außerdem weist der Schädel einen knöchernen Defekt im Stirnbereich auf.

In der mittleren Schädelgrube zeigt sich am Sphenoid eine pathologische Erweiterung der Sella turcica, in deren knöcherne Strukturen die Hypophyse eingebettet ist (Abb. 74). Die raumfordernde Gewebeneubildung (Tumor) der

---

452 Uniarchiv Marburg, 305a, Nr. 5661; Nr. 33.

453 vgl. Uniarchiv Marburg, 305a, Nr. 5634; Nr. 5.

454 Uffenbach, 1753, S. 185.

455 Im Schädelkatalog von 1920/23 findet sich ein Eintrag zu den Schädelabgüssen des Anton-Schädels; darin werden 9 Abgüsse, die zum Tauschen/Verschenken von Heppe hergestellt wurden, erwähnt.

Hypophyse bewirkt, dass Knochengewebe zugunsten des Tumors verdrängt wird und in einer Erweiterung der sonst kirschkerngroßen Fossa hypophysialis resultiert (Abb. 75, 76).[456] Des Weiteren zeigen sich am Skelett respektive an der Wirbelsäule und an den großen Gelenken (Schultergelenk, Kniegelenk, Hüftgelenk) degenerative Skelettveränderungen (Abb. 77, 78). Die Arthrose generiert sich aus dem Missverhältnis zwischen Belastbarkeit und Beanspruchung der einzelnen Gelenkteile (Form-Funktion-Störung) und äußert sich im fortgeschrittenen Stadium mit reaktiver Knochenneubildung (Osteophyten) an den Gelenkflächen. Diese Osteophyten sind makroskopisch als Spangen, Höcker, Randzacken und/oder flächige Auflagerungen erkennbar (Abb. 79, 80, 81, 82). Der Knochen respondiert damit auf die fehlerhafte Druckbelastung mit einer Verbreiterung der Gelenkfläche. Anfänglich treten Spannungsgefühle und Steifigkeit in den Gelenken auf, im weiteren Verlauf kommen dauerhafte Schmerzen und Bewegungseinschränkungen hinzu.[457] Der klinische Befund am Skelett des *Langen Anton* weist eine fortgeschrittene Arthrose auf, die ihm zu Lebzeiten große Schmerzen bereitet haben dürfte. Dieser Befund bestärkt die Annahme, dass es sich bei der dem Skelett beistehenden Krücke tatsächlich um Antons Gehhilfe handelt. Die Erweiterung der knöchernen Struktur im Bereich der Sella turcica in der Schädelgrube, die überdurchschnittliche Größe von „9 Fuss“,[458] wie Bünger das Skelett in seinem Katalog von 1819 beschreibt, beweisen, dass Anton an Gigantismus gelitten haben muss.[459]

Die Körpergröße eines Menschen wird vorwiegend durch die Länge der Langknochen (Röhrenknochen), im Speziellen der Beinknochen (Femur, Tibia und Fibula) bestimmt. Röhrenknochen wachsen an dafür vorgesehenen Wachstumszonen, den sogenannten Epiphysenfugen[460]. Die knochenbildenden

---

456 Es sind Fälle von Akromegaliepatienten belegt, deren Hypophyse die Größe eines Hühner- oder Taubeneies erreichte und deren Sella turcica dementsprechende Erweiterungen aufweisen, vgl. Erb, 1888, S. 320 und Mammis et al., 2010: Fall Lady Aama.

457 Vgl. Pschyrembel, 2013, S. 172.

458 Uniarchiv Marburg, 305a, Nr. 5650: I A 15; 9 Fuß = 225 cm (Hessischer Fuß) oder 257 cm (Braunschweiger Fuß).

459 Bei Gigantismus und Akromegalie handelt es sich um ein und dasselbe Krankheitsbild, welchem die gleichen pathologischen Mechanismen zugrunde liegen, das sich jedoch zu unterschiedlichen Lebenszeiten manifestiert. Menschen, die an Gigantismus leiden, erreichen schon im Kindes- und Jugendalter eine überdurchschnittliche Körpergröße.

460 Ein mit hyalinem Knorpel gefüllter Spalt zwischen dem Mittel- (Metaphyse) und Endstück (Epiphyse) des Knochens, an dem das Längenwachstum interstitiell durch

Zellen (Osteoblasten) bauen das Knorpelgewebe zu Knochengewebe um, wobei sich der Knochenschaft verlängert (echondrale Ossifikation). Ist das Längenwachstum eines Individuums abgeschlossen, verknöchert die Epiphysenfuge. Sie ist dann nicht mehr als Spalt, sondern nur noch als feine Linie erkennbar, die mit fortschreitendem Alter zunehmend verstreicht. Die Ossifikation der Epiphysenfugen erfolgt nicht willkürlich. Für jeden Knochen (Typ und Form) sind spezielle Verknöcherungszeiten bekannt, deren Beurteilung zur Altersbestimmung herangezogen werden können.[461] Einmal verschlossen, ist kein Längenwachstum mehr möglich.

Botenstoffe (Hormone) steuern den Prozess des Knochenwachstums. Kommt es, bedingt durch beispielsweise einen Tumor der Hypophyse, zu einer erhöhten Ausschüttung von Wachstumshormon, resultiert dies in überdurchschnittlichem Gewebewachstum. Tritt die Überproduktion von Wachstumshormon bereits im Kindes- und Jugendalter auf, in dem ein Längenwachstum der Röhrenknochen noch möglich ist, führt dies zu Gigantismus mit einer überdurchschnittlichen Körpergröße. Erfolgt die Überproduktion erst im Erwachsenenalter, in dem die Epiphysenfugen der langen Röhrenknochen schon verschlossen sind, manifestiert sich dies in den typischen Anzeichen der Akromegalie mit unproportioniertem Wachstum der Körperanhänge bei durchschnittlicher Körpergröße. Betroffen sind vor allem Nase, Kinn, Hände und Füße. Allgemein tritt eine Vergröberung der Gesichtszüge ein. Die Stimulation von Wachstumshormon ist jedoch nicht auf Knochengewebe beschränkt. Auch andere Gewebetypen werden durch die überdurchschnittliche Ausschüttung von Wachstumshormon beeinflusst.

Was bedeutet dies nun für den Fall des *Langen Anton*? Da Anton eine überdurchschnittliche Körpergröße aufweist, kann man davon ausgehen, dass der nachgewiesene Hypophysentumor schon im Kindes- und Jugendalter bestanden hat. Dies wird durch den Einblattdruck aus Nürnberg bestätigt, dem zufolge Anton mit 14 Jahren schon eine Größe von ca. 230 cm erreicht hatte. Zu bemerken ist weiterhin, dass Anton gerade in den Bildzeugnissen aus späteren Jahren, deutliche Anzeichen von Akromegalie aufweist. Der Einblattdruck aus Straßburg und das Gemälde zeigen einen Mann mit deutlich vergröberten Ge-

---

Einwanderung von knochenbildenden Zellen (Osteoblasten) stattfindet, vgl. Pschyrembel, 2013, S. 609.

461 Die radiologische Bestimmung des Ossifikationsgrades der Handwurzelknochen Zur Altersbestimmung in der Forensik zur Klärung der Strafmündigkeit bzw. Anwendung des Jugend- oder Erwachsenenstrafrechts.

sichtszügen, dicker Nase und großen Händen, die unproportioniert zum restlichen Körper wirken. In Antons Fall liegt ein jugendlicher Gigantismus vor, der im Erwachsenenalter die typischen Anzeichen der Akromegalie zeigt. Es ist davon auszugehen, dass Anton Zeit seines Lebens an den Auswirkungen des Hypophysentumors gelitten hat und dass sich die Ausschüttung von Wachstumshormonen auch im Erwachsenenalter fortsetzte, als die Epiphysenfugen schon verschlossen waren und kein Längenwachstum mehr möglich war. Ein Epiphysenverschluss bestätigt sich bei makroskopischer Betrachtung des Skeletts. Die Montage des Skeletts verhindert eine Vermessung der Einzelknochen, die für eine metrisch-anthropologische Körperhöhenbestimmung Voraussetzung ist. Eine erneute Demontage des über 400 Jahre alten Präparates wurde als zu risikoreich für seine fragile Gesamtstruktur eingeschätzt und aus diesem Grund nicht durchgeführt. Bei einem Umzug in die jetzigen Räumlichkeiten des Museums vor rund 20 Jahren hat Herr Aumüller das damals im Liegen transportierte Skelett vermessen, was zu der angegebenen Körperhöhe von 244 cm führte. Eine kürzlich durchgeführte Vermessung im stehenden Zustand mit einem Zollstock bestätigte den Wert der Liegendmessung.

Abb. 74: Menschliches Keilbein, grün markiert: die Sella turcica mit der Fossa hypophysialis, in der die Hypophyse eingebettet ist ((© Gray et al., 1974, bearb. v. N. Ulrich)

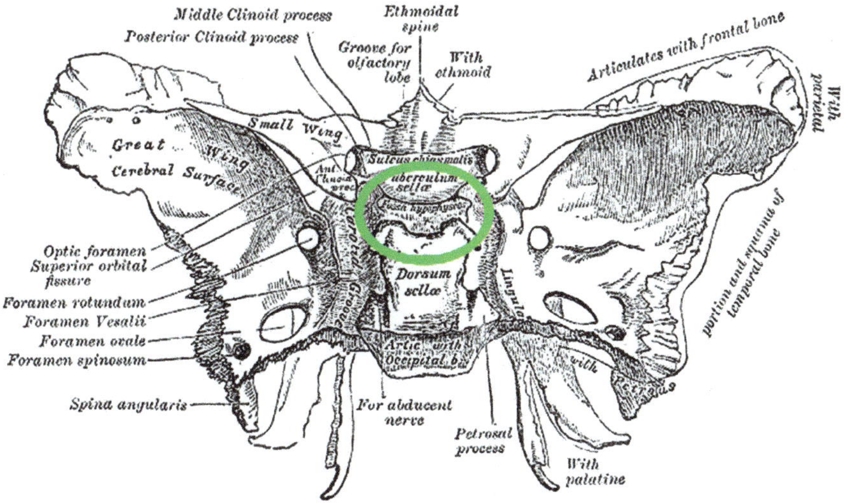

Abb. 75: Schädelbasis des Langen Anton mit erweiterter Sella turcica (© N. Ulrich)

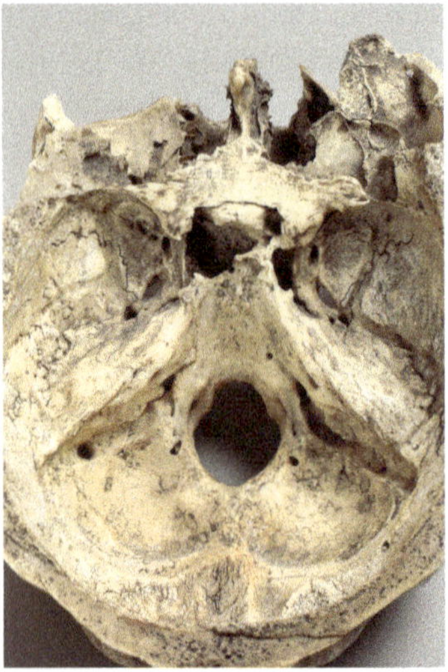

Abb. 76: Nahaufnahme der Sella turcica aus dem linken Bild, Zerstörung des Knochens ist gut erkennbar (© N. Ulrich)

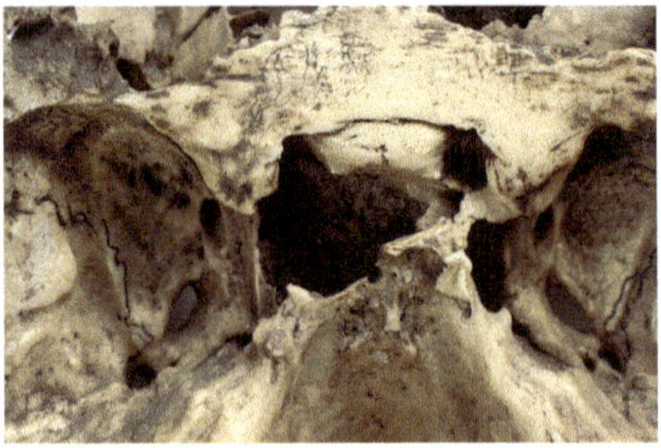

Abb. 77: Rechtes Hüftgelenk mit arthrotischen Veränderungen (© N. Ulrich)

Abb. 78: Arthrotische Veränderungen im rechten Kniegelenk (© N. Ulrich)

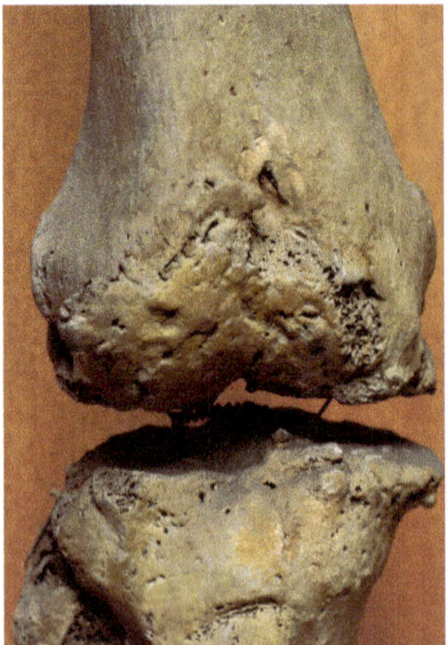

Abb. 79: Gelenkverbreiterung an den Halswirbeln (© N. Ulrich)

Abb. 80: Gelenkverbreiterung an den Brustwirbeln (© N. Ulrich)

Abb. 81: Osteophytenbildung an den Lendenwirbeln (© N. Ulrich)

Abb. 82: Große Knochenspange zwischen L4 und L5 (© N. Ulrich)

5.1.3 Der zweite Teil des Ensembles – Das Gemälde des *Langen Anton*

Neben dem Skelettpräparat befindet sich ein Gemälde, auf dem Anton in Lebensgröße abgebildet ist, im Besitz der Marburger Anatomie, welches BÜNGER ebenfalls bei seinem Amtsantritt aus Helmstedt mitbrachte (Abb. 83). Zwei der insgesamt vier Kataloge enthalten ein Verzeichnis für Zeichnungen und Gemälde; hier ist das Gemälde jeweils aufgelistet. Im Katalog von 1811 heißt es unter Gemälde, Nr. 4: „Das Gemälde des großen Anton in Lebensgröße, etwas beschädigt."[462] Im Katalog von 1819 steht, dass das Gemälde „[...] beschädigt gewesen [ist], jetzt [aber] wieder reparirt [wurde]". Sein Alter wird mit „170 Jahr"[463] angegeben. Daraus ergeben sich nun folgende Informationen: Zum einen war das Gemälde schon beim Eintreffen in Marburg beschädigt und

462 Uniarchiv Marburg, 305a, Nr. 5634.
463 Uniarchiv Marburg, 305a, Nr. 5650.

wurde zwischen 1811 und 1819 repariert. Zum anderen hatte es 1819 ein Alter von 170 Jahren, was seine Entstehung auf das Jahr 1649 datieren würde. Nimmt man diese Information als wahr an, wurde das Gemälde postum angefertigt. Ob es sich bei den erwähnten Reparaturmaßnahmen lediglich um äußerliche Rahmenausbesserungen oder tatsächlich Restaurationsversuche auf der Maloberfläche handelte, ist fraglich. Fakt ist jedoch, dass der Restaurator GEORG PRACHER einige frühere Ausbesserungsversuche und wiederholte Firnisüberzüge bei der Restaurierung feststellte. Das Gemälde, welches aufgrund seiner Größe im Aufgang des Anatomiegebäudes der Philipps-Universität untergebracht war, wurde auf die Initiative von Frau Professor STEINIGER mit der finanziellen Unterstützung der *Kulturstiftung der Länder*[464] und deren Programm *Kunst auf Lager*[465] im Jahr 2014 in einer sechsmonatigen Restaurationsphase im Institut Pracher in Würzburg[466] professionell in Stand gesetzt (Abb. 84).[467] Die nachfolgenden Informationen zum Kunstwerk ergeben sich hauptsächlich aus dem von Herrn PRACHER verfassten, zur Verfügung gestellten Kurzbericht über seine Restaurationstätigkeit.

464 Kulturstiftung, http://www.kulturstiftung.de/stiftung/, zuletzt geprüft am 09.02.2015.

465 Kunst auf Lager, http://www.kunst-auf-lager.de/, zuletzt geprüft am 09.02.2015.

466 Atelier Pracher, http://www.konservierung-restaurierung.de/, zuletzt geprüft am 09.02.2015.

467 Die Licht- und Temperaturverhältnisse im Treppenhaus des Anatomiegebäudes in der Robert-Koch-Straße 7 in Marburg sind für ein Gemälde suboptimal. Aufgrund der Ausmaße kommt eine Unterbringung im Museum Anatomicum nicht in Frage.

Abb. 83: Das Gemälde im restaurierten Zustand (© Atelier Pracher, Würzburg)

Bei dem Bild handelt es sich um ein 271 cm x 151,5 cm x 2 cm großes Leinwandgemälde mit Zierrahmen[468], das auf einen Keilrahmen mit horizontaler Mittelleiste aufgezogen wurde. Das mit Ölfarben gemalte Motiv ist mit mehreren Firnisschichten überzogen und ist laut Aussage des Restaurators stark altrestauriert. Es stellt Anton in Lebensgröße und Prachtkleidung in den braunschweigischen Landesfarben Rot-Gelb dar. Es fällt auf, dass die Proportionen, im Gegensatz zum Skelett, welches wohlproportioniert ist, nicht stimmig sind. Die Beine, vor allem die Unterschenkel, scheinen zu kurz geraten zu sein. Dies ist eine typische, zeitgenössische Porträtform des ausgehenden 16. und beginnenden 17. Jahrhunderts, was die Gegenüberstellung des Porträts des *Langen Anton* mit dem Porträt von Landgraf MORITZ VON HESSEN-KASSEL, welches von CHRISTOPH JOBST im Jahr 1617 gemalt wurde, zeigt (Abb. 84). Die Pose mit in die Hüfte gestütztem Arm und breitbeinigem, offenem Ausfallschritt spiegelt die zeitgenössische Darstellung eines Herrschers wider. Dies ist insofern erstaunlich, da Anton definitiv keinem Herrschergeschlecht angehörte. Da es mit Sicherheit der Herzog selbst war, der den Auftrag für das Gemälde gab, unterstreicht die Porträtierung in einer herrschaftlichen Pose den Stellenwert, den Anton für HEINRICH JULIUS hatte.

Abb. 84: Darstellung der Proportionen in zeitgenössischen Portraits (16./17. Jh.) (bearbeitet von G. Aumüller) links: Landgraf Moritz von Hessen-Kassel, rechts: der „Lange Anton"

468 Maße mit Zierrahmen: 298 cm x 167,7 cm x 7,5 cm.

Die Frage nach dem Künstler kann auch nach intensiver Recherche nicht eindeutig beantwortet werden,[469] da das Gemälde keine offensichtliche Signatur trägt und auch bei den Restaurierungsmaßnahmen kein Hinweis auf die Identität des Künstlers gefunden wurde.[470] Drei Maler kommen aufgrund ihres Lebenslaufes als Urheber des Gemäldes in Betracht. Es sei jedoch ausdrücklich darauf hingewiesen, dass dies reine Spekulationen sind.

ADAM OFFINGER[471] war Hofmaler am Hof von Herzog HEINRICH JULIUS VON BRAUNSCHWEIG-WOLFENBÜTTEL und hat mit großer Wahrscheinlichkeit dessen bekanntes Porträt geschaffen. Aus diesem Grund wäre es nicht abwegig, dass er ebenfalls als Künstler des Gemäldes des *Langen Anton* in Frage kommt. Er soll jedoch den Großteil seiner Bilder mit AO signiert haben, was im Falle von Antons Porträt nicht zutrifft.

SIEGMUND RANISCH war im relevanten Zeitraum (ab 1588) in Halberstadt als Maler tätig und hat dort verschiedene Arbeiten am Halberstädter Dom ausgeführt, wie Rechnungen des Domkapitels zeigen. Des Weiteren war er an der Ausmalung des Köthener Schlosses beteiligt.

Als weiterer Kandidat ist JOACHIM NOLTE zu nennen.[472] Er war als Fassmaler tätig, hat an der Verzierung der Schauseite der Gröninger Orgel mitgearbeitet und den Kirchensaal in Gröningen ausgemalt.

Die Auswahl dieser drei Künstler ergaben die intensiven Korrespondenzen von Herrn Professor AUMÜLLER mit Experten verschiedener Institute und Fach-

---

469 Es wurden verschiedene Archive und Experten kontaktiert, die möglicherweise Auskunft oder Hinweise zum Maler des Gemäldes des „Langen Anton" liefern könnten. Die Antworten ließen jedoch keinen definitiven Schluss zu. Herzlichen Dank an Frau Gatenbröcker (Herzog Anton Ulrich-Museum, Braunschweig), Frau Dittmar (Museum Schloss Wilhelmsburg, Schmalkalden), Herr Siebrecht für deren Auskünfte und Bemühungen.

470 Persönliche Korrespondenz mit Herrn Pracher, Restaurator, Würzburg.

471 Adam Offinger (Geburts- u. Sterbedatum nicht bekannt), entstammte vermutlich einer Goldschmiedefamilie aus Nördlingen oder Regensburg, vorwiegend am Hof von Herzog Heinrich Julius von Braunschweig-Wolfenbüttel (1564–1613) tätig, Offinger war Schüler von Lucas Cranach d. Ä. (1472–1553), er pflegte seine Werke mit AO zu signieren, vgl. Künstlerlexikon, http://www.degruyter.com/view/AKL/_00144933T?rskey=lHNUiH&result=1&dbq_0=adam+offinger&dbf_0=akl-fulltext&dbt_0=fulltext&o_0=AND%20-%20_90144933_T, zuletzt geprüft am 26.08.2015.

472 Über Nolte gibt es jedoch keinerlei Aufzeichnungen im Künstlerlexikon von Thieme und Becker, vgl. Künstlerlexikon, http://www.degruyter.com/databasecontent?dbid=akl&dbsource=%2Fdb%2Fakl, zuletzt geprüft am 27.09.2015.

richtungen, jedoch konnte keiner der Befragten eine definitive Aussage zum Maler des Gemäldes machen, da die Quellenlage unzureichend ist.[473]

5.1.3.1 Antons vorerst letzte Reise – Sonderausstellung des restaurierten Gemäldes im Kunstverein Marburg

Anlässlich der Rückkehr des restaurierten Gemäldes nach Marburg, welches sich wie bereits erwähnt im Aufgang des Anatomischen Instituts der Philipps Universität befindet und normalerweise nicht für die Öffentlichkeit zugänglich ist, fand von Januar bis April 2014 eine Ausstellung im Kunstverein Marburg statt, die Interessierten die Möglichkeit bot, den „Riesen in Marburg" zu bestaunen. Die Ausstellung zeigte nicht nur das restaurierte Gemälde, sondern auch ausgewählte Knochen des Skeletts des *Langen Anton* im Vergleich zu Knochen eines normalwüchsigen Menschen. Zu diesem Zweck erstellte Poster informierten die Besucher über die Entstehung des Krankheitsbildes der Akromegalie bzw. des Gigantismus, deren physiologischen Wirkungsmechanismen und Therapiemöglichkeiten, gaben eine Kurzzusammenfassung der wichtigsten Lebensdaten des *Langen Anton* und zeigten an aktuellen Beispielen, dass dieses seltene Krankheitsbild auch heute noch präsent ist; wenn auch häufig nicht auf den ersten Blick erkennbar.

Die Ausstellungseröffnung wurde begleitet durch zwei Vorträge. Zum einen sprach Herr Diplom-Restaurator Georg Pracher aus dem Atelier Pracher, Würzburg, über die vorgenommenen Restaurationsarbeiten am Gemälde, zum anderen die Autorin dieser Arbeit über die Lebens- und Krankheitsgeschichte des *Langen Anton*. Die große Menge an Zuhörern der beiden Vorträge am Eröffnungstag übertraf die Erwartungen der Veranstalter ebenso wie die Zahl der Interessierten, die die Ausstellung während der dreimonatigen Dauer zu den regulären Öffnungszeiten des Kunstvereins besuchten.

5.1.4 In guter Gesellschaft – Die Lebensweise des *Langen Anton* an Beispielen anderer „Riesen"

Zahlreiche Beispiele von Großwüchsigen zeigen, dass das sich-zur-Schau-Stellen ein probates Mittel zur Sicherung des Lebensunterhaltes von Menschen mit abweichender Körpergröße oder anderen körperlichen Fehlbildungen war.[474]

473 Persönliche Korrespondenz mit Prof. Aumüller. An dieser Stelle herzlichen Dank an Herrn Prof. Aumüller für die Rechercheergebnisse und die Überlassung der Informationen.

474 Nicht nur Großwüchsige, sondern auch Kleinwüchsige („Zwerge", „Liliputaner"), gerade in Kombination mit dem jeweiligen Pendant, und Menschen mit angeborenen

Gedruckte Flugblätter dienten im 16. Jahrhundert als Massenmedium für den Informationsaustausch, und auch Antons Auftritte wurden mit Hilfe von Einblattdrucken dokumentiert (Abb. 72, 73).[475] Antons Einmann-Show ist der Vorläufer der sich im 19. Jahrhundert vor allem im angelsächsischen Raum etablierenden Side- oder Freak-Shows in Zirkus- oder Varietébetrieben.[476] Im Laufe des 19. Jahrhunderts wandelte sich das „Solisten-Dasein" der Künstler zu einem professionellen Beschäftigungsverhältnis zwischen Manager und Künstler im Zuge mit einer organisierten, kommerzialisierten zur-Schaustellung.[477] Großwüchsige wie der Kanadier ÉDOUARD BEAUPRÉ (1881–1904) oder der Franzose HENRI JOSEPH COT alias *Dusorc* (1883–1912) wurden von Managern „entdeckt", die sie dann vermarkteten.[478] Diese „Geschäftsbeziehungen" waren oft einseitig, insofern die

---

Fehlbildungen waren eine beliebte Attraktion in den Varietées, Jahrmarktschauen oder Schaubuden des 19. Jahrhunderts. Der Großwüchsige Henri Mullins alias *Henri Hite* (1915–1978) trat mit den Künstlern Roland Picaro alias *Lowe* (ebenfalls großwüchsig) und Stanley Ross (kleinwüchsig) als Trio auf, vgl. Humberd, 1938.

475 Wie Nestawal schreibt, kam es im 16. und 17. Jahrhundert vermehrt zu Veröffentlichungen von Schriften und Büchern, die die Geburt von „Wundern" oder „Monstern" zum Thema hatten. Auch Anton wird in einem solchen Werk erwähnt, vgl. Schenck, 1609, Schenck, 1610, Nestawal, 2010, S. 43/44 und weiterhin Ewinkel, 1995.

476 Der Begriff *Side Show* ist ein von P.T. Barnum, einem der bekanntesten viktorianischen Zirkusdirektoren geprägter Begriff und bedeutet übersetzt *Nebendarstellung*. Side Shows waren jedoch keinesfalls etwas „Nebensächliches". Der Begriff drückt vielmehr die Ausstellung „menschlicher Kuriositäten" in einem eigenen Zelt, neben der eigentlichen Zirkusmanege, aus. Oftmals waren die Abnormitätenschauen Publikumsmagnet und Haupteinnahmequelle des Zirkus, weiterführende Literatur zum Thema (Auswahl), vgl. Sutter, 1924, Scheugel H, 1983, Bogdan, 1990.

477 Vgl. Nestawal, 2010, S. 251.

478 Édouard Beaupré wurde von seinem Manager, bei dem er seit 1901 unter Vertrag stand, gezwungen, Gewichte von über 400 kg zu stemmen, was zu ernsthaften Gesundheitsproblemen führte. Zu Henri Joseph Cots Zirkusnummern gehörte das Hochheben eines Esels. Nach dem Tod der beiden Schausteller versuchten deren Manager ein letztes Mal Profit aus ihren beiden Klienten zu schlagen und verkauften deren sterbliche Überreste an anatomische Museen oder Universitätssammlungen. Im Falle von Beaupré wurden die sterblichen Überreste (Skelett) im Jahr 1975 auf Initiative eines Verwandten von der Universität Montreal zur Bestattung freigegeben. Bei der Beisetzung des Leichnams von Henri Joseph Cot fiel den Anwesenden auf, dass der Sarg eigentlich zu klein für Cots Leiche war. Das Geräusch rollender Steine ließ ebenfalls darauf schließen, dass sich keine Leiche im Sarg befand. Tatsächlich tauchte Cots Skelett einige Zeit später in der Medizinischen Fakultät der Universität Montpellier auf, wo es sich noch heute befindet. Auch in diesem Fall hatte der Manager Cots ein letztes Mal versucht, Profit aus seinem Klienten zu schlagen, in dem er dessen Leichnam an die Anatomie verkaufte, vgl. deHerder, 2012.

Manager ihre Klienten und deren Schicksal ausbeuteten.[479] Ein solcher Vorwurf ist im Fall des *Langen Anton* nicht haltbar, jedoch muss berücksichtigt werden, dass sein Dienstherr Heinrich Julius Antons sterbliche Überreste an die Anatomie der Universität Helmstedt übergab, um daraus ein Skelettpräparat fertigen zu lassen. Dies hatte sicher keine ökonomischen, sondern rein wissenschaftliche Gründe.

Das Verhalten namhafter Mediziner wie John Hunter[480] im Fall des *Irish Giant* und Harvey Cushing im Fall von John Turner sind Belege dafür, mit welchen Mitteln Wissenschaftler ihren Erkenntnisgewinn vorantrieben.

Das Skelett von Charles Byrne alias *Irish Giant* wird heute noch im Hunterian Museum der Öffentlichkeit präsentiert und das, obwohl Byrne sich zu Lebzeiten vor nichts mehr fürchtete, als dass sein Körper nach seinem Tod öffentlich zur Schau gestellt werden würde. Kurz vor seinem Tod engagierte er deshalb Freunde, die seinen Sarg bis zum Tag der Seebestattung bewachen und dieser beiwohnen sollten, um einen Leichenraub zu verhindern. Nichtsdestotrotz gelang es Hunter, in den Besitz von Byrnes Leiche zu kommen. Da Hunter allerdings Angst vor Strafverfolgung aufgrund der Nichtausführung des letzten Willens hatte, wartete er vier Jahre, ehe er das Skelett Byrnes in seinem Museum ausstellte.[481]

Der in Zusammenhang mit dem Fall des *Irish Giant* bereits genannte Neurochirurg Harvey Cushing untersuchte allerdings nicht nur die Überreste von Charles Byrne. Großwüchsige und das zugrundeliegende Krankheitsbild schienen ihn zeitlebens zu faszinieren. In seiner bekannten Monographie *The Pituitary*

---

479 Vgl. Nestawal, 2010, S. 251.

480 John Hunter (1728–1793), britischer Anatom und Begründer der wissenschaftlichen Chirurgie, forschte u. a. zu Geschlechtskrankheiten wie Syphilis und Gonorrhoe, fertigte als einer der besten Präparatoren seiner Zeit zahlreiche Objekte menschlichen und tierischen Ursprungs für seine Sammlung an, die heute noch im Hunterian Museum im Royal College of Surgeons of England in London, UK, zu sehen ist, vgl. Online verfügbar unter http://www.britannica.com/biography/John-Hunter-British-surgeon, zuletzt geprüft am 27.08.2015. Hunter hätte der erste Wissenschaftler sein können, der die Hypertrophie der Hypophyse und die Erweiterung der Sella turcica bei einem Akromegaliepatienten hätte beschreiben können, wenn er den Schädel des unter seinem Künstlernamen *The Irish Giant* bekannten Iren Charles Byrne (O´Brien) 1783 geöffnet hätte. So blieb dies dem nicht weniger bekannten Neurochirurgen Harvey Cushing vorbehalten, der im Jahr 1909 in Zusammenarbeit mit dem Direktor des Hunterian Museum London, Sir Arthur Keith, das Schädelpräparat von Charles Byrne öffnete und eine beträchtliche Erweiterung der Sella turcica (21x24x11 mm) fand, vgl. deHerder, 2009.

481 Vgl. deHerder, 2012.

Body and Its Disorders (1912) beschreibt er den Fall (Case XXXII) des 36jährigen John Turner, der an Gigantismus litt und aufgrund von schmerzhaft geschwollenen Beinen in das Johns Hopkins Hospital aufgenommen wurde. Cushing, der 1910 dort seine Facharztausbildung zum Chirurgen absolvierte, untersuchte Turner eingehend und dokumentierte seine Einschätzung. Wie Bliss in seiner Biographie über Cushing beschreibt, trieb ihn nicht nur die Fürsorgepflicht als Arzt, sondern in erster Linie sein wissenschaftliches Interesse weitere Kenntnisse über die Fehlfunktion der Hypophyse durch eine Langzeitbeobachtung Turners zu erlangen. Trotz unveränderten Gesundheitszustandes wurde Turner nach 33 Tagen entlassen und verstarb sechs Monate später in Washington D.C. Durch Zufall erfuhr Cushing vom Begräbnis seines Patienten aus der Zeitung. Am 18. Januar 1911 schrieb Samuel Crowe, ein Kollege Cushings, in den Krankenbericht: „On January 17th it was accidentally discovered through the papers that the funeral of John Turner was to take place in Washington at 2 P.M. After considerable negotiation by Dr Cushing over the telephone, permission was finally obtained to make an examination for the consideration of $50. This [the autopsy] was done in the undertakers estab[lishment] while the service was going on!!! Dr Sharpe and myself accordingly went over to Washington and after some delay got a fairly satisfactory examination [..]."[482] Wie Crowe hier ganz eindeutig zugibt, hat Cushing den Bestatter mit $50 bestochen, um die Leiche von John Turner während der Trauerzeremonie im Bestattungsinstitut obduzieren zu können. Er selbst war bei der Sektion nicht anwesend und ließ sie durch seinen Kollegen Crowe und Sharp ausführen. Der Krankenbericht schließt mit einem detaillierten Obduktionsbericht. Turners Gehirn, ein Teil des Keilbeins mit der in der Sella turcica verbliebenen Hypophyse, Hoden, Milz, Nieren und Herz vollständig und Teile der Leber und der Bauchspeicheldrüse wurden partiell für histologische Untersuchungen entnommen. Der Befund zeigt, dass die Hoden ungewöhnlich klein und fibrös, die Milz und die Leber dagegen pathologisch vergrößert waren. Des Weiteren wurde eine vergrößerte Sella turcica mit hypertropher Hypophyse gefunden. Trotzdem blieb die eigentliche Todesursache Turners unklar.[483]

Das Deutsche Medizinhistorische Museum in Ingolstadt präsentierte die Arbeiten des Münchner Pathologen Nerlich, der mit radiologischen Untersuchungsmethoden das Krankheitsbild des in Gmund am Tegernsee geborenen „Riesen" Thomas Hasler (1851–1876) nachwies.[484] Auch das Skelett des

482 Pendleton et al., 2010, S. 326.

483 Vgl. Pendleton et al., 2010.

484 Thomas Hasler wurde am 5.10.1851 in Holz bei Gmund am Tegernsee geboren. Aufgrund seines entstellten Gesichts verbrachte er seine letzten Lebensjahre auf dem

Irish Giant wurde mit radiologischen und molekularbiologischen Methoden untersucht.[485]

Die Aufnahme Großwüchsiger in den Militärdienst wird durch ein weiteres Beispiel belegt. Die Grenadiere des Roten Bataillons des preußischen Königs FRIEDRICH WILHELM I. (1688–1740), auch die *Langen Kerls zu Potsdam* genannt,

---

Heuboden der elterlichen Scheune, wo er 1876 verstarb. Nach seinem Tod wurde Haslers Leiche nach München in das Pathologische Institut verbracht und dort von Prof. Dr. Buhl obduziert. Der Befund in seinem 1878 publizierten Bericht lautete proportionierter Riesenwuchs mit Hyperostose der Gesichts- und Schädelknochen vor allem der linken Seite des Unterkiefers mit starker Einengung des Schädelinnenraums, vgl. Buhl, 1878. Mehr als 100 Jahre später stellten die Experten um Nerlich fest, dass Hasler an zwei voneinander unabhängigen Krankheiten gelitten haben muss. Zum einen litt er an hormonellem Gigantismus, zum anderen an einer angeborenen fibrösen Dysplasie, die die Ursache für die Knochenverdickungen und -wucherungen war. Vermutlich gehen beiden Krankheiten auf einen gemeinsamen Gendefekt zurück. Des Weiteren wird berichtet, dass die Knochenwucherungen im Schädel- und Gesichtsbereich mit massiven Auswirkungen auf seine Sinneswahrnehmungen einhergingen. So war er aufgrund einer kompletten Verknöcherung des rechten äußeren Gehörganges auf diesem Ohr taub, aus demselben Grund kam es zu einem Hervortreten des linken Augapfels und somit zur Erblindung auf diesem Auge, auch der Geruchssinn war durch die Knochenwucherungen beeinträchtigt. Als mögliche Todesursache geben Nerlich et al. das Versagen zentralnervöser Funktionen bei hochgradiger Einengung des Schädelinnenraumes an, vgl. Nerlich et al., 1991a, Nerlich et al., 1991b. Von Oktober 1997 bis Januar 1998 wurde im deutschen Medizinhistorischen Museum in Ingolstadt eine Ausstellung mit dem Titel *Der Riese vom Tegernsee: Leben und Krankheit des „größten Bayern“* gezeigt. Das Skelett von Thomas Hasler wird in der anatomischen Sammlung der Universität München aufbewahrt.

485 1980 zeigten Landolt und Zachmann an Röntgenbildern von Byrnes Handgelenk, dass die distalen Epiphysen der Knochen noch nicht geschlossen sind und Byrne aufgrund des Befundes durchaus noch hätte weiterwachsen können. Außerdem litt er vermutlich an Hypogonadismus, einem typischen Begleitsymptom bei Gigantismus/Akromegalie aufgrund des unausgeglichenen Hormonhaushaltes, vgl. Landolt und Zachmann, 1980. 2010 führte eine Arbeitsgruppe um den Mediziner Harvinder S. Chahal der Londoner Queen Mary University eine DNA-Analyse durch, die sie aus einem Zahn des Riesen extrahierten. Sie identifizierten eine Keimbahnmutation des AIP-Gens (*Aryl Hydrocarbon Receptor Interacting Protein*). Diese Mutation führt unter anderem zu familiärem Riesenwuchs. Weitere DNA-Abgleiche von heutigen nordirischen Familien, die von Akromegalie und Gigantismus betroffen sind, zeigte, dass alle in Nordirland lebenden und historischen „Riesen“ einen gemeinsamen Vorfahren haben. Dieser muss vor ca. 57–66 Generationen gelebt und diese Mutation an seine Nachkommen weitergegeben haben, vgl. Chahal, 2011.

wurden ausschließlich aus Männern einer Mindestgröße von 1,80 m rekrutiert. Laut SCHNITTER galt eine Körpergröße von 1,70 m als „gefährliche Größe“[486]; Männer, die größer waren, hatten im damaligen Preußen keine andere Wahl, als sich in den Dienst des Militärs zu stellen. Es wurde mit teilweise aggressiven Werbemaßnahmen versucht, große Männer zu verpflichten, wobei den Werbern jedes Mittel Recht zu sein schien. Nicht selten wurden mehr als 1.000 Taler für „Riesen“ bezahlt, um sie aus anderen Regimentern auszulösen. Dabei operierten die Werber des Königs nicht nur auf nationaler Ebene. Die Frage nach den Gründen für die Rekrutierung großer Männer für das königliche Bataillon schließt sich unweigerlich an, da eine über das normale Maß hinausgehende Körpergröße allzu oft mit physischen und psychischen Einschränkungen verbunden ist. Die körperliche und mentale Gesundheit von Soldaten ist jedoch unabdingbare Voraussetzung für den Kampfeinsatz. Schnitter gibt für das Anwerben von Riesen zwei Gründe an: Zum einen soll FRIEDRICH WILHELM I. ein Faible für große Soldaten gehabt haben. Diese Gigantomanie begründet sich im Wunsch, Stärke zu demonstrieren, als Statussymbol für Macht und Unbesiegbarkeit. Zum anderen hat es praktische Gründe, denn die Handhabung der damals üblichen Steinschlossgewehre erforderte ein hohes Maß an physischer Kraft. Große Männer hatten gewiss Vorteile, die 1,55 m lange Waffe zu laden und zu bedienen, da dieser Vorgang nur im Stehen möglich war.[487]

Größter Stolz des „Soldatenkönigs“ waren der Ire JAMES KIRKLAND (2,14 m) und der Norweger JONAS HEINRICHSON (2,10 m). Letzterer wurde auf Befehl des Königs nach seinem Tod 1727 mazeriert. Das Skelett des *großen Jonas* befindet sich noch heute im brandenburgischen Landesinstitut für Rechtsmedizin in Potsdam. Eine wissenschaftliche Untersuchung steht noch aus, jedoch konnte ULLRICH bei einer Sichtung des Skeletts deutliche Spuren krankhafter Veränderungen feststellen. Das Skelett zeigt neben einer Skoliose einen deformierten Brustkorb und ein asymmetrisches Becken. Des Weiteren wurden Zeichen einer Rachitis an den Oberarmknochen sowie sehr große Hände als Hinweis auf eine mögliche Akromegalie gefunden.[488] Das Skelett eines weiteren *Langen Kerls* befindet sich im Museum des Anatomischen Institutes der Humboldt-Universität in Berlin. Ob es sich dabei um die Überreste von JAMES KIRKLAND handelt, ist nicht bekannt.

Das Schloss Ambras bei Innsbruck beherbergt noch heute eine beeindruckende, von Erzherzog FERDINAND II. (1529–1595) angelegte Sammlung von Kurio-

486 Schnitter, 1990.
487 Vgl. Schnitter, 1990.
488 Ullrich, 2004.

sitäten. Ein Objekt in diesem Raritätenkabinett ist die Rüstung des Hofriesen Giovanni Bona (alias *Bartime Bon*) aus Riva bei Trient. Er erweckte 1560 bei einem Turnier in Wien die Aufmerksamkeit des Erzherzogs, der ihn daraufhin in seine „Kollektion" leibhafter Riesen und Zwerge, aufnahm. Das Skelett Bonas befindet sich im Anatomischen Institut der Universität Innsbruck.

5.2 Von „Affenmenschen" und „Vogelgesichtern" – Zwei microcephale Patienten aus Haina

Im Zuge der Vorbereitung und Recherche zu einem Beitrag über die Lebenswelt cretiner Kinder und Jugendlicher in der Mitte des 19. Jahrhunderts von Sahmland[489] ergab sich, dass sich der Schädel und das Gehirn des Augustin Heil in der Marburger Anatomischen Sammlung befunden haben.[490] Die von dem Marburger Pathologen Felix Marchand gemachten Zeichnungen des Schädels aus verschiedenen Perspektiven und seine genauen morphologischen Beschreibungen, vor allem die der ungewöhnlich gestalteten Protuberantia occipitalis externa, lenkten den Verdacht auf einen kürzlich katalogisierten Schädel, der durch seine kleine Schädelkapsel und die ungewöhnlich geformte, flossenartige Protuberantia occipitalis externa auffiel. Tatsächlich zeigten sich beim Vergleich am Objekt mit den Beschreibungen und Zeichnungen Marchands große Übereinstimmungen, sodass der gesuchte Schädel des Patienten Augustin Heil sicher identifiziert werden konnte. Bei weiteren Recherchen zu Marchand wurde deutlich, dass die Morphologie des Microcephalen-Gehirns eines seiner Forschungsinteressen war, zu dem er noch weitere Arbeiten publiziert hatte. In diesen werden noch weitere microcephale Patienten (teils aus Haina) genannt, deren Leichen ebenfalls in Marburger Universitätsinstitute geliefert wurden.[491] Bei der Suche nach dem ebenfalls abgebildeten Schädelausguss-Präparat in den magazinierten Beständen der Samm-

---

489 Vgl. Sahmland, 2012.

490 In Marchands Beitrag über Microcephalie und den darin vorgestellten Fall von Augustin Heil schreibt er: „Die Leiche des Mikrocephalen, von welchem dieses Gehirn stammt, wurde im Jahr 1882 von der Pflegeanstalt Haina an die Marburger Anatomie gesandt. Der in der Sammlung der Anatomie aufbewahrte Schädel, sowie das in Alkohol conservirte Gehirn wurden mir von Herrn Geh. Med.-Rath Prof. Lieberkühn zur näheren Untersuchung und Beschreibung überlassen.", vgl. Marchand, 1889, S. 32.

491 Weitere Arbeiten von Marchand zum Thema Microcephalie: u.a. Augustin Heil: Marchand, 1889, 1890, Georg Völp: Marchand, 1892, Franz Aloys Seiling (Nanocephalie): Marchand, 1899, Elisabeth Wittich: Marchand, 1896, zur Morphologie des Gehirns: Marchand, 1893.

lung fielen noch weitere Gipsmodelle gleicher Machart auf, die sich später als die von Georg Völp und anderen von Marchand untersuchten Patienten herausstellten.

Menschen mit Microcephalie wurden in der Literatur des 19. Jahrhunderts häufig als „Vogelgesichter“ oder „Affenmenschen“[492] bezeichnet. Durch den verkleinerten Unterkiefer und die schnabelförmige Nase erschien das Gesicht vogelartig, die fliehende, flache Stirn, die ausgeprägten Oberaugenbrauenwülste und die prognathe Kieferstellung wiesen Ähnlichkeiten mit einem Affen auf. Die Sprache und Ausdrücke, mit denen auch Wissenschaftler anders aussehende Menschen bezeichneten, beziehen sich auf deren „tierisches“ Aussehen und wirken beleidigend und degradierend.[493] Behinderte und kranke Menschen wurden durch diese Ausdrücke zusätzlich stigmatisiert und isoliert. Die phylogenetischen Beziehungen zwischen Mensch und Tier untermauerte diese „tierische Stellung“ wissenschaftlich; die Suche nach den fossilen Übergangsformen von Mensch und Tier im Zuge der Darwinistischen Evolutionstheorie befeuerte diese Vorstellungen zusätzlich.

Microcephalie[494] geht zumeist mit hochgradiger geistiger Retardierung einher. Der Schädel ist pathologisch im Umfang und Inhalt verkleinert, aber auch andere Körperteile können fehlgebildet sein. Ursächlich für eine gehemmte Gehirnentwicklung können pränatale Infektionen, Chromosomenanomalien, erhöhte Strahlenbelastung und Alkoholabusus während der Schwangerschaft sein.[495]

5.2.1 Der Fall Augustin Heil – Lebens- und Leidensgeschichte

Augustin Heil wurde am 11. August 1848 in Herolz, Kreis Schlüchtern, als zweites Kind des Tagelöhner-Ehepaares Heil geboren. Seine Geburt verlief nach Aussage der Mutter ohne besondere Zwischenfälle, doch es fiel sofort der zu kleine und abnorm gestaltete Kopf auf.[496] Als er eingeschult wurde, zeigte sich schnell,

---

492 Die Bezeichnung „Affenmenschen“ in Zusammenhang mit Microcephalie wurde „wissenschaftlich“ von dem Anthropologen Carl Vogt eingeführt, der in diesen Menschen die Zwischenstufe von Mensch und Affe sah, vgl. Vogt, 1867, S. 167.

493 Cesare Lombroso bezeichnete einen microcephalen Patienten als *l'homme-oiseau* (menschlichen Vogel), einen anderen als *l'homme lapin* (Kaninchen-Menschen), vgl. Nestawal, 2010, S. 187.

494 Zusammengesetzt aus griechisch μικροξ = „klein“ und κεφαλη = „Haupt“.

495 Vgl. Nestawal, 2010, S. 186. Einen aktuellen Bezug zum Thema stellt das vermehrte Auftreten der Microcephalie von Neugeborenen im Zusammenhang mit einer Zirka-Virus-Infektion der Mutter während der Schwangerschaft in Süd- und Lateinamerika dar.

496 Physikatszeugnis Dr. Spangenberg, 29.März 1860, vgl. Landeswohlfahrtverband Hessen, Patientenakte Augustin Heil, Bestand 13, K 1882/033.

dass er in seiner geistigen Entwicklung gegenüber seinen Mitschülern weit zurück lag. Somit blieb er fortan zu Hause, was für die mittlerweile verwitwete Mutter, die als Tagelöhnerin den Lebensunterhalt für sich und die Familie verdienen musste, eine große Belastung darstellte, denn Augustin musste permanent beaufsichtigt werden.[497] War er ohne Aufsicht, lief er schon mal nackt auf die Straße, was jedoch im Vergleich zu den nachfolgend geschilderten, tätlichen Angriffen ein vergleichsweise harmloses Vergehen war. Er hatte eine Vorliebe für Messer und Feuer und versuchte einmal seinem jüngeren Bruder die Nase abzuschneiden. Zudem zerschnitt er Kleidung und Bettwäsche und quälte Tiere.[498] Bewaffnet ging er auch auf andere Kinder los und schlug diese, wenn sie ihn ärgerten.[499] Unbeaufsichtigt bewegte er sich auch im Dorf und jagte den Dorfbewohnern „durch sein schreckliches Aussehen und Benehmen" Furcht ein.

Besonders schwer wiegt der Umstand, eine schwangere Frau habe sich an ihm „versehen"[500] und deshalb ein ebenfalls behindertes Kind zur Welt gebracht.[501]

Die Situation für die Familie Heil wurde immer prekärer, da sie Gefahr lief, durch Augustins Verhalten aus der Dorfgemeinschaft ausgeschlossen und sozial

---

497 Zum Zeitpunkt der Antragsstellung zur Aufnahme in die Landesheilanstalt Haina, für die neben einem ärztlichen Gutachten ein Auszug aus dem Geburts- und/oder Taufregister und eine Aufstellung über die Vermögensverhältnisse obligatorisch war, geht aus dem Schreiben des Bürgermeisters Fuchs aus Herolz vom 1. März 1860 hervor, dass Frau Heil mittlerweile einen weiteren Sohn hatte und verwitwet war.

498 Aus dem Ortvorstandsbericht des Bürgermeisters Fuchs aus Herolz vom 1. März 1860 an das Landratsamt Schlüchtern zur Beantragung der Aufnahme in die Landesheilanstalt Haina, vgl. Landeswohlfahrtverband Hessen, Patientenakte Augustin Heil, Bestand 13, K 1882/033.

499 Ein weiterer Bericht des Bürgermeisters Müller (offensichtlich war Bürgermeister Fuchs nicht mehr im Amt) aus Herolz vom 26. November 1860 an das kurfürstliche Landratsamt. Offenbar sollte mit diesem erneuten Gesuch die Dringlichkeit der Lage bekräftigt und der Aufnahmeprozess beschleunigt werden, vgl. Landeswohlfahrtverband Hessen, Patientenakte Augustin Heil, Bestand 13, K 1882/033.

500 Man glaubte, dass sich beim Versehen von Schwangeren die Gesichtseindrücke der Mutter, besonders wenn sie mit einer starken psychischen Erregung (Schreck) verbunden waren, im Erscheinungsbild des Kindes zum Ausdruck kamen, vgl. Marcuse, 2001, S. 775.

501 Wie Dr. Spangenberg in einer späteren Stellungnahme (9. Mai 1860) schreibt, konnte dieser „Vorwurf" entkräftet werden. Das mittlerweile dreijährige Kind der Frau litt an Rachitis und hatte einen normal gebildeten Kopf. Dennoch hielt sich das Gerücht, dass es noch andere Fälle von „Versehen" im Umkreis von Herolz gegeben haben soll, die auf Augustins Aussehen zurückgeführt wurden, vgl. Landeswohlfahrtverband Hessen, Patientenakte Augustin Heil, Bestand 13, K 1882/033.

isoliert zu werden. Aber auch für Augustin selbst stellte die Tatsache, dass sich seine Mutter und andere Familienmitglieder nicht um ihn kümmern konnten, ein erhebliches Risiko dar. Aufgrund seiner geistigen Behinderung konnte er die alltäglichen Gefahren nicht einschätzen. So soll er „keinem Fuhrwerk aus dem Weg gegangen sein“[502], und auch seine „Vorliebe für Messer und Feuer“ bargen nicht nur Gefahren für die Dorfgemeinschaft, sondern primär für ihn selbst.[503]

Augustin wird in dem Physikatszeugnis von Dr. SPANGENBERG als boshaft, zornig, widerspenstig und eigensinnig beschrieben. Er litt unter extremer Kurzsichtigkeit und konnte seinen Wünschen und Begehren nur durch Laute Ausdruck verleihen, da er nie gelernt hatte zu sprechen. Zudem wurde er wie ein Mädchen gekleidet, um zu vermeiden, dass er sich einnässte.

Seine körperliche Kondition (abgesehen von dem zu kleinen Kopf) entsprach der eines normalen 12jährigen Jungen, doch seine geistigen Fähigkeiten befanden sich auf dem Niveau eines Kleinkindes. Er hatte eine äußerst schlechte Körperhaltung und war zu keiner Arbeit fähig, obwohl seine Hände gut ausgebildet waren.

Nachdem sich also Augustins Mutter hilfesuchend an den Bürgermeister als Ortsvorstand gewandt hatte, damit er sie bei dem Antrag auf Aufnahme ihres Sohnes in eine Anstalt unterstützte, formulierte dieser am 1. März schriftlich deren Anliegen in einem Schreiben an das Landratsamt in Schlüchtern. Das ebenfalls erforderliche ärztliche Gutachten wurde von dem Physikus Dr. SPANGENBERG am 29. März 1860 angefertigt, nachdem dieser die Familie Heil aufgesucht und zu ihren und Augustins Lebensumständen befragt hatte.[504] Hier diagnostizierte Dr. SPANGENBERG einen „angeborenen Gehirnmangel mit vollständigem Darniederliegen jedweder geistiger Fähigkeit“, der absolut unheilbar sei.[505] Nach wei-

---

502 Aus dem Schreiben des Bürgermeisters Müller vom 26. November 1860, vgl. Landeswohlfahrtverband Hessen, Patientenakte Augustin Heil, Bestand 13, K 1882/033.

503 Der Bürgermeister Fuchs befürchtete (Schreiben vom 1. März 1860), dass Augustin wegen seiner „Vorliebe für Feuer“ irgendwann einmal einen Brand auslösen könnte, vgl. Landeswohlfahrtverband Hessen, Patientenakte Augustin Heil, Bestand 13, K 1882/033.

504 Bei diesem Dokument handelt es sich um ein vorgedrucktes Tabellenformular, welches standardisierte Fragen zu Lebens- und Familienverhältnissen, Krankenstand der Familienmitglieder und Anamnese des Patienten enthält. Am Schluss wurde eine Diagnose und Prognose auf Heil- oder Unheilbarkeit der Erkrankung von Seiten des Arztes verlangt, welches das ausschlaggebende Kriterium für eine Aufnahme in eine Landesheilanstalt war.

505 Erstes ärztliches Gutachten (in tabellarischer Form) von Dr. Spangenberg vom 29. März 1860, vgl. Landeswohlfahrtverband Hessen, Patientenakte Augustin Heil, Bestand 13, K 1882/033.

teren Korrespondenzen der zuständigen Behörden untereinander und Einholung weiterer ärztlicher Gutachten erging schließlich am 31. Januar 1861 der Beschluss des Innenministeriums, der Augustins Aufnahme in Haina genehmigte.[506] Ungeachtet dessen verging noch mehr als ein Jahr, bis Augustin am 27. Februar 1861 schließlich in Haina aufgenommen wurde.

Etwas mehr als ein Jahr nach der Aufnahme verfasste Dr. AMELUNG am 16. März 1863 ein ärztliches Gutachten über seinen Patienten. Er schreibt darin: „Augustin Heil, 14 Jahre alt, aus Herolz wurde den 27.02.1862 wegen hochgradigem Blödsinn, Amentia congenita, oder eigentlich wegen Cretinismus in das hiesige Hospital aufgenommen und befindet sich jetzt noch ganz in dem Zustand des Schwachsinns wie bei seiner Einlieferung. [...] Nach der auffallend abnormen Gestaltung und der Kleinheit des Schädels, muss man den Kranken zu den Cretinen rechnen, und wegen der sehr bedeutenden psychischen Schwäche muss man ihn als Idioten höchsten Grades bezeichnen. Sämtliche Seelenkräfte sind auf einer sehr tiefen Stufe der Entwicklung stehen geblieben, sodass der Kranke beinahe dem Tiere gleichsteht, was auch nach dem bedeutenden Hirnmangel nicht anders erwartet werden kann."[507] Trotz seiner geistigen Behinderung verstand und befolgte er kurze Befehle, konnte jedoch nach wie vor nicht sprechen und kom-

---

506 Trotz einer zweiten Erklärung von Dr. Spangenberg vom 9. Mai 1860, in der er nochmals auf die Dringlichkeit der Aufnahme Augustins in das Landeshospital Haina hinwies, wurde die Aufnahme von Behördenseite am 25. Mai 1860 wegen Augustins jugendlichem Alter abgelehnt. Daraufhin formulierte der neue Bürgermeister von Herolz (Müller) am 26. November 1860 eine erneute Stellungnahme, in der er die von Augustin ausgehende Gefahr für die Gemeinde, nochmals verdeutlichte („Abgesehen von der Gefährlichkeit desselben gegen andere Kinder, erregt derselbe bei Vorübergehenden Entsetzen und verletzt das Schamgefühl"). Ebenso verfasste Dr. Spangenberg am 28. Dezember 1860 ein drittes Gutachten, in dem er seine Diagnose (angeborener Gehirnmangel, Microcephalus) erneut darlegte und darauf hinwies, dass niemals Behandlungs- bzw. Heilversuche unternommen wurden und eine Unheilbarkeit der Erkrankung vorliege. Am 13. Januar 1861 erging ein Schreiben des Hospitalsarztes von Haina, Dr. Amelung, an das kurfürstliche Obervorsteheramt, in dem er „Blödsinn höchsten Grades oder eigentlich Cretinismus" nach Aktenlage des Physikatszeugnisses von Dr. Spangenberg diagnostizierte. Da das vorliegende Krankheitsbild unheilbar war, sprach sich Dr. Amelung für die Aufnahme (nach der Reihenfolge) von Augustin in Haina aus, wenn dieser zu Hause „nicht gehörig überwacht werden könnte, vgl. Landeswohlfahrtverband Hessen, Patientenakte Augustin Heil, Bestand 13, K 1882/033.

507 Landeswohlfahrtverband Hessen, Patientenakte Augustin Heil, Bestand 13, K 1882/033, ärztliches Gutachten von Dr. Amelung nach einjährigem Aufenthalt vom 16. März 1863.

munizierte nur über Gesten.[508] Die abschließende Prognose von Dr. AMELUNG lautet: „Nach der Beschaffenheit des Leidens – Cretinismus mit hochgradigem Schwachsinn, bedingt durch mangelhafte Entwicklung des Gehirns – muss man den Kranken für unheilbar erklären.“[509]

Am 28. Februar 1882 verstarb Augustin nach 20jährigem Aufenthalt in Haina. Seine Leiche wurde an die Anatomie der Universität Marburg übergeben.

5.2.1.1 *Präparate zum Fall Heil*

Nachdem Augustins Leichnam in Marburg angekommen war, wurde er dort offensichtlich seziert. Das Gehirn wurde konserviert, der Schädel mazeriert und ein Schädelgipsausguss angefertigt. Möglicherweise weckte das Gehirn eines Microcephalen das Interesse des Entwicklungsbiologen und Anatomen LIEBERKÜHN, der zu diesem Zeitpunkt (1882) am Anatomischen Institut Marburg wirkte.[510] Ob sich LIEBERKÜHN eingehender mit speziell diesem Fall beschäftigte, ist nicht bekannt. Fakt ist jedoch, dass die Microcephalie ein Forschungsschwerpunkt des ab 1883 am Pathologischen Institut in Marburg tätigen FELIX MARCHAND[511]

---

508 Augustin verstand kurze Befehle wie „Komm her“ oder „Steh auf“. Sprachvermögen war aufgrund von „Geistesarmut“ und „zu schwacher Innervation der Zunge“ nicht vorhanden. Er konnte lediglich über mimische Gesten kommunizieren. Wenn er alleine gelassen wurde, weinte er. „Wer sich freundlich mit ihm abgibt, den versucht er mit zartem, verlegenen Wesen mit lächelnder Miene und aufschlagendem Blick seiner blöden Augen zu umarmen“, vgl. ärztliches Gutachten von Dr. Amelung vom 16. März 1863 nach einjährigem Aufenthalt, vgl. Landeswohlfahrtverband Hessen, Patientenakte Augustin Heil, Bestand 13, K 1882/033.

509 Landeswohlfahrtverband Hessen, Patientenakte Augustin Heil, Bestand 13, K 1882/033, ärztliches Gutachten von Dr. Amelung nach einjährigem Aufenthalt vom 16. März 1863.

510 Man diskutierte, ausgehend von der Deszendenztheorie Charles Darwins (1859), verschiedene evolutionsbiologische Hypothesen zum Krankheitsbild der Microcephalie. Über die verschiedenen wissenschaftlichen Theorien und Ansätze, vgl. dazu in dieser Arbeit: Die Forschungsergebnisse des Marburger Pathologen Marchand zum Krankheitsbild der Microcephalie anhand der Präparate aus der Marburger Anatomischen Sammlung.

511 Felix Marchand (1846–1928): deutscher Pathologe, Studium der Medizin und Promotion in Berlin 1870, Habilitation in Pathologischer Anatomie 1879 an der Universität Halle-Wittenberg, 1879–1881 Privatdozent für Spezielle Pathologie an der Universität Breslau, ab 1881 ordentlicher Professor für Pathologische Anatomie und Allgemeine Pathologie an der Universität Gießen, ab 1883 ordentlicher Professor für Allgemeine Pathologie und Pathologische Anatomie an der Universität Marburg, von 1900–1922 in gleicher Funktion an der Universität Leipzig, vgl. Universität Leipzig, http://www.uni-leipzig.de/unigeschichte/professorenkatalog/leipzig/Marchand_98/, zuletzt ge-

war. Dieser Umstand musste Lieberkühn bekannt gewesen sein, denn er stellte ihm das konservierte Gehirn und den Schädel für weitere Untersuchungen zur Verfügung. Seine Ergebnisse veröffentlichte Marchand in seiner Abhandlung *Beschreibung Dreier Mikrocephalen-Gehirne nebst Vorstudien zur Anatomie der Mikrocephalie* (1889/90)[512], in der er nicht nur den Fall Heil, sondern auch zwei weitere, früher von ihm untersuchte Fälle beschreibt.[513]

Das konservierte Gehirn, welches Marchand in seiner Abhandlung über Microcephalengehirne ausführlich beschreibt, konnte in der Marburger Sammlung nicht ausfindig gemacht werden. Der ebenfalls untersuchte Schädel sowie ein Schädelausguss wurden eindeutig identifiziert und werden in den nachfolgenden Abschnitten beschrieben.[514]

5.2.1.1.1 Schädel

Bei der Neukatalogisierung der Schädelsammlung fiel dieser Schädel aufgrund der sehr kleinen Schädelkapsel, der stark nach hinten fliehenden Stirn und vor allem wegen seiner ungewöhnlich geformten Protuberantia occipitalis externa sofort ins Auge. Der Zusammenhang der pathologischen Forschungen von Marchand mit dem besagten Schädel wurde erst auf die Initiative von Irmtraut Sahmland im Zuge ihrer Arbeiten zur Lebenswelt cretiner Kinder im 19. Jahrhundert, in der sie den Fall Augustin Heil vorstellte, hergestellt.[515] Daraufhin wurde die Suche nach den in der Marburger Sammlung befindlichen Präparaten begonnen. Da Marchand in seiner Fallbeschreibung eine Zeichnung des Schädels sowie eine

---

prüft am 25.03.2016 1. Fall: Das Gehirn des Karl Koch, 4jähriger Junge, der in der Poliklinik der Universität Halle/Saale am 30. Oktober 1878 verstarb und am darauffolgenden Tag von Marchand selbst seziert wurde. 2. Fall: Gehirn und Schädeldach eines 40jährigen Mannes aus der Sammlung des Pathologischen Institutes Breslau. Die Präparate wurden von Wilhelm Waldeyer angefertigt und Marchand zur Untersuchung zur Verfügung gestellt, vermutlich während Marchands Beslauer Zeit (1879–1881).

512 Marchand, 1889 und Marchand, 1890.

513 Die beiden früheren Fälle zeigen, dass ein Forschungsinteresse von Seiten Marchands bestand und dass er womöglich gezielt solche Präparate in den verschiedenen Institutionen anfragte, auch als er 1883 nach Marburg kam.

514 Der Schädelausguss wird bei der Übergabe des Gehirns und des Schädels durch Lieberkühn nicht erwähnt, weshalb davon auszugehen ist, dass Marchand ihn erst im Laufe seiner Untersuchungen anfertigen ließ. Da es noch weitere Gehirnabgüsse und Schädelausgüsse dieser Art gibt, bestand von Marchand offensichtlich das Interesse, von den ihm zur Verfügung gestellten Objekten ein Duplikat anzufertigen, welches er behalten konnte und das ihm für seine vergleichenden Untersuchungen dauerhaft zur Verfügung stand, vgl. Marchand, 1889, S. 356.

515 vgl. Sahmland, 2012.

genaue morphologische Beschreibung desselben darlegte, konnte der Schädel mit der Signaturnummer J.N. 952a eindeutig als der von AUGUSTIN HEIL identifiziert werden (Abb. 89).[516]

MARCHAND beschreibt den Schädel als „auffallend klein, doch betrifft die Verkleinerung fast ausschließlich den eigentlichen Hirnschädel. Die Stirn ist sehr flach, stark zurückweichend, die Augenbrauenbögen stark vortretend, das Hinterhaupt dagegen vom Scheitel sehr steil abfallend, so dass die hintere Begrenzung in der Seitenansicht bei Horizontalstellung des Schädels eine fast senkrechte Linie bildet, welche unten am Hinterhauptstachel [Protuberantia occipitalis externa] endet [Abb. 90]. Dieser springt ungewöhnlich stark in Form eines seitlich zusammengedrückten Fortsatzes, welcher am hinteren Rand des Foramen magnum beginnt, flügelartig vor."[517] (Abb. 91, 92).

Abb. 85: Der Schädel des Augustin Heil (© N. Ulrich)

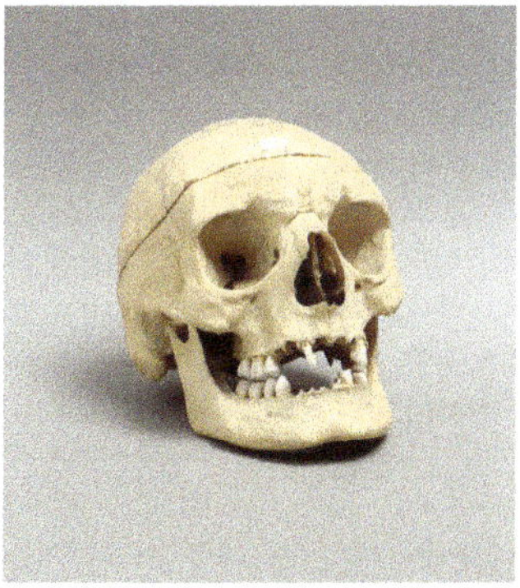

Abb. 86: Das steil, fast senkrecht abfallende Hinterhaupt (rote Linie), die ungewöhnlich geformte Protuberantia occipitalis externa (grüner Pfeil), die stark hervortretenden Augenbrauenwülste (blauer Pfeil) und die fliehende, stark zurückweichende Stirn (gelber Pfeil), (© N. Ulrich)

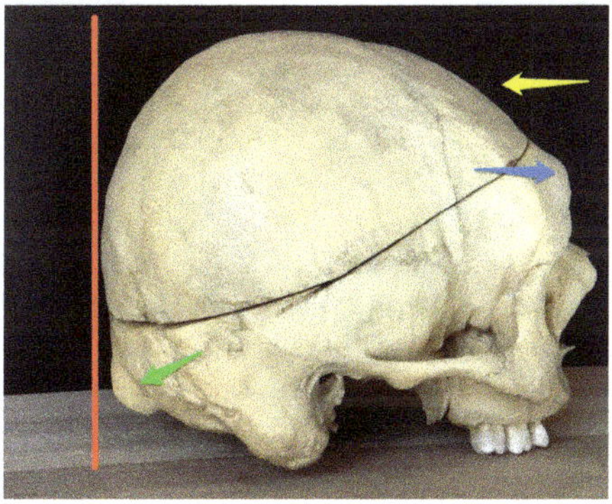

516 Dieser Schädel liefert zusätzlich den Beweis, dass die Signaturnummern im Format J.N. Zahl + Buchstabe von Lieberkühn eingeführt und in eine bestehende Systematik eingeordnet wurden, denn der Schädel mit der J.N.-Nummer 952 zeigt ebenfalls Anzeichen von Microcepahlie und wurde von Claudius in die Sammlung integriert. Somit ist bewiesen, dass es einerseits eine systematische Aufstellung der Schädelsammlung gab, die vermutlich von Claudius eingeführt wurde und des Weiteren, dass sich auch nachfolgende Anatomen an diese hielten und versuchten, neue Präparate mit gleichen Merkmalen in diese einzuordnen, vgl. dazu in dieser Arbeit: Entschlüsselung der Signatursysteme – personenbezogene und zeitliche Einteilung der Katalognummern.

517 Marchand, 1889, S. 34.

Abb. 87: Die ungewöhnlich geformte Protuberantia occipitalis externa in Nahaufnahme (grüner Pfeil) (© N. Ulrich)

Abb. 88: Der Ursprung der Protuberantia occipitalis externa am Hinterrand des Foramen magnum (grüner Pfeil) (© N. Ulrich)

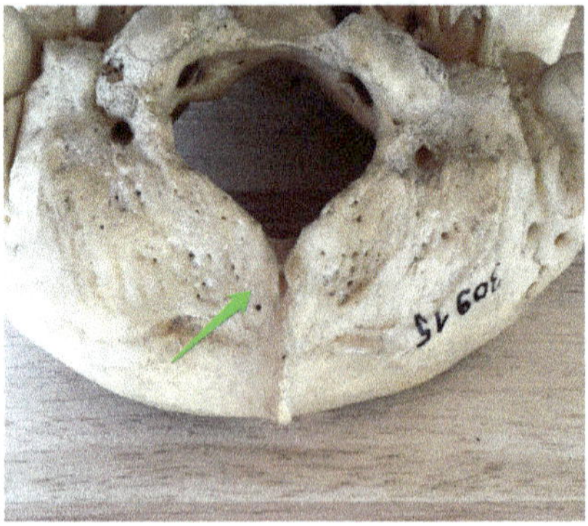

Auch die weiteren Beschreibungen Marchands treffen exakt auf den Schädel mit der Nummer J.N. 925a zu. Aus diesem Grund werden Marchands Ausführungen nachfolgend zitiert und an Fotos des Schädels demonstriert.

„Der Schädel ist nicht ganz symmetrisch und ziemlich stark skoliotisch. Das Scheitel- und Hinterhauptbein ist rechts viel stärker gewölbt als links, was besonders stark bei der Betrachtung von oben und von der Basis hervortritt, weniger in der Ansicht von vorn. Eine Linie, welche von der Spitze des Hinterhauptstachels durch die Mitte des Os basilare und des Gaumenbeins verläuft, bildet eine ziemlich beträchtliche nach rechts convexe Krümmung: die linke Hälfte des Schädels ist dem entsprechend kürzer als die rechte [Abb. 93, 94]. Zugleich ist die rechte Hälfte des Gesichtes etwas niedriger als die linke, der rechte Rand des Unterkiefers etwas mehr nach außen und leicht aufwärts gebogen. Das Schädelgewölbe ist seitlich nach oben etwas zusammengedrückt, so dass der mittlere Theil der Scheitelgegend schwach kielförmig hervortritt [Abb. 95]. Die Lineae semicirculares [*Lineae temporales superior und inferior – Anm. N.U.*] der Scheitelbeine sind abgeflacht, sie nähern sich in der Scheitelgegend ungefähr auf 3,5 cm. Die übrigen Muskelansätze sind stark ausgeprägt. Die Nähte sind sämmtlich unverknöchert, auch die Sutura frontalis ist in ihrer ganzen Länge erhalten [Abb. 96]. Parallel der Sut.[ura] lambdoidea, dicht vor derselben verläuft an beiden Scheitelbeinen eine tiefe Einkerbung, links stärker als rechts [Abb. 97]. Der Gesichtsschädel ist kaum niedriger als der eines normalen männlichen Individuums; seine geringe Höhe kommt hauptsächlich auf Rechnung des Unterkiefers. Das Kinn springt stark vor. Die Jochbeine sind niedrig. Die Zahnstellung ist durchaus orthognath [*normale, senkrechte Stellung der Zähne – Anm. N.U.*] [Abb. 98]. Die Weisheitszähne sind nicht vorhanden, auch ist von einem beginnenden Durchbruch nichts wahrnehmbar; die übrigen Zähne sind bis auf einen

Defect des vierten linken Backzahns vollständig [Abb. 99, 100].[518] Die Knochen des ganzen Schädels sind ziemlich dick und plump, namentlich ist das Schädeldach dick und schwer, mit reichlich fester Diploë und dicker Tabula externa. [...] Die Innenfläche des Schädeldaches ist bis auf zahlreiche tiefe Pacchioni´sche Gruben [*Granulationes arachnoideales = gefäßfreie Ausstülpungen der Spinngewebshaut (Arachnoidea mater), die knöcherne Impressionen an der inneren Schädelkalotte verursachen- Anm. N.U.*] neben der Mitte und deutlich ausgeprägte Gefässfurchen glatt, jedoch mit tiefen Impressiones digitatae [*Abdrücke der Hirnwindungen (Gyri) auf der Innenseite des Schädels - Anm. N.U.*] besonders im Bereich der Stirn- und Scheitelbeine (Abb. 101). Sämmtliche Schädelgruben erscheinen sehr eng und klein, die mittlere linke ist enger und kürzer als die rechte, die linke hintere viel kleiner als die rechte, welche stärker ausgebuchtet ist. Knochenvorsprünge an der inneren Schädelbasis sind sehr stark entwickelt und plump, der linke Sinus sigmoideus [*paarig angelegter venöser Blutleiter des Gehirns, der innerhalb des Sulcus sigmoideus der hinteren Schädelgrube verläuft - Anm. N.U.*] ist viel tiefer eingegraben als der rechte“[519] (Abb. 102).

Abb. 89: Das Schädeldach von oben, durch die rot eingezeichnete senkrechte Linie fällt die „convexe Krümmung“ des rechten Scheitel- und Hinterhauptbeines auf (© N. Ulrich)

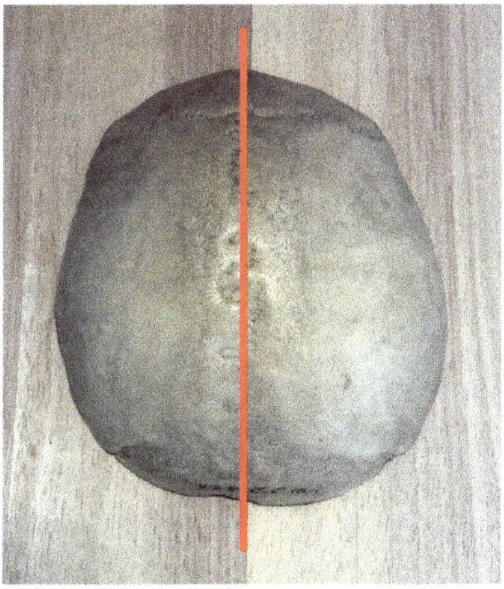

Abb. 90: Die Schädelbasis von unten, durch die rot eingezeichnete senkrechte Linie fällt auch hier die seitliche Verdrehung der Schädelbasis um die Mittellinie auf, die linke Seite (rechts im Bild) erscheint verkürzt (© N. Ulrich)

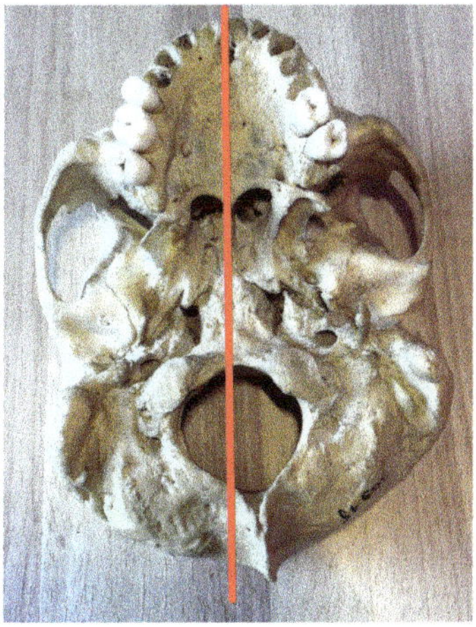

518 Der von Marchand gestellte Zahnbefund stimmt nicht mehr, da sich im Laufe der letzten Jahrzehnte die Zähne aus ihren Zahnfächern gelöst haben und verloren gegangen sind. Dies geschah post mortem, denn es sind keine Anzeichen von intravitalen Aktivitäten (Entzündungen, Heilungsprozesse) am Knochen zu erkennen.

519 Marchand, 1889, S. 34–35.

Abb. 91: Die kielförmige Erhebung jeweils seitlich der Sutura sagittalis (blaue Pfeile) (© N. Ulrich)

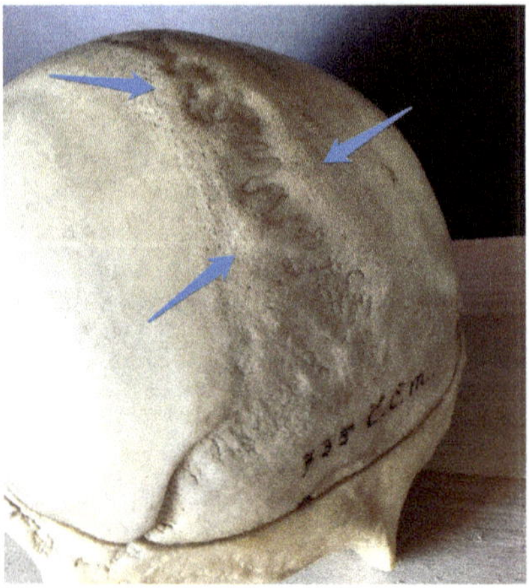

Abb. 92: Sämtliche Schädelnähte sind nicht verknöchert, auch die Sutura frontalis ist erhalten (Metopismus) (© N. Ulrich)

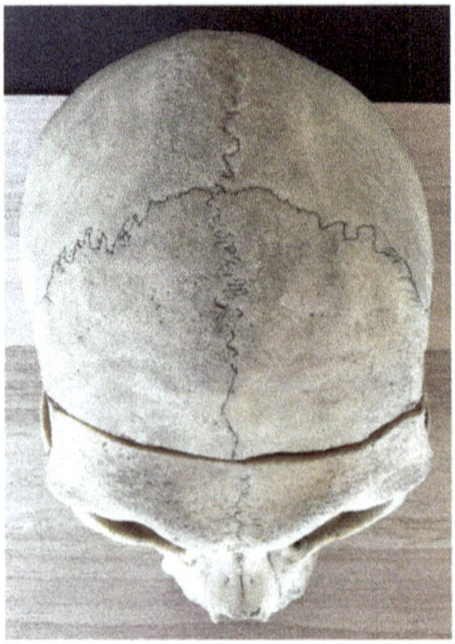

Abb. 93: Einkerbungen parallel der Sutura lambdoidea, links stärker ausgebildet als rechts (orange Pfeile) (© N. Ulrich)

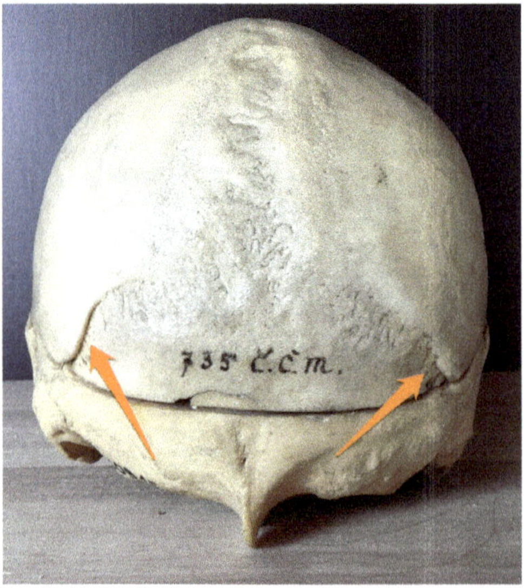

Abb. 94: Das Kinn springt vor, die Zahn- bzw. Kieferstellung ist durchaus normal (senkrechte, rote Linie) (© N. Ulrich)

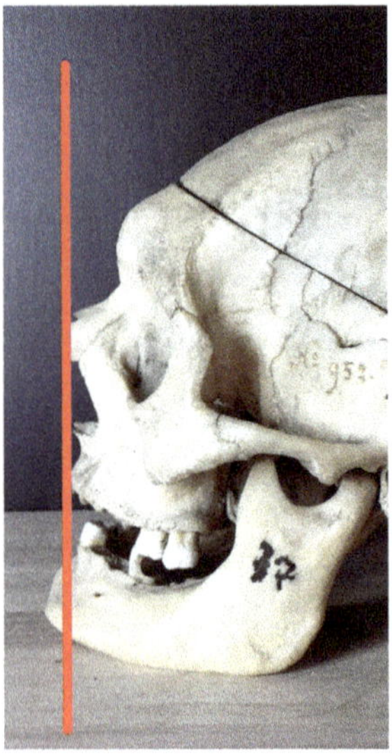

Abb. 95: Unterkiefer mit vorhandenen Zähnen (© N. Ulrich)

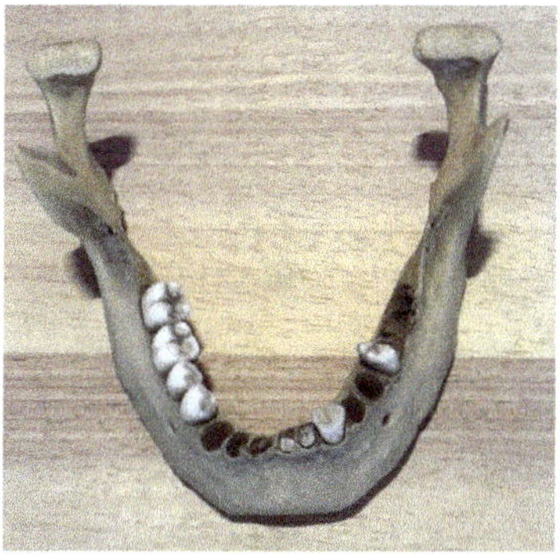

Abb. 96: Oberkiefer mit vorhandenen Zähnen (© N. Ulrich)

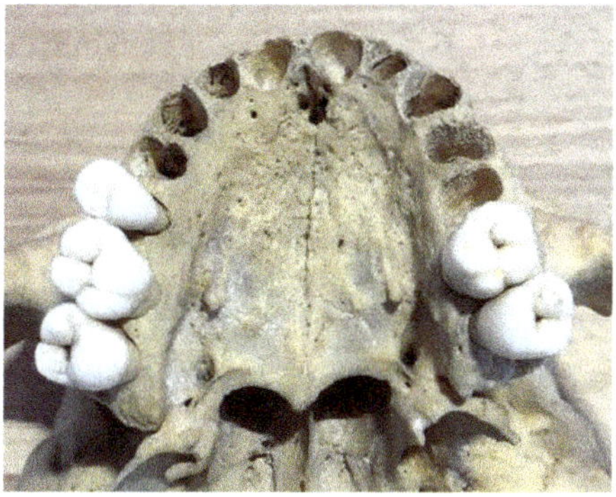

Abb. 97: Innenseite des Schädeldaches mit Foveolae granulares verursacht durch Pacchioni-Granulationen (blaue Pfeile), Impressiones digitatae am Stirnbein (grüner Pfeil), verdickte Diploe (pinkfarbener Pfeil), (© N. Ulrich)

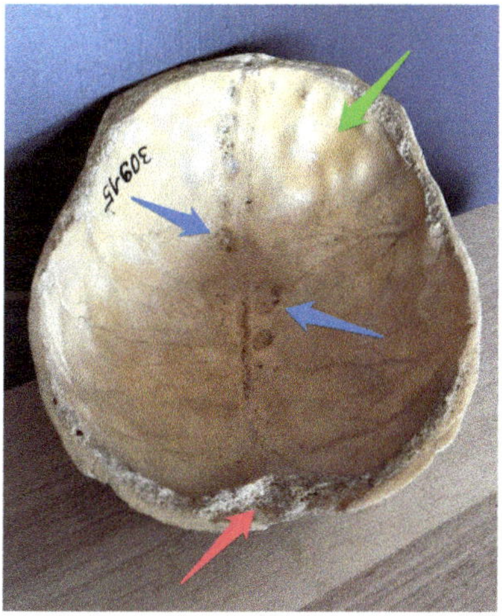

Abb. 98: Sulci sigmoidei, links stärker eingegraben als rechts (blaue Pfeile), Impressiones digitatae und Juga cerebralia in den vorderen Schädelgruben (grüne Pfeile) (© N. Ulrich)

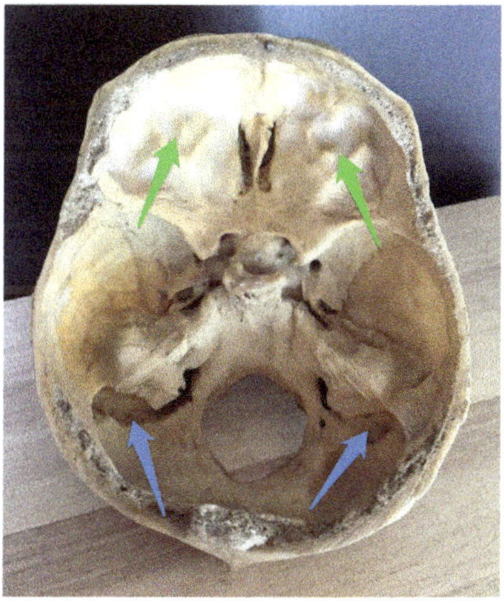

Marchand nahm zusätzlich 43 Schädelmaße, die nur exemplarisch nachgemessen wurden und die Messungen Marchands bestätigen. Auffällig war die Messung der Schädelkapazität, die Marchand mit 740 cm^3 angibt. Auf dem Schädel befindet sich oberhalb des Sektionsschnittes eine mit Tinte geschriebene

Angabe von 735 ccm, die vermutlich der Schädelkapazität entspricht. Wie sich die Differenz von 5 cm^3 ergibt und ob die auf den Schädel geschriebene Kapazität von Marchand selbst stammt, ist unklar. Möglicherweise hat Lieberkühn bereits eine Kapazitätsmessung bei der Sektion vorgenommen und diese dann auf dem Schädel vermerkt.[520]

5.2.1.1.2 Schädelgipsausguss

Im magazinierten Bestand der Anatomischen Sammlung wurde ein Schädelgipsausguss gefunden, der auf einem angehängten Papierschild die Bezeichnung *Nr. 4, Gypsausguß der Schädelhöhle des Mikrocephalen Heyl* trägt. Obwohl der Name Heyl nicht exakt der Schreibweise des Nachnamens in der Patientenakte entspricht, handelt es sich um den von Marchand in seiner Abhandlung beschriebenen Gipsausguss des Microcephalen Augustin Heil, der anhand dieser genauen Beschreibung und durch Einpassen in den vorhandenen Schädel eindeutig zugeordnet werden konnte. Dabei lieferten die von Marchand beschriebenen Pacchioni´schen Gruben, die sich auf dem Gipsausguss als kleine Erhebungen darstellen, das entscheidende, individuelle Indiz (Abb. 103, 104).

Abb. 99: Gipsausguss des Schädels von Augustin Heil, Ansicht von oben, gut zu erkennen sind die Pacchioni-Granulationen (Blaue Pfeile) (© N. Ulrich)

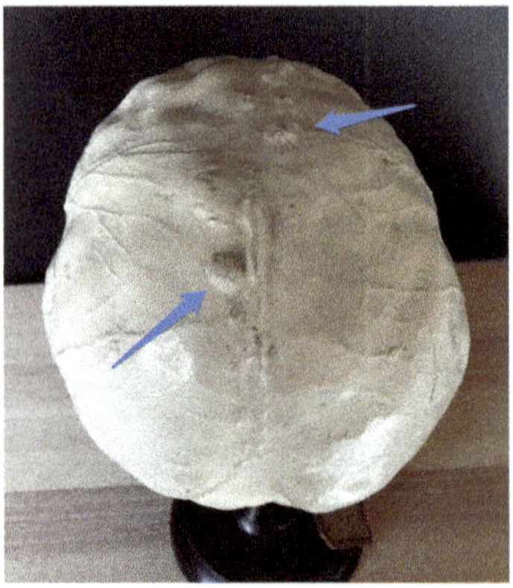

Abb. 100: Zeichnungen des Schädelgipsausgusses von Augustin Heil aus Marchands Abhandlung über Microcephalen-Gehirne, 1889/90, untere, rechte Zeichnung: Ansicht von oben mit gut erkennbaren Pacchioni-Granulationen (© N. Ulrich)

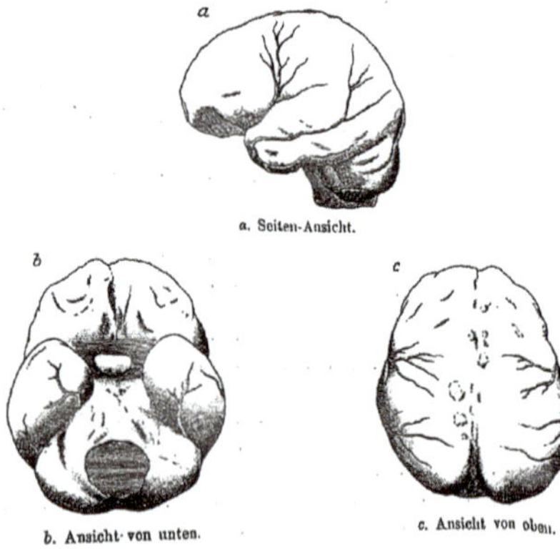

520 In der Schädelsammlung befinden sich noch weitere Schädel, auf denen die Schädelkapazitäten verzeichnet wurden. Es handelt sich dabei jedoch nicht ausschließlich um microcephale Schädel, wie die Messungen zeigen. Der Urheber sowie der Forschungszusammenhang sind derzeit noch unklar.

Offenbar gehört der Ausguss zu einer Serie, denn die Nummerierung *Nr. 4* lässt darauf schließen, dass es zumindest noch drei weitere Modelle mit den Nummern 1, 2 und 3 gab.[521] Dieser Aspekt wird im Zusammenhang mit den Gipsmodellen des Falles von Georg Völp diskutiert, da die für diesen Fall hergestellten Gipsmodelle dem hier vorgestellten ähneln.[522]

5.2.2 Der Fall Georg Völp

Georg Völp wurde am 13. November 1844 in Großauheim, Kreis Hanau, als uneheliches Kind von Katharina Völp geboren. Die Geburt war nach Aussage der Mutter „keine leichte".[523] Obwohl Georg ein schwächliches Kind war, überstand er mit 2 Jahren die Masern und mit 9 Jahren eine Hautpilzerkrankung[524] ohne weitere Komplikationen und entwickelte sich körperlich zumindest in den letzten Jahren gut, wenn auch nicht altersgerecht. Seine geistige Entwicklung ist laut Physikatszeugnis von Dr. Gris vom 15. April 1860 „gleich null". Der Arzt diagnostizierte einen „angeborenen Blödsinn (mit Schädelmißbildung: Zwergkopf/Microcephalus) – Idiotismus" und befand den 16jährigen Jungen als „völlig geistlos" und „auf der niedersten Stufe intellektueller Ausbildung". Zudem litt Georg seit seinem 5. Lebensjahr an epileptischen Anfällen, die sich periodisch alle zwei bis drei Wochen wiederholten. Er konnte sich nur sehr unartikuliert äußern, aber nicht sprechen. Auch in der Schule war er „total unfähig, das Einfachste zu begreifen". Obwohl ihm das An- und Entkleiden schwerfiel, war er in der Lage, seine natürlichen Bedürfnisse größtenteils zu verrichten, ohne sich zu beschmutzen.[525] Die Mutter gab in dem Gespräch mit dem Physikus Dr. Gris an, dass in den letzten Jahren Hinweise auf Selbstbefriedigung vorlagen. Mit Erreichen der Pubertät richteten sich Georgs sexuelle Annäherungen gegen seine

---

521 Diese Vermutung bestätigt sich, da die beiden für den Microcephalen Völp angefertigten Ausgüsse mit den Nummern 1 und 2 versehen sind, vgl. Der Fall Georg Völp. Nummer 3 konnte trotz intensiver Suche in den Beständen der Sammlung und im Magazin nicht aufgefunden werden.

522 Vgl. dazu in dieser Arbeit: Präparate zum Fall Völp – ein Schädelausguss und ein Gipsmodell des Gehirns.

523 Zweites ärztliches Gutachten (vorgedrucktes Tabellenformular) von Dr. Gris vom 15. April 1861 (Antwort auf Frage 2), vgl. Landeswohlfahrtverband Hessen, Patientenakte Georg Völp, Bestand 13, K 1891/047.

524 Tinea capitis.

525 „Die Verrichtung natürlicher Bedürfnisse geht mit Selbstbewusstsein von statten und ist mit Verunreinigung des Bettes oder des eigenen Körpers nicht verbunden.", vgl. Landeswohlfahrtverband Hessen, Patientenakte Georg Völp, Bestand 13, K 1891/047.

9jährige Schwester.[526] Auf die Frage, ob Heilversuche unternommen wurden, dokumentierte Dr. Gris einen stationären Aufenthalt von mehreren Monaten (27.5.–3.10.1853) im Landkrankenhaus Hanau, der allerdings erfolglos war. Aufgrund seiner Diagnose stellt der Arzt die Unheilbarkeit der Erkrankung fest.[527]

Dieses Gutachten wurde auf Anweisung der kurfürstlichen Polizeidirektion Hanau erstellt, an die sich Georgs Mutter mit einem Schreiben am 20. März 1861 gewandt hatte und um Unterstützung bei der Antragstellung zur Aufnahme ihres geistig behinderten Sohnes in eine entsprechende Anstalt bat. Sie beschrieb darin die Lebenssituation ihrer Familie und einige Vorkommnisse, die sie zu dieser Entscheidung bewogen hatten. Als Mutter von zwei unehelichen Kindern,[528] die sich ihren Lebensunterhalt durch Tageslohn verdienen und aus diesem Grund früh morgens das Haus verlassen musste, war es ihr bedauerlicherweise nicht mehr möglich, den elterlichen Erziehungs- und Aufsichtspflichten nachzukommen. Die Kinder wurden zwangsläufig sich selbst überlassen und waren ohne Aufsicht. Es kam vor, dass Georg, den die Mutter als von Natur aus jähzornig beschreibt, mit Messer bewaffnet auf andere Kinder oder Erwachsene losging, wenn er gereizt wurde. Er soll einmal sogar versucht haben, ein dreijähriges Mädchen in einen Brunnen zu werfen, was glücklicherweise durch eine Passantin verhindert werden konnte. Gravierend wog jedoch die Tatsache, dass sich Georg sowohl seiner kleinen Schwester wie auch anderen, jüngeren Kindern sexuell näherte.[529] In der

---

526 „In den letzten Jahren dokumentierten sich Spuren des onanistischen Lasters."(Antwort auf Frage 6 des Physikatszeugnisses), „Spuren des erwähnten Geschlechtstriebes, der sich der 9jährigen Schwester zuwendet, sind in der letzten Zeit zu Tage getreten." (Antwort auf Frage 15 des Physikatszeugnisses), vgl. Landeswohlfahrtverband Hessen, Patientenakte Georg Völp, Bestand 13, K 1891/047.

527 Zweites ärztliches Gutachten von Dr. Gris vom 15. April 1861, vgl. Landeswohlfahrtverband Hessen, Patientenakte Georg Völp, Bestand 13, K 1891/047.

528 Katharina Völp hatte noch eine weitere, ebenfalls uneheliche Tochter, die 9 Jahre jünger als Georg war. Ob die beiden Kinder vom gleichen Vater stammen, ist unklar.

529 Die Mutter schreibt dazu: „Bei dem schon sehr stark ausgebildeten Geschlechtstriebe meines Sohnes, welcher weder durch Vernunft noch Erziehung geregelt werden kann, ist bei solchen Gelegenheiten [Anm: wenn die Kinder alleine sind] mein Töchterchen Angriffen ausgesetzt, welche diesem höchst unangenehm und gefährlich, für mich aber um so kränkender sein müssen, da mir kein Mittel zu Gebote steht, solche zu verhindern. Auch sind schon auf der Straße bei kleineren Kindern, mit denen er gewöhnlich umgeht, Dinge vorgekommen, welche das Schamgefühl und die Sitte gröblich verletzen." (Schreiben der Katharina Völp an die Polizeidirektion Hanau vom 20. März 1861 mit Gesuch auf Aufnahme ihres Sohnes in eine Anstalt), vgl. Landeswohlfahrtverband Hessen, Patientenakte Georg Völp, Bestand 13, K 1891/047.

angeforderten Stellungnahme des Bürgermeisters Kronenberger, welcher als Ortsvorsteher ebenfalls einen Bericht abzugeben hatte, wurden die sexuellen Übergriffe zwar nicht erwähnt, jedoch bestätigte er die bewaffneten Angriffe Georgs auf andere Dorfmitglieder.[530] Es folgt die für den Aufnahmeprozess übliche Korrespondenz zwischen den zuständigen Behörden und Einholung der ärztlichen Gutachten.[531]

Daraufhin erging am 11. Juni 1861 der Beschluss des Innenministeriums, die Aufnahme in das Landeshospital Haina zu genehmigen. Fast ein Jahr später, am 23. April 1862, erging dann der endgültige Einberufungsbescheid, und Georg Völp trat schließlich am 30. April 1862 mit 18 Jahren in Haina ein.

Ein Jahr nach seinem Eintritt schrieb Dr. Amelung sein obligatorisches Gutachten über seinen Patienten, in dem er dessen Entwicklungen seit Beginn des Aufenthalts in Haina dokumentierte. Amelung bemerkte, dass Georgs Körper zwar ein wenig „im Wachstum fortgeschritten", sein Kopf aber nach wie vor auffallend klein („Microcephalus") sei, und bekräftigte dies mit den Angaben von erhobenen Schädelmaßen. Obwohl er ihn aufgrund seines Schädelbefundes zu den „Cretinen und wegen seines fehlenden Sprachvermögens zu den hochgradigen Idioten" zählte, verwunderte ihn, dass Georg „wenigstens eine Spur von Verstand besitzt."[532] Des Weiteren beschrieb Amelung seinen Patienten als „größtenteils gutmütig, zuweilen aber auch höchst eigensinnig und boshaft."[533] Er litt weiterhin an epileptischen Anfällen, die sich in bestimmten Zeitintervallen von ein bis zwei Wochen wiederholten. Die Heftigkeit der Anfälle schien mit der Dauer der anfallsfreien Zeit zu korrelieren. Amelung schloss seinen Bericht

530 Stellungnahme des Bürgermeisters Kronenberger vom März 1861. Das genaue Datum ist nicht bekannt, es muss jedoch nach dem 20. März (Schreiben Katharina Völp) und Anfang April 1861 liegen, vgl. Landeswohlfahrtverband Hessen, Patientenakte Georg Völp, Bestand 13, K 1891/047.

531 In einer ersten durch die Polizeidirektion Hanau angeforderten Stellungnahme vom 4. April 1861 führte Dr. Gris bereits aus, dass eine Aufnahme Georgs in das Landeshospital Haina aufgrund seiner unheilbaren geistigen Behinderung und der vom Bürgermeister bestätigten Gemeingefährlichkeit dringend und baldmöglich erforderlich sei. Dr. Amelung, ärztlicher Leiter in Haina, bestätigte am 13. Mai 1861 auf Grundlage des Physikatszeugnisses und der Stellungnahme von Dr. Gris die gerechtfertigte Aufnahme des Patienten nach der Reihenfolge aufgrund des unheilbaren Idiotismus „oder eigentlich Cretinismus und zugleich der Epilepsie", vgl. Landeswohlfahrtverband Hessen, Patientenakte Georg Völp, Bestand 13, K 1891/047.

532 Georg kannte bei seiner Aufnahme nur wenige Worte, darunter seinen Vornamen.

533 Wenn Georg einen Wutanfall hatte, biss er sich in die Hände oder schlug sich auf den Kopf.

mit einer Bestätigung der Diagnose (Cretinismus und Epilepsie, durch mangelhafte Entwicklung des Gehirns) und attestierte weiterhin die Unheilbarkeit der Erkrankung.[534]

Im Jahr 1872 trat der Arzt Otto Scheel, der an der Universität Marburg sein Physikum abgelegt hatte, eine Stelle als Hospitalsarzt in Haina an und kam so mit dem Patienten Georg Völp in Kontakt.[535] Die Microcephalie schien sein Interesse geweckt zu haben, denn er promovierte zu diesem Thema mit einer im Jahr 1875 an der Universität Marburg eingereichten Dissertation mit dem Titel *Drei Fälle von Microcephalie*[536]. Bei den drei von Scheel untersuchten Fällen handelte sich um den hier beschriebenen Georg Völp sowie ein microcephales Geschwisterpaar, von dem sich der Bruder ebenfalls in Haina befand.[537] Die Aufzeichnungen und Beschreibungen Scheels liefern einen seltenen Einblick in die Lebenswelt der Psychiatriepatienten, der aus der Patientenakte nicht hervorgeht.[538]

Scheel liefert zu Beginn seiner Fallbeschreibung von Georg Völp einige morphologische Merkmale und eine physische Beschreibung.[539] Anschließend berichtet er über einige physiologische Experimente, die er mit Georg durch-

---

534 Bericht von Dr. Amelung nach einjährigem Aufenthalt des Patienten Georg Völp in Haina vom 9. Juni 1863, vgl. Landeswohlfahrtverband Hessen, Patientenakte Georg Völp, Bestand 13, K 1891/047.

535 Kreuter, 1996, S. 1253–1254.

536 Vgl. Scheel, 1875.

537 Bei dem Geschwisterpaar handelt es sich zum einem um Caspar Wittich, ein zum Zeitpunkt von Scheels Untersuchungen 38jähriger Microcephaler aus Nentershausen (Kreis Rotenburg) und seine 2 Jahre ältere Schwester Elisabeth Wittich, die sich in der Landespflegeanstalt für Frauen in Merxhausen befand, vgl. Scheel, 1875. Caspar Wittich starb 1906 in Haina und sein Leichnam wurde auf vorherige Anfrage des damals im Marburger Pathologischen Instituts tätigen Ludwig Aschoff in dessen Institut verbracht. Gleiches geschah mit dem Leichnam der bereits 1896 verstorbenen Schwester Elisabeth. Wie aus dem Präparatekatalog des Pathologischen Institutes Marburg hervorgeht, wurden daraus zahlreiche Präparate hergestellt, vgl. Sahmland, 2016.

538 In den beiden in dieser Arbeit vorgestellten Fällen endet die Patientenakte mit einer kurzen Notiz zum Tod des Hospitaliten. Das obligatorisch nach einem Jahr verfasste Gutachten des Hospitalarztes ist zumeist das letztdatierte „persönliche" Dokument über den Patienten.

539 Die morphologische Beschreibung erscheint hier nicht relevant, da hier, anders als im Fall von Augustin Heil, kein Schädel oder Skelett zu Vergleichszwecken zur Verfügung steht. Diese sollen zwar laut des Präparatekataloges des Pathologischen Institutes hergestellt worden sein, konnten aber nicht aufgefunden werden.

führte.[540] Interessant sind die Verhaltensbeschreibungen, die einen Fortschritt in den geistigen Leistungen erkennen lassen. Bei Antragstellung fehlte Georg das Sprachvermögen gänzlich und er konnte nur über unartikulierte Worte kommunizieren. Bereits nach einjährigem Aufenthalt in Haina berichtet Amelung, dass er einzelne Worte, darunter seinen Vornamen, aussprechen konnte. In Scheels Dissertation schreibt dieser von einer auf einfachem Niveau befindlichen Kommunikation mit dem Patienten.[541] Einfache Objekte (Uhr) oder Tiere (Katze) erkennt und benennt er richtig; ebenso kann er Personen, die ihm täglich begegnen, benennen. Scheel schreibt abschließend: „Auffallend an ihm ist die bei Microcephalen gewiss selten in dem Maasse entwickelte Sprache. Jedes Wort, jeden Satz, vorausgesetzt dass er kurz ist, kann er deutlich nachsprechen, ohne indessen ein Verständniss dessen, was er gesagt hat, zu besitzen. [...] Die oben erwähnten Sätze sind nichts weiter, als etwas durch Gewöhnung Angeeignetes, Mechanisches."[542]

Am 24. September 1891 verstarb Georg Völp mit 47 Jahren im Hospital Haina. Sein Leichnam wurde in das Pathologische Institut nach Marburg abgegeben.

Felix Marchand sezierte die Leiche am darauffolgenden Tag und protokollierte die Obduktionsergebnisse in einem Sektionsbericht.[543] Der kleine, nur 146 cm große und 33,43 kg schwere Körper war in einem Zustand dürftiger Ernährung. Georg hatte sich vor seinem Tod den linken Unterschenkel gebrochen und musste, wohl um diesen ruhig zu stellen, mehrere Wochen liegen. Dadurch entstanden am Rücken oberhalb des Kreuzbeines, über der rechten Gesäßbacke und am großen Rollhügel (Trochanter major) des rechten Oberschenkels Dekubitalgeschwüre unterschiedlicher Schweregrade.[544] Pathologisch auffällig sind die Bronchien, die mit reichlich eitrigem Inhalt gefüllt waren, und die

540 Durch verschiedene Reize (elektrisch, mechanisch) untersuchte Scheel die Sensibilitäten von unterschiedlichen Sinnen. Georg Völp wurde bis zur Reizschwelle mit Nadelstichen, Stromstößen und heißem oder kaltem Wasser behandelt, um sein Schmerzempfinden zu überprüfen. Des Weiteren wurden ihm streng riechende Lebensmittel verabreicht, um seinen Geruchs- und Geschmackssinn zu testen, vgl. Scheel, 1875, S. 26–27.

541 Georg war in der Lage, einfache Fragen im richtigen Kontext zu stellen, wartete die Antwort jedoch nicht ab und fuhr mit einem zusammenhanglosen Satz fort, der nicht mehr in den ursprünglichen Kontext passte, vgl. Scheel, 1875, S. 27.

542 Vgl. Scheel, S. 28.

543 Vgl. Marchand, 1891.

544 Der Dekubitus oberhalb des Kreuzbeines entspricht einer Schädigung des Grades IV mit freiliegendem Knochen, vollständigem Gewebe- und Hautverlust. Die übrigen Geschwüre weisen oberflächliche bis tiefe Hautläsionen auf (Grad II und III), vgl.

ödematöse Lunge. Dieser pathologische Befund passte zu der von MARCHAND diagnostizierten Todesursache einer Pneumonie. Zudem fand sich ein hühnereigroßer, eitriger Abszess der rechten Prostatahälfte. Das Gehirn war gemäß der kleinen Schädelform sehr schmal und durch die fliehende Stirn stark nach hinten geneigt und vorne spitz zulaufend. Die Protuberantia occipitalis externa ist nicht prominent, die gesamten Schädelnähte sind nicht verknöchert.[545]

Die Ergebnisse präsentierte MARCHAND im März 1892 auf einer Sitzung der *Gesellschaft zur Beförderung der gesammten Naturwissenschaften zu Marburg*.[546] Das Krankheitsbild der Microcephalie hatte ihn schon vor seiner Marburger Zeit (1883–1900) interessiert, und nun bot sich ihm auch in Marburg die einmalige Gelegenheit, einen weiteren „exklusiven" Fall[547] zu bearbeiten und evolutionsbiologische Forschungsansätze zu diskutieren.[548] In seinem Vortrag erläuterte er seine Untersuchungsergebnisse und Forschungsansätze mit Hilfe zahlreicher Zeichnungen, dem konservierten Gehirn GEORG VÖLPS sowie an Gipsmodellen dieses und anderer Gehirne und Schädel, die er zu Vergleichszwecken zeigte.[549]

5.2.2.1 Präparate zum Fall Völp – ein Schädelausguss und ein Gipsmodell des Gehirns

Das in MARCHANDS Vortrag erwähnte Gehirn sowie die anderen im Präparatekatalog des Pathologischen Institutes aufgeführten Präparate zum Fall GEORG VÖLP konnten trotz intensiver Recherchen nicht aufgefunden werden.[550] Jedoch fielen

---

Europäisches Beratungsgremium Dekubitus, http://www.epuap.org/guidelines/QRG_Prevention_in_German.pdf, zuletzt geprüft am 30.03.2016.

545 Scheel schreibt in seiner Dissertation, für die er Georg Völp zu Lebzeiten untersuchte, dass die Schädelnähte und Fontanellen „nicht fühlbar" und die Protuberantia occipitalis externa „prominierend" sei, vgl. Scheel, 1875, S. 23.

546 Vgl. Marchand, 1892.

547 Marchand hatte in seiner Zeit in Halle den Leichnam des 4jährigen Karl Koch selbst seziert. Für den Fall aus Breslau und den Fall Heil untersuchte er nur die bereits angefertigten Präparate, vgl. Marchand, 1889 und Marchand, 1890.

548 Vgl. dazu in dieser Arbeit: Die Forschungsergebnisse des Marburger Pathologen Marchand zum Krankheitsbild der Microcephalie anhand der Präparate aus der Marburger Anatomischen Sammlung.

549 Vgl. Marchand, S. 58.

550 Im Präparatekatalog des Pathologischen Institutes Marburg sind insgesamt elf zum Fall Georg Völp gehörige Präparate verzeichnet (Nr. 2453–2459, 2469–2474). Es handelt sich dabei unteranderem um das Skelett mit Schädel, das Gehirn sowie die beiden identifizierten Gipsmodelle und innere Organe.

bei der Suche nach dem Schädelabguss von AUGUSTIN HEIL im magazinierten Bestand der anatomischen Sammlung zwei weitere Gipsmodelle auf (Abb. 105), die dem des gesuchten Heil äußerst ähnlich waren. Der Fuß, auf dem die Modelle montiert sind, ist in allen drei Fällen gleich gearbeitet. Auch die angebrachten, beschrifteten Schilder sind von gleicher Machart. Die Handschrift auf den Schildern ist identisch und auch die Nummerierung der Objekte lässt darauf schließen, dass sie in einem gemeinsamen Kontext hergestellt wurden und zu einer Serie gehören (Abb. 107, 109, 111).

Abb. 101: Die beiden zum Fall Georg Völp gehörigen Gipsmodelle (© N. Ulrich)

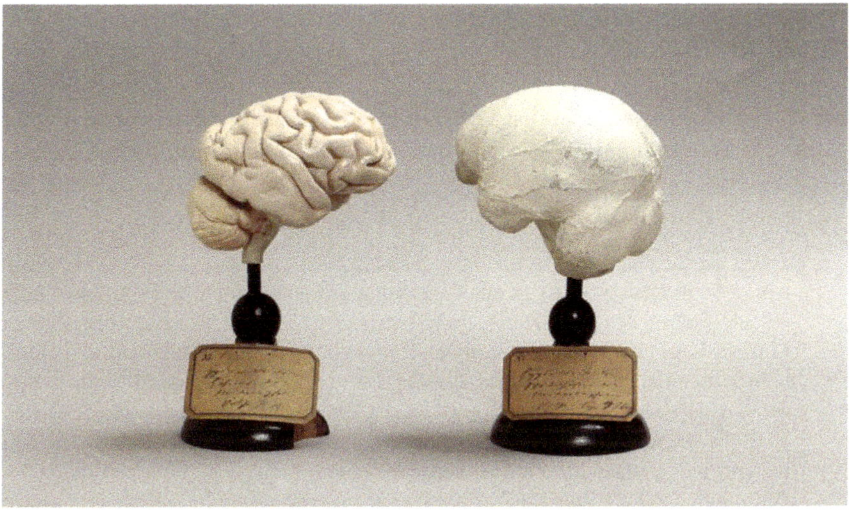

Die beiden Modelle des Falles GEORG VÖLP sind die ersten der Reihe. Der Gehirnabguss ist mit *Nr. 1* gekennzeichnet (Abb. 108), danach folgt der Schädelausguss mit *Nr. 2* (Abb. 110). Ein Modell mit der *Nr. 3* fehlt. Der Schädelausguss aus dem Fall AUGUSTIN HEIL ist mit *Nr. 4* beschriftet (Abb. 106). Führt man die aufgezeigte Reihenfolge Schädelausguss – Gehirnabguss logisch zu Ende, könnte es sich bei dem bisher nicht gefundenen Modell mit der *Nr. 3* um den Gipsabguss des Gehirns von AUGUSTIN HEIL handeln. Unklar ist ebenfalls, ob dieser Serie noch weitere Modelle angehörten. Ein weiterer, im Magazin gefundener Schädelausguss des Microcephalen CASPAR WITTICH lässt diese Vermutung zu.[551]

551 Auch dieses Modell steht auf dem gleich gearbeiteten Fuß wie die anderen Modelle und ist ebenfalls mit einem Schild versehen. Das Schild ähnelt den oben beschrie-

Interessanterweise wurden die beiden Völp´schen Modelle mit den Nummer 1 und 2 beschriftet, obwohl der Fall Völp zeitlich **nach** dem Fall Heil liegt. Augustin Heil verstarb bereits im Jahr 1882. Zu diesem Zeitpunkt hielt sich Marchand noch in Gießen auf. Georg Völp verstarb im Jahr 1891 und wurde nach seinem Tod von Marchand selbst untersucht. Da nun aber die Modelle von Georg Völp die ersten in der Reihe sind, datiert die Herstellung der Modelle frühestens auf das Jahr 1891, vermutlich im Zuge der Vorbereitung zu Marchands Vortrag im März 1892.[552] Die darin angesprochenen Vergleichsobjekte könnte unter anderem der in diesem Zuge ebenfalls hergestellte Schädelausguss von Augustin Heil sein.

Im Anatomischen Institut in Leipzig sind ein Schädelausguss und ein Gehirnabguss der ebenfalls microcephalen Schwester von Caspar Wittich vorhanden.[553] Elisabeth Wittich verstarb 10 Jahre vor ihrem Bruder (1896) in der Landespflegeanstalt Merxhausen und wurde nachweislich im Pathologischen Institut Marburg präpariert.[554] Auch dieser Fall wurde von Marchand im Zuge seiner Studien zur Microcephalie bearbeitet und dessen Ergebnisse vorgestellt.[555]

---

benen Schildern zwar, ist in der Gestaltung der Randlinien und des Zuschnitts jedoch anders. Auch die Handschrift entspricht nicht der der hier vorgestellten Modelle. Das Feld für eine Nummer ist zwar vorgesehen, jedoch nicht ausgefüllt. Sehr wahrscheinlich handelt es sich hier aber um ein weiteres Modell der vorliegenden Serie. Zum Fall Caspar Wittich und seiner Schwester Elisabeth, vgl. Scheel, 1875. Es wurde bereits darauf hingewiesen, dass auch die Leichen dieser beiden Microcephalen nach Marburg kamen. Zum einen sind sie im Präparatekatalog des Pathologischen Institutes verzeichnet, zum anderen gab es Bemühungen Ludwig Aschoffs, ab 1900 Nachfolger Marchands in Marburg, sich im Falle des Ablebens von Caspar Wittich dessen Leiche zu sichern. Wie Sahmland in ihrem Beitrag schreibt, hat Aschoff sich nicht an der Forschung zur Microcephalie beteiligt. Sie vermutet, er habe es im Interesse und Auftrag Marchands getan, vgl. Sahmland, 2016. Diesem war bekannt, dass in Haina ein weiterer microcephaler Patient untergebracht war. Doch da er sich bedingt durch seinen Weggang nach Leipzig im Jahr 1900 nicht mehr selbst um diese Belange kümmern konnte, setzte er seinen Nachfolger Aschoff darauf an. Außerdem lebte Caspar Wittich zu diesem Zeitpunkt noch.

552 Vgl. Marchand, 1892.

553 Herzlichen Dank an Frau Dr. Christine Feja (Anatomisches Institut, Universität Leipzig) für die Recherchebemühungen und Fotos der Leipziger Präparate

554 Anatomische Präparate von Elisabeth Wittich im Katalog des Pathologischen Institutes mit den Nummern: 3200–3200k.

555 Vgl. Marchand, 1896.

Möglicherweise wurden in gleicher Weise auch von Elisabeth Wittich Modelle angefertigt und der vorgestellten Serie von Gehirnmodellen hinzugefügt.[556] Das Vorhandensein der Leipziger Modelle belegt deren Existenz, denn offenbar nahm Marchand Duplikate des Schädelausgusses und des Gehirnabgusses von Elisabeth Wittich zu Reproduktionszwecken mit nach Leipzig. Marchand bestätigt, dass die Gehirnmodelle von dem bereits in anderem Zusammenhang vorgestellten Atelier Steeger in Leipzig vervielfältigt wurden.[557] Sie unterscheiden sich in ihrer Herstellungsmethode, dem Fuß und Ständer, der Beschriftung und der Machart (Farbe) deutlich von den Marburger Modellen. Möglicherweise befinden sich noch weitere Modelle der in Marburg präparierten Microcephalen-Gehirne in Leipzig, denn das im Jahr 1906 in Marburg hergestellte Modell (oder dessen Duplikate) von Caspar Wittich war vermutlich auch für Marchand bestimmt, der ja zu diesem Zeitpunkt bereits in Leipzig war, jedoch sein Interesse an dem Patienten durch seinen Kollegen Aschoff bekundet hatte. Es ist unwahrscheinlich, dass sich Marchand die Gelegenheit entgehen ließ, auch den anderen Teil des microcephalen Geschwisterpaares zu untersuchen, obwohl er nicht mehr vor Ort war.[558]

Die Verbindungen Marchands auch während seiner Leipziger Zeit nach Marburg und seine Forschung an den Marburger Microcephalen werden im folgenden Kapitel unter Berücksichtigung der vorherrschenden Diskussion im 19. Jahrhundert zur entwicklungsgeschichtlichen Bedeutung der Microcephalie thematisiert.

---

556 Die in Marburg von Elisabeth Wittich hergestellten Ab- und Ausgüsse konnten vor Ort nicht gefunden werden.

557 Die angesprochene Notiz Marchands zur Herstellung durch das Atelier Steeger, vgl. Grote, 1923, S. 35. Zum Atelier Steeger und dessen Arbeiten in der Marburger Sammlung, vgl. dazu in dieser Arbeit: Makroskopische Gipsmodelle in der Marburger Sammlung und die *Marburger Venus*, S. 70.

558 Marchand schreibt dazu selbst: „[...] der dritte [Caspar Wittich] kam durch dankenswerte Bemühung meines verehrten Kollegen und späteren Nachfolgers in Marburg, Prof. Aschoff, in meine Hände [...]“, vgl. Grote, 1923, S. 35.

Abb. 102: Schädelausguss von Augustin Heil (© N. Ulrich)

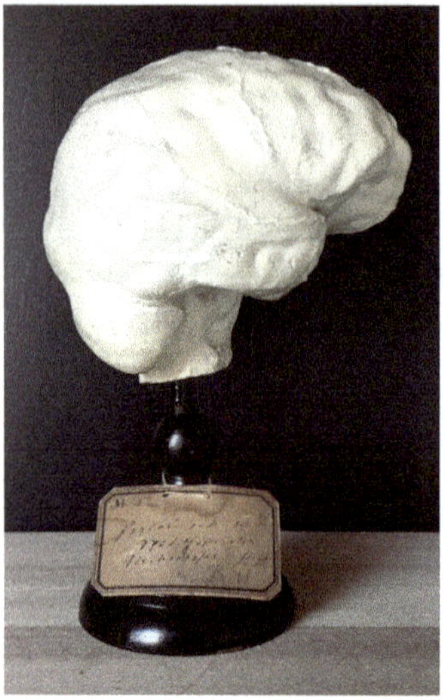

Abb. 103: Papierschild am Fuß des Schädelausgusses: „Nr. 4, Gypsausguß der Schädelhöhle des Mikrocepahlen Heyl" (© N. Ulrich)

Abb. 104: Das Gehirnmodell von Georg Völp (© N. Ulrich)

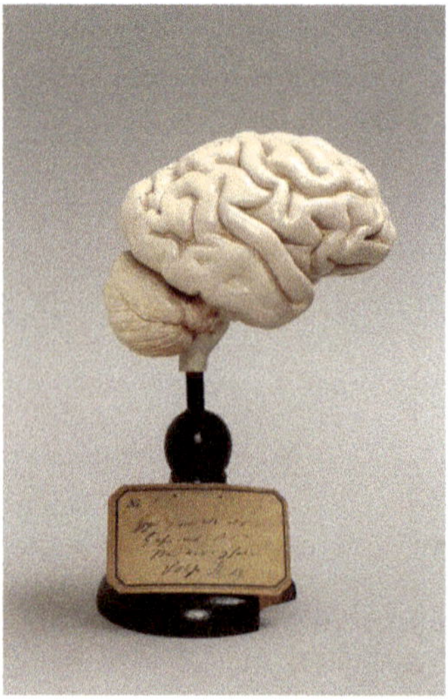

Abb. 105: Papierschild am Fuß des Gehirnmodells, Nr. 1, Gypsmodell des Gehirns des Microcephalen Völp (© N. Ulrich)

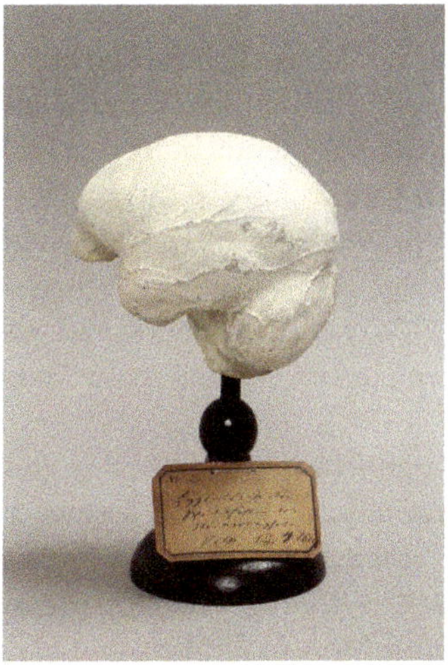

Abb. 106: Der Schädelausguss von Georg Völp (© N. Ulrich)

Abb. 107: Papierschild am Fuß des Schädelausgusses, Nr. 2, Gypsausguss der Schädelhöhle des Microcephalen Völp (© N. Ulrich)

5.2.3 Die Forschungsergebnisse des Marburger Pathologen Marchand zum Krankheitsbild der Microcephalie anhand der Präparate aus der Marburger Anatomischen Sammlung

Im vorangegangenen Kapitel sind die (Forschungs-)Beziehungen, die Felix Marchand auch nach seinem Weggang nach Leipzig weiterhin zum Marburger Pathologischen Institut pflegte, deutlich geworden. In einer autobiographischen Abhandlung schreibt er, dass seine Forschungen zur Morphologie des Microcephalen-Gehirns mit denen von ihm in Halle (1878) und Breslau (vermutlich zwischen 1879–1881) bearbeiteten Fällen und dem Fall von Augustin Heil (1882) aus Marburg beginnen, die er in einem ersten Werk zur Microcephalie im Jahr 1889/90 veröffentlichte.[559] Ab 1891 in Gießen und schließlich 1893 als ordentlicher Professor für Allgemeine Pathologie und Pathologische Anatomie in Marburg, war im wohl bekannt, dass die Landespflegeanstalten Merxhausen und Haina, die im „Leicheneinzugsgebiet“ der Universität Marburg lagen, eine ergiebige Quelle forschungsrelevanten Materials darstellten.[560] Für Marchands

559 Vgl. Marchand, 1889, Marchand, 1890.

560 Zur allgemeinen und gesetzlichen Regelung der Leichenablieferung der Patienten aus Haina und Merxhausen an die Universität Marburg, vgl. Sahmland, 2008, Sahmland, 2015.

morphologische Studien und die entwicklungsgeschichtlichen Fragen schien der Fall Georg Völp etwas Besonderes zu sein, denn obwohl dieser an hochgradiger Microcephalie litt konnte er nachweislich einfache Sätze sprechen und zeigte eine Verstandestätigkeit.[561]

Die Diskussion über die allgemeine Morphologie der Microcephalen-Gehirne und speziell die Deutungen der Hirnwindungen und -furchen im Hinblick auf geistige und körperliche Funktionen wurde nach der Veröffentlichung der Deszendenztheorie Charles Darwins (1859) darüber geführt, ob die Microcephalen als der *missing link* in der Abstammung des Menschen vom Affen angesehen werden können. Die Abstammung des Menschen vom Affen lag für viele Wissenschaftler, darunter Haeckel, Vogt u. a. schon vor Darwins Deszendenztheorie aufgrund der Menschenähnlichkeit der Primaten und umgekehrt durch die Tierähnlichkeit mancher Menschen nahe.[562]

Gerade in den pränatalen Entwicklungsstadien ähneln sich die Früchte von Menschen und Affen in Gestalt und äußerer Erscheinung sehr.[563] Nestawal schreibt dazu sehr treffend: „Das Auftreten der Primaten sabotiert das Natursystem, indem die Kreatur die Position des Menschen in Frage stellt."[564] Wenn Mensch und Affe sich in Aussehen und Erscheinungsform so ähnlich sind, wie kann dann der Anspruch des Menschen als „Krone der Schöpfung" gerechtfertigt werden?

Schon der schwedische Naturforscher und Mediziner Carl von Linné erkannte diese Diskrepanz bei Einführung seiner biologischen Systematik und versah den Menschen (Gattung: Homo) mit dem Zusatz *sapiens* (weise).[565] Dadurch wurde deutlich, dass es der Verstand bzw. die geistige Leistungsfähigkeit war, die den Menschen zum Menschen machte. Aus diesem Grund überrascht es

---

561 Marchand erwähnte die Präparation der Leiche von Georg Völp und den damit verbundenen Zuwachs zur pathologischen Sammlung in einem Rechnungsbericht für das Pathologische Institut aus dem Jahr 1892/93, vgl. Philipps-Universität, 1893, S. 56.

562 Vgl. Nestawal, 2010, S. 183.

563 Mensch und Affe sind hier als Begriffe des universellen Sprachgebrauchs zu sehen. Phylogenetisch (und damit korrekt betrachtet) setzt sich die Gruppe der Affen (Anthropoidea) aus den beiden Untergruppen der Neuweltaffen (Platyrrhini) und der Altweltaffen (Catarrhini) zusammen. Zu letzterer gehört über die Überfamilie der Menschenartigen (Hominoidea) und die Familie der Menschenaffen (Hominidae) definiert, auch der Mensch (Homo sapiens).

564 Nestawal, 2010, S. 185.

565 Einführung der binären Nomenklatur in die Taxonomie durch Linné, die sich aus Art- und Gattungsnamen zusammensetzt.

nicht, dass gerade das Gehirn als Sitz dieser Verstandesleistungen zum zentralen Untersuchungsobjekt der Wissenschaftler des 19. Jahrhunderts avancierte, um die Unterschiede herauszuarbeiten und damit auch in gewisser Weise die Sonderstellung des Menschen zu rechtfertigen. Die Ausnahme bildete der Schweizer Anthropologe Carl Vogt, der versuchte, „diese Art der Beweisführung in umgekehrter Richtung für seine Arbeiten [zu] verwerten [...], indem er „dem Menschenaffen [...] den „Affenmenschen", den „Kleinkopf" gegenüber [stellte]."[566] Nach Vogts Meinung glich das Microcephalen-Gehirn hinsichtlich seiner Organisation dem Gehirn der Affen mehr als dem eines Menschen. Dies stellte für ihn den Beweis dar, dass die Microcephalen das Bindeglied zwischen diesen beiden Spezies sind.

Marchand widersprach den propagierten Thesen Vogts, der die Microcephalen mit der im Zuge von Darwins Deszendenztheorie aufkommenden Suche nach dem *missing link als* „Affenmenschen" bezeichnete.[567] Vogt hielt die Microcephalie für einen vererbten Atavismus. Er generierte diese These aus seinen Nachforschungen, die er maßgeblich auf in der damaligen Literatur vorhandene Fallbeschreibungen stützte und in seinem umfassenden Werk *Über die Mikrocephalen oder Affen-Menschen* (1867) publizierte.[568]

Gerade das Gehirn des Georg Völp, der in der Lage gewesen war, vereinzelte Worte und sogar einfache Sätze zu sprechen, erschien Marchand als geeignetes Demonstrationsbeispiel. An diesem wollte er zeigen, dass 1) das Microcephalen-Gehirn keine Replik des Affengehirns (vererbter Atavismus) ist und 2) es keinen Rückschluss auf physiologische Funktionsausfälle liefert, obgleich es in seiner Gestaltung der Hirnfurchen (*Sulci cerebri*) und -windungen (*Gyri cerebri*) im Gegensatz zu einem normal entwickelten menschlichen Gehirn sehr einfach beschaffen ist. Diese Vermutung äußerte Marchand bereits in seiner Publikation über Microcephalen-Gehirne aus dem Jahr 1889/90.[569] Aus seinen Untersuchungen an microcephalen Gehirnen geht hervor, dass es kein typisches Microcephalen-Gehirn gibt. Die Ergebnisse deuteten in die gegenläufige Richtung: „Je mehr man

---

566 Nestawal, 2010, S. 183.

567 Marchand schloss sich dabei der Meinung Aebys an, der schon 1867 sagte, „dass die Berechtigung, normale Formenreihen durch pathologische zu vervollständigen, nur eine bedingte ist.", Aeby, 1867, S. 82.

568 Vgl. Vogt, 1867.

569 „Obwohl nun bereits eine recht ansehnliche Reihe von Mikrocephalen-Gehirnen beschrieben worden ist [Marchand untersuchte 86 Fälle aus der Literatur], so müssen wir doch gestehen, dass das Hauptergebniss einer Vergleichung der Functionsstörung mit dem anatomischen Verhalten ein wesentlich negatives ist.", vgl. Marchand, 1890, S. 73.

sich in das Studium des Microcephalen-Gehirnes vertieft, desto mehr kommt man zu der Ueberzeugung, dass man sich hier einer recht mannigfaltigen Anomalie gegenüber befindet, bei welcher es kaum möglich ist, eine Art Gesetz heraus zu erkennen."[570] Der vielfach diskutierten mangelhaften Entwicklung der dritten Stirnwindung (*Gyrus frontalis inferior*)[571] in Verbindung mit dem Sprachvermögen trat Marchand bereits vor der Untersuchung des Gehirns von Völp entgegen, indem er Beispiele von Microcephalen anführte, die keinesfalls aphasisch waren und sogar singen konnten. „Das Unvermögen, zu sprechen, ist ebenso als Folge der mangelhaften Entwicklung des Grosshirns im Allgemeinen aufzufassen, wie die Mangelhaftigkeit der übrigen psychischen Thätigkeiten."[572] Die Behauptung, den Microcephalen würde eine dritte Stirnwindung fehlen, hängt maßgeblich von der Definition und Einteilung bestimmter Windungen und Furchen zu Verästelungsmustern des Sulcus lateralis (syn: *Fissura Sylvii*) und somit von der subjektiven Beurteilung des Untersuchenden ab.[573]

In seiner Beschreibung des Völp'schen Gehirns ist die Ähnlichkeit mit einem Anthropoidengehirn erkennbar, doch die typischen Formen des menschlichen Gehirns sind vorhanden, auch wenn das Windungsmuster des Großhirns in hohem Maße vereinfacht ist.[574] Auch der von Marchand nun selbst untersuchte Fall Völp bekräftigte die bereits in der Abhandlung über Microcephale (1889/90) gemachten Annahmen, dass es „keinen einheitlichen Mikrocephalen-Typus [gibt], sondern eine fast continuirliche Reihe von Uebergängen [...]."[575] Sahmland bemerkt in ihrem Vortrag, dass „das gesuchte entscheidende Ergebnis allerdings [darin] bestand [...], dass eindeutige Zuweisungen offenbar nicht möglich sind."[576] Marchand selbst schreibt dazu: „Die Vereinfachung der Windungen des Mikrozephalengehirns als Folge einer schon in frühem Stadium aus inneren

570 Marchand, 1890, S. 6.

571 Im unteren Bereich des *Gyrus frontalis inferior* (auch *Augenwindung* genannt) befindet sich das Broca-Zentrum (motorische Sprachregion), vgl. {Pschyrembel 2013 #314}, S. 316, Broca-Zentrum.

572 Marchand, 1890, S. 74.

573 Marchand schreibt dazu: „Die Homologie des als untere (3.) Stirnwindung gedeuteten Teils hängt wesentlich von der Deutung der als vorderer Ast der Fissura Sylvii bezeichneten Furche ab, die ich, abweichend von Waldeyer, Kükenthal und Ziehen für die vordere Grenzfurche der Insel erkläre, ebenso wie bei den anthropoiden Affen, wo sie die untere Stirnwindung von der Insel abgrenzt (Sulcus fronto-orbitalis), wie bei den Mikrozephalen.", vgl. Grote, 1923, S. 36.

574 Vgl. Marchand, S. 46.

575 Marchand, 1889, S. 6.

576 Sahmland, 2016.

Ursachen eingetretenen Entwicklungshemmung hat eine gewisse Tierähnlichkeit zu Folge, ist aber keineswegs als Rückschlag auf eine bestimmte Tierform aufzufassen, wohl aber als Beweis für die phylogenetische Entwicklung, die auch in der Bildung einer typischen Affenspalte[577] (mit Operculum occipitale) zum Ausdruck kommen kann."[578]

Eine von Marchand in seiner Autobiographie angekündigte Arbeit über die Microcephalie mit allen von ihm bearbeiteten Fällen ist nicht erschienen.[579]

Marchand nutzte den morphologischen Vergleich von microcephalen und normalen Gehirnen, um Erkenntnisse über den strukturellen Aufbau des Gehirns zu erlangen. Dazu bediente er sich nicht nur makroskopischer Methoden, für die die hergestellten Präparate und Modelle dienten, sondern fertigte auch Gehirndurchschnitte an und untersuchte die Hirnrinde (*Cortex*). Anhand der Schnitte bestimmte er die quantitative Verteilung der grauen (*Substantia grisea*) und weißen Substanz (*Substantia alba*). Nach eigenen Studien und basierend auf Untersuchungsberichten von Kollegen, die teils divergente Ergebnisse lieferten, konnte Marchand auch hinsichtlich der Verhältnisse des Cortex keinen Microcephalen-Typ ausmachen.[580] Gerade die Gehirne der mit hochgradiger Microcephalie diagnostizierten Individuen zeigten hinsichtlich der Verhältnisse von grauer und weißer Rindensubstanz kaum Veränderungen. Er schloss daraus: „dass die Morphologie der Oberfläche allein noch keinen sicheren Rückschluss zulässt auf den inneren Bau und dass ferner die Beurtheilung der Bildungsanomalien lediglich nach vergleichend morphologischen Gesichtspunkten eine sehr einseitige ist."[581] Gleichzeitig forderte er histologische Untersuchungen an Microcephalen-Gehirnen, um Veränderungen quantitativer Art auf mikroskopischer Ebene nachweisen zu können.[582]

Möglicherweise stellen die in der Marburger Sammlung vorhandenen Präparate die materielle Basis für das von Marchand angekündigte Werk über

577 „Affenspalte: Während gewöhnlich beim Menschen zwischen der *Fissura parieto-occipitalis* und *Fissura occipitalis anterior* der Großhirnoberfläche ein deutlicher Zwischenraum besteht, gehen in seltenen Fällen diese Furchen ineinander über und bilden dann zusammen die Affenspalte, die wie bei den Affen Hinterhaupts- und Scheitellappen vollkommen trennt", vgl. Guttmann, 1906.

578 Grote, 1923, S. 36.

579 Vgl. Grote, 1923.

580 Vgl. Marchand, 1890, S. 52, 55.

581 Marchand, 1890, S. 55.

582 Es ist nicht bekannt, ob Marchand histologische Schnitte der Marburger Fälle Heil und Völp anfertigte. In den jeweiligen Berichten über die Fälle werden keine Schnittserien erwähnt oder mikroskopische Untersuchungsergebnisse vorgestellt.

Microcephalie dar. Dafür spricht zum einen der Umstand, dass es sich hierbei nachweislich um eine Serie handelt, zum anderen deren zeitliche Einteilung im Zusammenhang mit Marchands Wirken in Marburg und Leipzig und der stattgefundene Austausch von Präparaten.

Marchands Untersuchungen zeigten, dass es 1) keinen typischen Microcephalen-Typus gibt, 2) die strukturellen Verhältnisse dieser Gehirne keine Rückschlüsse auf physiologische Funktionsweisen zulassen[583] und 3) die Beurteilung des Hirnfurchen und –windungsmusters zu subjektiv für eine generalisierte Aussage über das Vorhandensein geistiger Fähigkeiten (bspw. Sprache) ist. Das einzige eindeutige Ergebnis bestand darin, „dass eindeutige Zuweisungen offenbar nicht möglich sind."[584]

583 Vgl. Marchand, 1890, S. 75.
584 Sahmland, 2016 (im Druck).

6 Die Neu-Katalogisierung

Anlässlich des 200jährigen Bestehens der Anatomischen Sammlung Marburg im Jahr 2012 wurde ein Sammelband publiziert, in dem sich neben Beiträgen zu ausgewählten Präparaten des Museum Anatomicum auch andere universitäre Sammlungsbestände vorstellten.[585]

Anschließend an dieses Projekt konnte mit der Neukatalogisierung der Bestände der Marburger Anatomischen Sammlung begonnen werden, deren Bedarf offensichtlich war: Wie in Kapitel 2 vorgestellt, existierten für die Sammlung nur handschriftliche Dokumente, die jeweils nur Teilbereiche der Sammlung abdecken. Ziel der Neukatalogisierung ist es, mit Hilfe historischer Aufzeichnungen, Sammlungskataloge und weiterer archivalischer Unterlagen einen neuen Katalog zu erstellen, der 1) alle Präparate umfasst, 2) digital erreichbar ist und 3) keine besonderen Kenntnisse über den Sammlungsbestand insgesamt voraussetzt, um mit diesem arbeiten zu können. Des Weiteren sollten alle zur Verfügung stehenden Informationen zum Präparat selbst und zu dessen Provenienz, so weit bekannt, in diesem Katalog zusammengetragen werden und auf einen Blick verfügbar sein. Ebenfalls werden weiterführende Informationen wie Links und Literaturangaben bereitgestellt.

Das Musuem Anatomicum schließt sich mit diesem Vorhaben in den aktuellen musealen Diskurs über Erhaltungs-, Arbeits- und Präsentationsmöglichkeiten von Sachquellen an. Die Katalogisierung steht nach der Inventarisierung als Basisarbeit am Anfang dieses Dokumentationsprozesses.[586]

Seit der Gründung medizinhistorischer Museen, wie es sie in Ingolstadt[587] und Berlin[588] gibt, verstärkte sich allmählich die Auseinandersetzung mit dinglichen Quellen (*material turn*).[589] Jedoch scheint erst in den letzten Jahren „das Ding an sich“ für Forscher wieder einen erhöhten Reiz auszuüben.[590] Es bildeten sich Sammlungsinitiativen an den Universitäten, deren Anliegen es ist, die mehr-

585 vgl. Grundmann und Sahmland, 2013.

586 Vgl. Deutscher Museumsbund, http://www.museumsbund.de/fileadmin/geschaefts/dokumente/Leitfaeden_und_anderes/LeitfadenDokumentation.pdf, zuletzt geprüft am 17.02.2016.

587 Vgl. Habrich, 1991.

588 Vgl. Krietsch P, 1996.

589 Vgl. Hess V, 1998.

590 Vgl. Schnalke, 2010a und Schnalke, 2010b.

heitlich vernachlässigten Sammlungen wieder ins Bewusstsein zu holen. Durch Ausstellungen, Vorträge und Publikationen werden die Sammlungsbestände öffentlich sichtbar gemacht.[591] Nicht erst seit den Empfehlungen des Wissenschaftsrates[592] aus dem Jahr 2011, die auf die Erhaltung wissenschaftlicher Sammlungen und deren kulturellen Wert hinweisen, gab es an Universitäten und wissenschaftlichen Forschungseinrichtungen verstärkt Sammlungsprojekte.[593] Bereits 2008 führte das Senckenbergische Forschungsinstitut/Frankfurt am Main ein von der Kulturstiftung der Länder und des Bundes finanziertes Projekt zur Restaurierung ihrer vergleichend-anatomischen und histologischen Sammlungen durch und präsentierte die Ergebnisse in einer Sonderausstellung.[594]

Das Ziel des Projektes *Samlehr* der Mercator-Stiftung war es, Objekte aus universitären Sammlungen in Lehre und Forschung einzusetzen und neu erfahrbar zu machen.[595] Mit der Neukatalogisierung konnte ein ähnliches Lehrformat, in welchem ausgewählte Präparate der Sammlung benutzt werden, auch in Marburg initiiert werden.

Die Neukatalogisierung der Anatomischen Sammlung in Marburg war nicht an ein externes Förderungsprojekt gekoppelt und hatte aus diesem Grund auch keine finanziellen Mittel zur Verfügung. Das Senckenbergische Forschungsinstitut in Frankfurt am Main konnte als Kooperationspartner für die Bereitstellung einer Datenbank gewonnen werden.

In den nachfolgenden Abschnitten wird einerseits der Katalogisierungsprozess der Marburger Sammlung beschrieben und zum anderen die genutzte Datenbank vorgestellt.

---

591 An der Marburger Universität gibt es seit 2008 einen *Arbeitskreis für Universitätssammlungen*, vgl. zuletzt Otterbeck, 2014.

592 Vgl. Wissenschaftsrat, 2011.

593 Das KUR-Projekt lief von 2007 bis 2011 und umfasste die Restaurierung und Konservierung mobilen Kulturgutes, insgesamt nahmen 26 Einrichtungen an diesem Projekt teil, vgl. Kulturstiftung, http://www.kulturstiftung-des-bundes.de/cms/de/programme/restaurierung/archiv/kur__programm_zur_konservierung_und_restaurierung_von_mobilem_kulturgut_3164_96.html, zuletzt geprüft am 16.02.2016.

594 Informationen zum KUR-Projekt des Senckenbergischen Forschungsinstituts/Frankfurt am Main, vgl. Abschlussbericht KUR-Projekt, http://www.hornemann-institut.de/doi/47.php, zuletzt geprüft am 16.02.2016, vgl. Sonderausstellung Online verfügbar unter http://www.senckenberg.de/files/content/forschung/projekte/nfm_6_2011_anatom_samml_fin_1.pdf, zuletzt geprüft am 16.02.2016.

595 Vgl. Mercator-Stiftung, https://www.stiftung-mercator.de/de/projekt/sammlehr-an-objekten-lehren-und-lernen/, zuletzt geprüft am 16.02.2016.

6.1 Aufbau des neuen Kataloges

Der neue Katalog wurde in Form einer Excel®-Tabelle angelegt. Da es sich dabei um das meist genutzte Tabellenkalkulationsprogramm handelt, sind die Kompatibilität und die externe Benutzung gewährleistet. Der zellenartige, in Spalten und Zeilen organisierte Aufbau der Tabelle ermöglichte das Definieren von Kategorien, die nachfolgend an Beispielen erläutert werden. Diese Excel-Tabelle diente weiterhin als Grundlage für die Datenmigration in die Datenbank des Senckenbergischen Forschungsinstitutes in Frankfurt am Main.

Die ersten drei Spalten beinhalten die neuvergebene, eindeutig einem Präparat zugeordnete Signaturnummer. Spalte 1 enthält eine fortlaufende Nummer beginnend mit der Ziffer 1, die jeweils einem Präparat zugeordnet ist. Spalte 2 codiert den Ursprung des Präparates, wobei 1 = menschlich, 2 = tierisch und 0 = Objekt/Instrument entspricht. Spalte 3 codiert den Präparatetyp: 1= Feucht, 2 = Trocken, 3 = Injektion, 4 = Wachs/Gips, 5 = Knochen, 6 = Instrument, 7 = Acryl/Kunststoff, 8 = Bildmaterial.

Bekannte alte Signaturnummern, die sich auf dem Präparat selbst oder in den alten Katalogen befinden, wurden ebenfalls berücksichtigt und in den Spalten 4, 5 und 6 hinterlegt. In Spalte 7 wurde das Objekt in Form eines Schlagwortes beschrieben (bspw. Schädel, Totenmaske, Geburtszange etc.), eine ausführlichere Beschreibung erfolgt unter Spalte 8. In Spalte 9 sind die Beschreibungen zum Präparat aus sämtlichen Katalogen wörtlich aufgeführt. Die Spalten 10 und 11 sind für die Dokumentation morphologischer Merkmale und pathologischer Konditionen vorgesehen. Spalte 12 weist nochmals auf den Präparatetyp hin, diesmal jedoch uncodiert. Damit ist die Beschreibung der Objektdaten abgeschlossen. Die nächsten vier Spalten (13–16) beinhalten Informationen zur Herstellungstechnik, zum Hersteller/Künstler, zum Herstellungsort und zu den Maßen des Präparates. Weiterhin finden sich weiterführende Literaturhinweise (Spalte 17), das Objektfoto (Spalte 18), Angaben zu erfolgten oder erforderlichen Restaurationsmaßnahmen (Spalte 19 und 20) und schließlich Angaben des Zeitpunktes der Bearbeitung und der Name des Bearbeiters (Spalten 21 und 22).

Abb. 108: Screenshot des Objektes 128–1-5 aus der Datenbank AQUiLA (© N. Ulrich)

Foto Objekt	
Inventarnummer	128-1-5
AS Nr	3066
andere alte Nr	203 (N.)
Objekttyp	menschlich
Präparationstyp	Knochen
Objektbezeichnung	Schädel
Beschreibung historische Dokumente	Schädel des Mörders Butemeister aus Eschwege mit 6.5 Halswirbeln, siehe der neue Pitaval
Bemerkungen	Wirbel nicht vorhanden
Präparattyp	Knochen
Hersteller/Künstler	Fick
Herstellungstechnik	Mazeration
Herstellungsort	Marburg
Datierung	Juli 1852
Provenienzen	Prozess in Eschwege vom 19.Juli - 24. Juli 1852
Literatur/Kataloge	Katalog von Goppert und Jansch, 1920/23; Friedrich Carl Hoffmann, Die Hinrichtung des Friedrich Wilhelm Anton Butemeisters in Eschwege: eine Denkschrift, in: Personalia hassiaca in 8, 1852; Der neue Pitaval
aktueller Standort	Abseite Osteologie
Raumnummer	217
Gebäude	Museum Anatomicum
Erhaltungszustand	gut
erforderliche Restaurationsmassnahmen	nein
erfolgte Restaurationsmassnahmen	unbekannt
Datum	12.02.2014
Bearbeiter	NU

Die visuelle Darstellung der zugrundeliegenden Daten in der Datenbank lässt sich am besten an einem Beispiel zeigen (Abb. 112).

Bei dem Präparat mit der Nummer 128–1-5 handelt es sich um den Schädel, der in der Reihenfolge der Bearbeitung die fortlaufende Nummer 128 erhielt. Die Ziffer 1 bezeichnet den Ursprung des Präparates, in diesem Fall menschlich. Die letzte Ziffer bezeichnet den Präparatetyp: in diesem Fall Knochen (5). Der Schädel trägt zwei alte Signaturen. Zum einen die A.S.-Nr. 3066, zum anderen eine neuere Signaturnummer 203, die bei der Neuaufstellung der Schädelsammlung 1956 vergeben wurde.[596] Es handelt sich bei dem Objekt um den Schädel des hingerichteten Mörders Friedrich Wilhelm Anton Bütemeister aus Eschwege, der seinen Sohn vergiftet hatte und daraufhin im Jahr 1852 in Eschwege mit dem Schwert hingerichtet wurde.[597] Die Identifizierung gelang mit Hilfe des Schädelkataloges aus dem Jahr 1920/23, in dem eine genaue Beschreibung mit Namens- und Datumsangabe aufgeführt ist.[598] Des Weiteren werden Literaturhinweise zu Primärquellen angegeben, in denen der Fall ebenfalls behandelt ist.[599] Schließlich folgen noch Angaben zum Standort des Objektes sowie zu Bearbeitungs- und Restaurationsmaßnahmen.

Die Darstellung der Informationen kann in der Datenbank auch als Dropdown-Menu erfolgen. Hier können alle relevanten Daten zum Objekt mit einem Blick erfasst werden. Eine Suchfunktion ermöglicht das gezielte Suchen nach bestimmten

596 Positiver Abgleich mit dem gleichnamigen Katalog.

597 Vgl. Grundmann, 2013, S. 56.

598 Vgl. Kapitel *Katalog der Schädelsammlung des anatomischen Instituts Marburg, 1920/23*, S. 102.

599 Vgl. Hoffmann, 1852 und Hitzig et al., 1842–1890.

Objekten, Objektgruppen, Präparationstypen und Herstellungstechniken. Unter dieser Funktion werden die objektspezifischen Felder zu Provenienz, Literatur und weiterführenden Informationen sichtbar. Eine Änderung der Inhalte ist nur über einen passwortgeschützten Zugang möglich, um willkürliche Änderungen durch Dritte zu vermeiden.[600]

6.2 Die Datenbank von Senckenberg

Bei der Analyse des Datenbestandes der Marburger Anatomischen Sammlung stellte sich schnell heraus, dass für die Neukatalogisierung der Daten ein neues und zeitgemäßes Format benötigt wird.[601] Mit der Datenbank AQUiLA des Forschungsinstituts Senckenberg in Frankfurt am Main wurde ein solches Format gefunden (Abb. 113), nachdem sich die vorherige Version der Datenbank als ungeeignet für die Anforderungen einer anatomischen Sammlung erwiesen hatte.[602]

Abb. 109: Screenshot der Titelseite des Museum Anatomicum in der Datenbank AQUiLA (© N. Ulrich)

600 Die Datenbank ist unter folgender Adresse erreichbar: https://webapp.senckenberg.de/museum-anatomicum-marburg/.

601 Da mit den historischen Katalogen analoge Quellen zur Verfügung stehen, sollte die Neukatalogisierung nun in einem digitalen Format erfolgen. Die Vorteile liegen klar in der uneingeschränkten Benutzbarkeit der Bestände.

602 Der Vorläufer SeSam erwies sich aufgrund seiner starren Datenstruktur als nicht geeignet. SeSam wird allerdings weiterhin zur Katalogisierung der Zoologischen Sammlung der Philipps-Universität Marburg genutzt.

AQUiLA setzt sich aus drei Komponenten zusammen. AQUiLA | biodiversity data ist im weiteren Sinne eine Plattform für die Dokumentation und Veröffentlichung von Bio- und Geodiversitätsdaten. Mit AQUiLA | databases können Datenbanken erstellt und verwaltet werden, die speziell auf die jeweiligen Anforderungen zugeschnitten sind. Im Falle der Marburger Anatomischen Sammlung ist dies die gewährleistete Darstellung der spezifisch generierten Kategorien, die die einzelnen Informationen zu den Objekten beinhalten. Zum Navigieren und Durchsuchen des Datenbestandes steht ein Such-Server, AQUiLA | search portal, zur Verfügung, der eine Kombination aus Freitext- und facettierter Suche ermöglicht.[603]

Einen großen Vorteil bringt die betriebssystem- und geräteneutrale Webanwendung, die keinerlei Installation erfordert und mit den üblichen Webbrowsern bedient werden kann.[604] Die anpassbare Datenbank bietet weiterhin hohe Flexibilität durch ein generisches Datenmodell, welches eine ständige Anpassung an die Struktur erlaubt, um den hohen Anforderungen an Variabilität und Realitätsnähe von modernen Datenbanken gerecht zu werden.

Durch die „virtuellen" Abbildungen der Felder in der Datenbank ist es möglich, auch die Eingabemasken flexibel zu gestalten. So können pro Sammlung individuelle Masken erzeugt werden. Ein hierarchisch hinterlegter Feldkatalog sorgt dafür, dass die Applikation in sich konsistent bleibt. Für die Eingabe stehen leistungsfähige Eingabeelemente zur Verfügung, die nach dem Baukastenprinzip individuell zusammengesetzt werden können. Das Einbinden von Medien wie Bilddateien ist ebenfalls möglich. Zur Ansicht steht ein Viewer mit hohem Zoomfaktor zur Verfügung.[605]

---

603 Facetten beschreiben verschiedene Eigenschaften/Merkmale von Objekten.

604 AQUilA ist somit unabhängig. Die Nutzung erfordert lediglich eine vorhandene Internetverbindung.

605 Die technischen Informationen zur Datenbank wurden der Autorin von Lothar Menner (Senckenbergisches Forschungsinstitut, Frankfurt am Main) in einem persönlichen Schreiben zur Verfügung gestellt.

7 Perspektiven der neu aufbereiteten Anatomischen Sammlung Marburg

Perspektivisch eröffnen sich hier mannigfaltige Möglichkeiten, die in drei Kategorien eingeteilt werden können und nachfolgend kurz charakterisiert und anschließend in den jeweiligen Unterpunkten dieses Kapitels dargestellt werden.

Zum einen ist dies die primär universitäre Lehre in den Studiengängen Human- und Zahnmedizin sowie in biologischen Disziplinen mit humanem Schwerpunkt (Humanbiologie), aber auch die außeruniversitäre Ausbildung im Bereich der Medizinwissenschaften (Physiotherapie, Krankenpflege, Hebammenwesen, etc.).

Die zweite Kategorie definiert sich in den Forschungsmöglichkeiten, die einerseits die anatomischen Präparate der Sammlung (Provenienzforschung) und andererseits die medizinhistorischen Objekte (bspw. medizinische Instrumente verschiedener Fachrichtungen) bieten. Hier eröffnen sich weiterhin unterschiedliche „Blickwinkel", die jeweils von den fachlichen Forschungsschwerpunkten abhängen und nicht nur medizinhistorische, sondern ebenso interdisziplinäre Forschungsaspekte aus anderen Fachrichtungen bedienen (Sozial-, Geschichts- und Biowissenschaften).

Die dritte Kategorie betrifft die öffentliche Darstellung der Sammlung und ihrer Ausstellungen mit Events und Veranstaltungen und die räumliche Neukonzeptionierung unter Berücksichtigung geltender baulicher Richtlinien (Sicherheit, Barrierefreiheit).

7.1 Lehre

Ein Aspekt für die Einrichtung anatomischer Sammlungen im 18. und 19. Jahrhundert war die Gewährleistung des Fortbestehens der anatomischen Lehre auch in Zeiten des Leichenmangels. Dieser Aspekt wurde bereits im ersten Kapitel dieser Arbeit entsprechend erläutert.

Die Einbindung der Präparate und Objekte der Marburger anatomischen Sammlung in jüngerer Zeit wurde im Kapitel über die histologischen Schnittserien von Gasser und Strahl erwähnt. AUMÜLLER schreibt dazu in seinem Beitrag im Sammelband *Tote Objekte – Lebendige Geschichte(n)*, dass er selbst während seiner Studienzeit in den 1960er Jahren an einem von JOHANNES W. ROHEN geleiteten Histologiekurs teilnahm, in dem die Objektträger dieser Serien benutzt wurden.[606]

606 Vgl. dazu in dieser Arbeit: Die Gasser-Strahlsche Sammlung von tierischen und menschlichen Embryonen, S. 109 und Aumüller, 2013a, S. 13.

Für den anatomischen Unterricht werden gegenwärtig Teile der Ziegler'schen Wachsserien zur Entwicklungsbiologie und Embryologie, sowie anatomische Karten, die in Vielzahl im Museum Anatomicum gelagert sind, benutzt.[607]

Da die Betreuung des Museum Anatomicum den Mitarbeitern der Emil-von-Behring-Bibliothek / Arbeitsstelle für Geschichte der Medizin obliegt, hat auch die an den Fachbereich Medizin angegliederte Medizingeschichte im Rahmen der dort angebotenen Lehrveranstaltungen die anatomischen Präparate und Objekte des Museum Anatomicum in die Lehre integriert. Dies gelang mit dem Wahlpflichtseminar *Tote Objekte – Lebendige Geschichte(n)*. Die Gegensätzlichkeit der Adjektive „tot" und „lebendig" wurde dabei ganz bewusst gewählt und soll verdeutlichen, dass auch „tote" (historische) Objekte einen „lebendigen" (aktuellen) Charakter haben können. Medizingeschichte wird anhand des direkten Zugangs über die Präparate für die Studierenden „greifbar".

7.2 Forschung

Die in dieser Arbeit vorgestellten Fälle des *Langen Anton* und der beiden microcephalen Patienten verdeutlichen, welch großes Potential für medizinhistorische Forschung in der Marburger Sammlung schlummert. Eine weitere Perspektive bietet die Aufarbeitung der Geschichte des Pathologischen Institutes Marburg, deren Verbindung zur Marburger Anatomie und der stattgefundene Austausch von Präparaten zwischen beiden Sammlungen. Wissenschaftshistorische Fragen zu Präparationsmethoden und einzelnen Präparate-Typen bieten einen weiteren Zugang. Daran schließt sich die Frage an, zu welchem Zweck die Präparate hergestellt wurden und in welchen wissenschaftlichen Kontext sie damit rücken.

Die derzeit als Konvolut geführten Sammlungen der „Rassenschädel", der histologischen Schnittserien der Gasser-Strahl´schen Sammlung und die umfangreiche Sammlung medizinischer Instrumente bieten weitere Perspektiven zukünftiger Projekte mit unterschiedlicher Schwerpunktsetzung.[608]

Wie die Beispiele anderer Museen und anatomischer Sammlungen in den vergangenen Jahren zeigten, ist die Auseinandersetzung mit der Herkunft der Sammlungsbestände hinsichtlich juristischer und ethischer Unrechtskontexte ein zentraler und notwendiger Punkt musealer Arbeit geworden. Die Wichtigkeit wird nicht zuletzt durch die zahlreichen, in den letzten Jahren vermehrt entstandenen Arbeitsformen zum Thema Provenienzforschung deutlich. Es bil-

---

607 Persönliche Anmerkung von Prof. B. Steiniger (Anatomie, Universität Marburg).

608 Vgl. dazu in dieser Arbeit das Kapitel über Präparationstechniken, in denen jeweils Beispiele aus der Marburger Sammlung aufgezeigt werden, S. 19 ff.

deten sich sowohl Arbeitskreise als auch Förderungsinitiativen staatlicher und privatrechtlicher Natur, Forschungsprojekte und Koordinierungsstellen, die als Schnittstellen zwischen universitären und privaten Institutionen dienen. Die Vernetzung der Institutionen und die dafür nötige Digitalisierung der Bestände, wie sie in Marburg durch die Neukatalogisierung und die Datenbankeingabe erfolgt ist, sind ein Beitrag für überregionale und internationale Nutzung von Museumsbeständen und eine Plattform zur Verbreitung der Forschungsergebnisse.[609]

Provenienzforschung, das zeigte sich deutlich an den für diese Arbeit bearbeiteten Fällen, ist ein mühsames und zeitaufwändiges Unterfangen. Umso wichtiger ist es deshalb von Seiten der für die Sammlung verantwortlichen Institutionen, die nötige ideelle, primär aber finanzielle und personelle Unterstützung zu gewährleisten.

Neben dem medizinhistorischen Forschungsaspekt ergeben sich auch in einer historischen anatomischen Sammlung die Möglichkeiten für aktuelle pathologische, molekulare oder histologische Forschung. Solche naturwissenschaftliche Forschungsansätze wählte der Pathologe Nerlich, der zusammen mit Kollegen das Skelett des Riesen vom Tegernsee untersuchte.[610] Auch der österreichische Pathologe Roland Sedivy aus St. Pölten untersucht die Bestände der Wiener Pathologisch-Anatomischen Sammlung im Narrenturm mit modernen medizinischen Methoden.[611] Ein solches Format ist auch für die Bestände der Marburger Anatomischen Sammlung geeignet und wurde bereits in einer Arbeit von Sahmland umgesetzt.[612]

7.3 Öffentlichkeit

Jährlich besuchen durchschnittlich 2.000 Menschen das Museum Anatomicum der Universität Marburg. Umgerechnet entspricht dies für das Jahr 2012 einem Mittelwert von Ø 190 Besuchern/Monat, die in Ø 8 Führungen/Monat durch das Museum geführt wurden (Tabelle 1). Im Jahr 2013 waren es bereits Ø 209 Besucher/Monat, die Zahl der Führungen erhöhte sich dementsprechend auf Ø 9/Monat (Tabelle 2).[613]

---

609 Vgl. dazu in dieser Arbeit: „der menschlichste Teil des Homo sapiens" – die Schädel- und „Rassenschädelsammlung" des Museum Anatomicum, S. 47 und das Kapitel: Provenienzen, S. 113 in dem einzelne Initiativen vorgestellt werden.

610 Vgl. dazu in dieser Arbeit: In guter Gesellschaft – Die Lebensweise des *Langen Anton* an Beispielen anderer „Riesen", S. 140.

611 Vgl. Sedivy, 2007.

612 Vgl. Sahmland, 2014.

613 Aktuelle Statistiken sind in Bearbeitung. Erste Tendenzen deuten jedoch auf weiter steigende Besucherzahlen hin.

Tabelle 1: Absolute Besucherzahlen des Museum Anatomicum aus dem Jahr 2012 (© N. Ulrich)

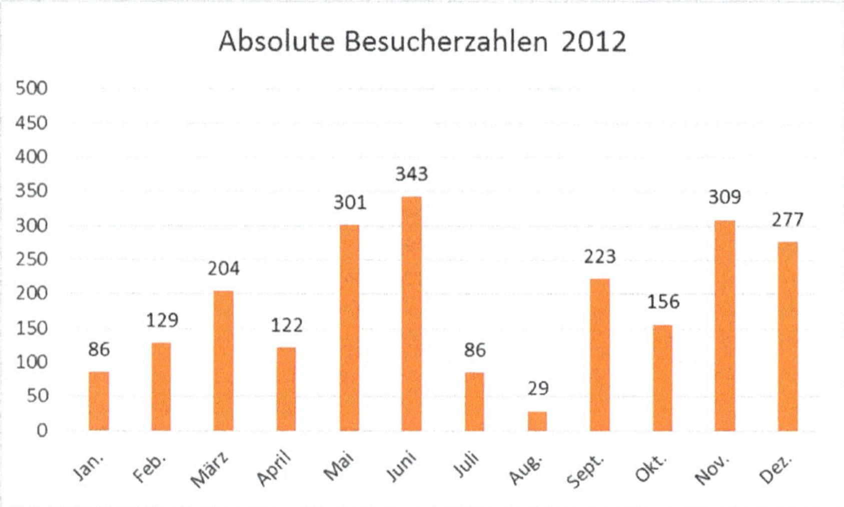

Tabelle 2: Absolute Besucherzahlen des Museum Anatomicum aus dem Jahr 2013 (© N. Ulrich)

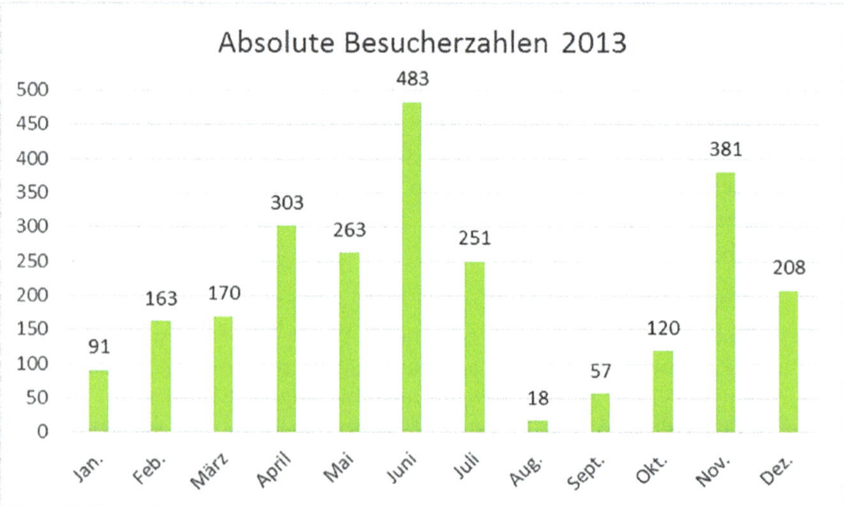

Die Führungen werden von einem Team medizingeschichtlich interessierter Studierender übernommen. An jedem ersten Samstag im Monat ist die Sammlung für zwei Stunden (10:00–12:00 Uhr) geöffnet und kann auch ohne vorherige Anmeldung besucht werden. Die anderen Führungen finden auf Anfrage in Gruppen von zehn bis zwanzig Personen außerhalb dieses Termins statt. Die limitierte Gruppengröße ist durch die beengten Räumlichkeiten bedingt, in denen die Anatomische Sammlung untergebracht ist. Das Dachgeschoss des alten Pathologischen Instituts (Robert-Koch-Straße 6) bietet zwar ein passendes historisches Ambiente, ist aber den sicherheitstechnischen und baulichen Anforderungen einer öffentlich zugänglichen Sammlung nur bedingt gewachsen. Bauliche und räumliche Veränderungen böten die Möglichkeit, einerseits die Attraktivität der Sammlung durch Wechselausstellungen und Events (bspw. Lesungen) zu steigern und die Voraussetzungen für wissenschaftliches Arbeiten vor Ort in Seminar- und Laborräumen zu schaffen.[614] Durch das größtenteils aus dem 19. Jahrhundert stammende Mobiliar (Sammlungsschränke, Vitrinen) würde das historische Ambiente der Sammlung auch in modernen Räumlichkeiten weiterhin zum Tragen kommen. Wechselausstellungen sind derzeit im Museum aufgrund der Platzverhältnisse nicht möglich. So musste für die Präsentation des restaurierten Gemäldes des Langen Anton auf Räumlichkeiten des Marburger Kunstvereins e. V. zurückgegriffen werden.[615] Es wäre zudem wünschenswert, Teile der magazinierten Bestände in die Ausstellung zu integrieren, was aus Platzgründen bisher ebenfalls nicht möglich ist.

Die Gestaltung von Seminarräumen könnte gerade im Hinblick auf den verstärkten Einsatz der Sammlung in die medizinhistorische Lehre eine Perspektive eröffnen. Die teils fragilen, unhandlichen Präparate könnten in ihrem Sammlungskontext belassen und vor Ort bearbeitet werden. Dafür müssen infrastrukturelle Voraussetzungen (bspw. WLAN-Internetzugang) geschaffen werden. Diese Räume könnten zusätzlich für Veranstaltungen außerhalb der Lehre (Lesungen, Workshops, Weiterbildungen) genutzt werden.

Die bereits unter dem Punkt Lehre angesprochene heterogene Besuchergruppenstruktur wurde in einer statistischen Auswertung aufgeschlüsselt. Es bilden sich zwei Kategorien heraus. Ein Viertel der Besucher verfügt bereits über medizinisches Fachwissen und entstammt größtenteils medizinischen Ausbil-

---

614 Eine Neukonzeptionierung des Museum Anatomicum wurde bereits im Jahr 2014 von den Sammlungsverantwortlichen ausgebarbeitet und liegt der Verwaltung der Universität vor.

615 Vgl. dazu in dieser Arbeit: Antons vorerst letzte Reise – Sonderausstellung des restaurierten Gemäldes im Kunstverein Marburg, S. 139.

dungsberufen. Ein Drittel der Besucher ist ohne medizinische Vorkenntnisse; es handelt sich hierbei um medizinisch interessierte Laien. Der größte Anteil der Besucher gehört zu einer dritten Kategorie, für die Informationen zum Bildungsstand fehlen (Tabelle 3). Dies beruht auf der fehlenden Erfassung. Um diesem Problem zukünftig zu begegnen, wurden die Museumsführer dazu angehalten, die Gruppendaten zu dokumentieren, um anhand statistischer Auswertungen auch weiterhin ein qualitätsorientiertes Bildungs- und Führungsprogramm anbieten zu können, aber auch auf Änderungen in der Besucherstruktur und -zahl reagieren zu können. Die Analyse besucherbezogener Daten setzt dabei ein Kriterium eines zukünftigen Qualitätsmanagements und bietet ein Analysewerkzeug, welches zur attraktiveren Gestaltung herangezogen werden kann. Da sich ein Teil der Besucher aus einem Publikum ohne medizinische Vorkenntnisse zusammensetzt, gilt es, die inhaltliche Darstellung (Erklärung an Präparaten, Informationstafel) bedarfsorientiert auszulegen. Die hier zur Verfügung stehenden Möglichkeiten, auch im Hinblick auf neue Technologie (Audioguide, QR -Code Nutzung durch Smartphones) wird derzeit diskutiert.

Tabelle 3: Absolute Besucherzahlen der Jahre 2012 und 2013 nach Kategorien unterteilt (© N. Ulrich)

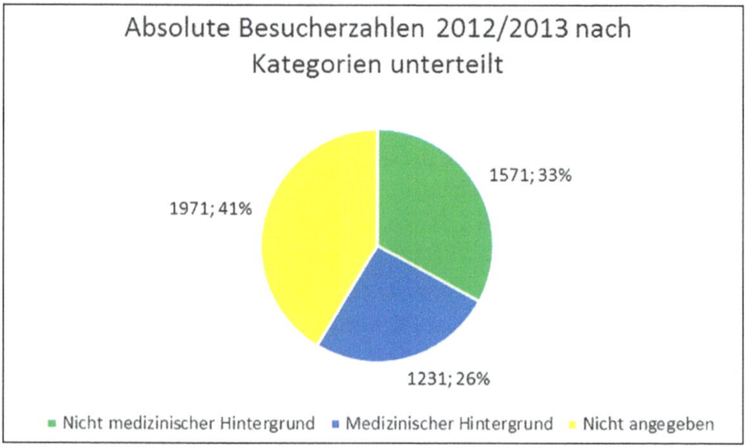

8 Abschließendes Fazit

Die vorliegende Arbeit hat gezeigt, dass sich der in der Einleitung vorgestellte *material turn* auch in der Anatomischen Sammlung der Universität Marburg vollzogen hat. Die Provenienzforschung als Arbeitsmethode dieses Wandels konnte an drei Präparaten erfolgreich durchgeführt werden. Hierbei fanden interdisziplinäre Vernetzungen zwischen Medizin und Geschichte statt. Die Ergebnisse der Provenienzforschung bedienen angesprochene Perspektiven (Kapitel 7) von Forschung (Kapitel 7.1) und Lehre (Kapitel 7.2) im universitären Kontext und tragen zusätzlich zur Attraktivitätssteigerung der öffentlich zugänglichen Ausstellung (Kapitel 7.3) im Museum Anatomicum bei. Das hier vorgestellte Format der Provenienzforschung kann auf medizinhistorische Lehrveranstaltungen übertragen werden und ermöglicht einen direkten Zugang zu medizin- und wissenschaftshistorischen Inhalten über die Präparate selbst. Sonderausstellungen, die sich themenbezogen an die Ergebnisse der Provenienzforschung anschließen, bieten die Möglichkeit der Aufwertung der bisherigen Dauerausstellung des Museum Anatomicum. Hierfür müssen jedoch infrastrukturelle Veränderungen in Bezug auf die derzeitigen räumlichen Verhältnisse geschaffen werden. Hinsichtlich neuer Ausstellungskonzepte und Forschungsprojekte sind institutionelle Vernetzungen, die inhaltlich mit diesen Ergebnissen korrelieren, wünschenswert. Konkret denkbar sind Kooperationen mit anderen Sammlungen der Universität Marburg oder Sammlungen anderer Universitäten, die einen gemeinsamen Zugang als Universitätssammlung oder über gleiche Sammlungsbestände aufweisen. Ein weiterer Zugang ergibt sich aus den für die Provenienzforschung genutzten Dokumenten aus Archiven und Bibliotheken. Die Neukatalogisierung der Marburger Anatomischen Sammlung schuf eine Grundvoraussetzung zur sammlungsübergreifenden Vernetzung. Die zentrale Verfügbarkeit aller sammlungsrelevanten Daten und Forschungsergebnisse in einer Datenbank ermöglicht einen vollständigen, digitalen Zugriff auf diese Daten (Kapitel 6).

Wie an den drei vorgestellten Präparaten gezeigt wurde, konnten die Objekte „zum Sprechen gebracht werden“ (Kapitel 5 und dessen Unterpunkte). Dabei eröffneten sich unterschiedliche Dimensionen: Zum einen „erzählen“ die Präparate die persönliche Lebens- und Krankengeschichte der Menschen hinter diesen Präparaten. Zum anderen müssen die Präparate als Objekte einer anatomischen Sammlung in einen wissenschaftshistorischen Kontext gestellt werden (Kapitel 3): Unter welcher Prämisse wurden die Präparate hergestellt? Dienten sie zu Forschungs- oder Lehrzwecken, und korrelieren sie mit zeitlichen Forschungsschwerpunkten und speziellen Forschungsfragen?

Für die drei Fälle der vorliegenden Arbeit beantworten sich diese Fragen wie folgt:

Fall 1): Das Ensemble aus Skelettpräparat und Gemälde des *Langen Anton* (Kapitel 5.1.) diente zum Zeitpunkt seiner Transferierung Anfang des 19. Jahrhunderts in die Marburger Anatomische Sammlung weder zu Forschungs- noch zu Lehrzwecken (Kapitel 2.2). Es bestand ein persönliches Interesse von Seiten Büngers, die Objekte vor dem Verlust aufgrund der Auflösung der Universität Helmstedt zu bewahren. Darüber hinaus machte die überdurchschnittliche Größe des *Langen Anton* das Präparat zu etwas Besonderem. Ein außergewöhnliches Präparat steigerte den Wert der Sammlung und das Ansehen des verantwortlichen Anatomen in Fachkreisen. Es herrschte zuweilen ein reger Austausch von Nachbildungen seltener Präparate (Gipsabgüsse des Schädels des *Langen Anton*: Kapitel 5.1.2.2), um den Bestand der Sammlungen aufzuwerten. Der am Schädel vorhandene Sektionsschnitt und die Abtrennung der Kalotte liefern einen Hinweis auf mögliche Forschungsfragen des Präparators (Kapitel 5.1) hinsichtlich der Ursachen der zugrundeliegenden Erkrankung (Kapitel 5.1.2). Bearbeitungsbeispiele anderer „Riesenskelette" zeigen die Möglichkeiten für den Einsatz moderner medizintechnischer Diagnostikmethoden (Kapitel 5.1.4).

Fälle 2) und 3): Die Herstellung der Präparate der beiden microcephalen Patienten der psychiatrischen Anstalt Haina diente dem persönlichen Forschungsinteresse des Pathologen Felix Marchand (Kapitel 5.2 und dessen Unterpunkte) zum Krankheitsbild der Microcephalie. Daraus eröffnen sich Möglichkeiten der wissenschaftshistorischen Forschung hinsichtlich der Psychiatriegeschichte mit regionalen und überregionalen Bezügen, medizingeschichtliche Forschung zum vorliegenden Krankheitsbild der Microcephalie und die Aufarbeitung der Geschichte des Marburger Pathologischen Institutes im Zuge der allgemeinen Universitätsgeschichte. Ebenfalls zeigte sich ein universitätsinterner Dialog zwischen dem Anatomischen und Pathologischen Institut Marburg wie auch ein universitätsübergreifender Austausch der Pathologischen Institute Marburg und Leipzig (Kapitel 5.2.3).

Zu Forschungszwecken dienten weiterhin die Objekte der histologischen Sammlung (Kapitel 3.3) und der „Rassenschädelsammlung" (Kapitel 3.1.3.2). Die Herstellung der Präparate basiert im Fall der histologischen Schnittserien auf zeitgenössischen embryologischen und entwicklungsbiologischen Fragestellungen im ausgehenden 19. Jahrhundert und bedient sich der im gleichen Zeitraum etablierten mikroskopischen Betrachtungsweise. Die Zusammenstellung der „Rassenschädelsammlung" in den 1930er Jahren folgte den damals geltenden rassenideologischen Standards.

Im Gegensatz dazu stehen die für didaktische Zwecke von Bünger hergestellten Injektions- und Feuchtpräparate. In Zeiten des Leichenmangels dienten die Präparate als Anschauungsobjekte des anatomischen Unterrichts (Kapitel 2). Die topographisch-anatomischen Injektionspräparate vermitteln die Zusammenhänge körperlicher Strukturen und gewährleisten eine realitätsnahe Ausbildung (Kapitel 3.1.1.1). In den didaktischen Kontext fügen sich weiterhin die späteren topographischen Feuchtpräparate ein (Kapitel 3.2.2 und 3.2.3). Die vergleichend-anatomischen Präparate und die osteologischen Präparate (Kapitel 3.1.3) dienten als Demonstrationsmaterial in den entsprechenden Lehrveranstaltungen (Kapitel 4.2 und 4.3). Die Modellserien der Firma Ziegler finden auch aktuell noch Anwendung im anatomischen Unterricht (Kapitel 3.4 und 3.4.3).

Das Potential hinsichtlich medizin- und wissenschaftshistorischer Forschung der Marburger Anatomischen Sammlung ist deutlich geworden. Die unterschiedlichen Zugänge zu den Präparaten und die sich daraus ergebenden Perspektiven fördern neue Lehrformate und Ausstellungskonzepte. Ein weiteres Engagement für die Sammlung ist damit hinreichend begründet.

9 Zusammenfassung

9.1 Deutsche Fassung

Hintergrund: Die Anatomische Sammlung der Philipps-Universität Marburg kann auf eine 200jährige Geschichte zurückblicken. Die überwiegend im 19. Jahrhundert hergestellten anatomischen Präparate und medizinhistorischen Objekte sind in einem öffentlich zugänglichen Museum im Dachgeschoss des alten Pathologischen Institutes der Universität Marburg untergebracht. In der Dauerausstellung sind vorwiegend menschliche, aber auch tierische Feucht-, Trocken- und histologische Präparate sowie Instrumente aus verschiedenen medizinischen Fachdisziplinen zu sehen. Medizinstudierende kommen in medizinhistorischen Seminaren mit den Präparaten in Berührung, wohingegen Besucher die Möglichkeit haben, die Sammlung alleine oder durch geschulte Museumsführer geführt zu besichtigen. Zudem birgt die Sammlung ein großes Forschungspotential im Hinblick auf den vollzogenen Wandel der Bewertung von Objekten als wissenschaftliche Quellen (*material turn*) und die Provenienzforschung (Herkunftsforschung), ein aktuelles Forschungsgebiet der Museologie. Da es sich bei den meisten Exponaten des Museums um Präparate menschlichen Ursprungs handelt, ist die Provenienzforschung zur Klärung der Herkunft dieser kulturhistorischen und wissenschaftlichen Objekte im Zusammenhang mit Unrechtskontexten juristischer und ethischer Natur hier umso bedeutender.

Forschungsfrage: Wie gestaltet sich die Provenienzforschung an drei ausgewählten Präparaten des Museum Anatomicum Marburg?

Methodik: An drei ausgewählten Präparaten wurde gezeigt, welche Möglichkeiten die Aufarbeitung der Geschichten hinter den menschlichen Präparaten bietet: Fall 1) beschreibt das Ensemble aus Skelettpräparat und dazugehörigem Gemälde des *Langen Anton*, das mit über 400 Jahren älteste Präparat der Anatomischen Sammlung Marburg.

Bei Fall 2) und 3) handelt es sich um den Schädel und die Schädelausgüsse und Gehirnmodelle von zwei microcephalen Patienten der psychiatrischen Anstalt in Haina.

Ergebnisse: Die Lebens- und Leidensgeschichten dieser drei Personen konnten nach intensiver Recherche historischer und medizinischer Literatur, Archivalien und Sichtung alter Sammlungsunterlagen, Kataloge und Dokumente rekonstruiert werden. Dabei eröffneten sich besonders im Falle der beiden Hainaer

Patienten Perspektiven zukünftiger Projekte hinsichtlich der Verbindung von anatomischem und pathologischem Institut der Universität Marburg und ihrer Mitarbeiter und universitätsübergreifende Verbindungen von Fachdisziplinen, die sich durch gemeinsame Forschungsinteressen von Wissenschaftlern ergaben. Es herrschte ein reger Austausch von Präparaten und Forschungsergebnissen, deren Aufarbeitung und Nachverfolgung hinsichtlich der Herkunft der Präparate der Marburger Anatomischen Sammlung von großer Bedeutung ist.

Mit der digitalen Neukatalogisierung der Sammlung in der Datenbank AQUiLA des Senckenbergischen Forschungsinstitutes in Frankfurt am Main wurde ein grundlegender Arbeitsschritt vollzogen, der die weitere Arbeit mit der Sammlung erheblich vereinfacht.

Diskussion und Schlussfolgerung: Die Präparate der Anatomischen Sammlung der Universität Marburg werden regelmäßig in medizinhistorischen Lehrveranstaltungen genutzt. Die verschiedenen Präparationsmethoden und deren Weiterentwicklung sind Zeugnisse der historischen Entwicklung in der Medizin allgemein und speziell in der Anatomie. Medizinhistorische Forschung wird hier für die Studierenden „begreifbar".

Die Ergebnisse der Provenienzforschung tragen ebenso zur Steigerung der Attraktivität der Sammlung bei und eröffnen qualitativ neue Möglichkeiten für themenbezogene Sonderausstellungen. Mit dem nun vorliegenden digitalen Katalog sind alle sammlungsrelevanten Daten und Informationen an einem zentralen Ort über eine Webadresse verfügbar. Neue Forschungsergebnisse können jederzeit ergänzt werden und stehen dem Benutzer umgehend zur Verfügung.

9.2 Englische Fassung (Abstract)

Background: The Marburg Anatomical Collection looks back on 200 years of medical history. Hosted in the attic of the former Department of Pathology, anatomical preparations and historical medical instruments are waiting to be explored by the audience. Students as well as visitors have the opportunity to either roam the collection by themselves every first saturday of the month or set up a guided tour provided by qualified docents. The permanent collection exhibits human and animal bones and skeletons, skulls and death masks of executed criminals and celebrities, pathological wet preparations of organs, teratological foetuses, histological slices, anatomical plaster and wax models and medical instruments.

Every museum object has a story to tell: This is not only about object itself as a resource of knowledge for medical education and research, but rather on the biography of the person the object has been made of. Ascertaining these stories is part of a provenance research as an actual field of museum work within the process of the *material turn*.

Methodology: Provenance reserach has been performed in the present paper on an example of three cases.

The first case concerns the unique ensemble of the skeleton and the oil painting of the giant *Langer Anton*, being the oldest preparation in the Marburg Collection with over 400 years. The following cases regarding the skull and cerebral plaster casts of two microcephalic patients from the psychiatric ward in Haina.

Results: The biographies were reconstructed by an intensive research of historical and medical literature, archival materials and the inspection of collection-related documents and catalogues. In the course of this endeavour, perspectives about further projects concerning e.g. the connections of both the Marburg Pathology and Anatomy Departments have been emerged. These interrelations may be relevant for clearing up the history of objects formerly located in the pathological collection and now integrated in the anatomical collection.

Since the cataloguing process for the digital and comprehensive catalogue has been completed, this new tool holds the possibilities of a straightforward access to collection-related information.

Discussion and conclusion: The anatomical preparations of the Marburg Collection have been consistently used in medical history courses for students. The results of the provenance research upgrade the collection and provide perspectives regarding temporary exhibitions and special events. Pertinent collection data is permanently available for intern and extern use due to the database AQUiLA.

I. Literaturverzeichnis

Aeby, C.: Die Schädelformen der Menschen und der Affen. Eine morphologische Studie. Leipzig, 1867.

Aeby, C.: Der Bronchialbaum der Säugethiere und des Menschen. Nebst Bemerkungen über den Bronchialbaum der Vögel und Reptilien. Leipzig, 1880.

Alibert, J.-L. M.: Précis théorique et pratique des maladies de la peau. Paris, 1822.

Allmer, K., Jantsch, M.: Katalog der Josephinischen Sammlung anatomischer und geburtshilflicher Wachspräparate. Graz [u. a.], 1965.

Allspach, A., Gudo, M., Thomas, M., Syed, T.: Abschlussbericht zur Restaurierung der vergleichenden anatomischen und histologischen Sammlungen am Senckenberg Forschungsinstitut und Naturmuseum Frankfurt. Senckenberg Gesellschaft für Naturforschung, 2012. http://www.hornemann-institut.de/doi/47.php, zuletzt geprüft am 16.02.2016.

Andresen, A.: Die deutschen Maler-Radierer (Peintres-Graveurs) des neunzehnten Jahrhunderts nach ihren Leben und Werken. Leipzig, 1872.

Arbeitskreis „Menschliche Präparate in Sammlungen": Empfehlungen zum Umgang mit Präparaten aus menschlichem Gewebe in Sammlungen, Museen und öffentlichen Räumen. In: *Deutsches Ärzteblatt* 100 (28–29), 2003, S. A 1960–1965.

Auerbach, I.: Catalogus professorum academiae Marburgensis. Die akademischen Lehrer der Philipps-Universität Marburg. Marburg, 1979.

Aumüller, G.: Überblick über die Geschichte der Anatomie in Marburg vom 16. bis ins 19. Jahrhundert. In: K. Grundmann und G. Aumüller (Hg.): Das Marburger Medizinhistorische Museum. Museum Anatomicum. Marburg, 2012, S. 7–32.

Aumüller, G.: Der Weg der Marburger anatomischen Sammlung zum medizinhistorischen Museum. In: I. Sahmland und K. Grundmann (Hg.): Tote Objekte – lebendige Geschichte(n). Exponate aus den Sammlungen der Philipps-Universität Marburg. Petersberg, 2013, S. 12–22.

Aumüller, G.: Was können uns die Präparate Christian Heinrich Büngers heute noch sagen? In: I.Sahmland und K. Grundmann(Hg.): Tote Objekte – lebendige Geschichte(n). Exponate aus den Sammlungen der Philipps-Universität Marburg. Petersberg, 2013, S. 23–37.

Bader,S.: WiekommtdieroteFarbeindieLebensmittel?Deutschlandfunk,2001.http://www.deutschlandfunk.de/wie-kommt-die-rote-farbe-in-die-lebensmittel.697.de.html?dram:article_id=72637, zuletzt geprüft am 25.01.2016.

Baldinger, E. G.: Johann Friedrich Cassebohm´s Anweisung zur Anatomischen Betrachtung und Zergliederung des menschlichen Cörpers. Berlin [u.a.], 1769.

Barbian, B.: Die Geschichte der Anatomischen Sammlung des Institutes für Anatomie in Münster mit besonderer Berücksichtigung ihrer historischen Modelle und Präparate. Dissertation, Westfälische Wilhelms-Universität, Münster, 2010.

Bayliss, W. M., Starling, E. H.: The Mechanism of Pancreatic secretion. In: *The Journal of Physiology* 28, 1902, S. 325–352.

Benda, C.: Beiträge zur normalen und pathologischen Histologie der menschlichen Hypophysis cerebri. In: *Berliner Klinische Wochenschrift* 37, 1900, S. 1205–1210.

Benedum, J.: Zur Geschichte der Medizinischen Fakultät der Universität Gießen. Institut für Geschichte der Medizin der Universität Gießen, 1982. http:/www.med.uni-giessen.de/allgemein/fakgeschichte.htm, zuletzt geprüft am 23.12.2015.

Bethe, A.: Formaldehyd! Nicht Formol oder Formalin. In: *Anatomischer Anzeiger* 11, 1896, S. 358–359.

Bichat, X.: Recherches physiologiques sur la vie et la mort. Paris, 1800.

Bliss, M.: Harvey Cushing: A life in Surgery. New York, 2005.

Bloem, W.: Der krasse Fuchs, Leipzig, 1911.

Blum, F.: Notiz über die Anwendung des Formaldehyds (Formol) als Härtungs- und Konservierungsmittel. In: *Anatomischer Anzeiger* 9, 1894, S. 229–231.

Blum, I.: Formol als Conservierungsflüssigkeit. In: *Zoologischer Anzeiger* 28, 1893, S. 450.

Bogdan, R.: Freak Show: Presenting Human Oddities for Amusement and Profit. Chicago, 1990.

Bohle, H. W.: Von der Naturgeschichte zur Zoologie. Blasius Merrem und die Entwicklung der Zoologie an der Universität Marburg im 19. Jahrhundert (1807 bis 1928). Academia Marburgensis 12, Münster [u.a.], 2015.

Braune, C. W.: Topographisch-anatomischer Atlas nach Durchschnitten an gefrorenen Cadavern. 1. Aufl., Leipzig, 1872.

Braune, C. W., Zweifel, P.: Gefrierdurchschnitte in systematischer Anordnung durch den Körper einer Hochschwangeren geführt. 1. Aufl., Leipzig, 1890.

Brigidi, V.: Studii anatomapatologica sopra un oumo divenuto stranamente deforme per chronica infirmita. In: *Societe medicofisica Fiorentina,* 1877.

Brockhaus: Der große Brockhaus. 17. Aufl., Wiesbaden, 1954.

Bühler, S.: La Chronique de Sébald Bühler. In: *Bulletin de la société pour la conservation des monuments historiques d'Alsace* 13 (2), 1887–1888, S. 139.

Buhl, L.: Ein Riese mit Hyperostose der Gesichts- und Schädelknochen. In: *Mitteilungen aus dem Pathologischen Institut in München,* 1878, S. 300–310.

Cassman, V., Odegaard, N., Powell, J. F.: Human remains. Guide for museums and academic institutions. Lanham (Maryland, USA), 2007.

Chahal, H. S. (et al.): AIP mutation in pituitary adenomas in the 18th century and today. In: *The New England Journal of Medicine* 364 (1), 2011, S. 43–50.

Cunningham, D. J.: The skeleton of the Irish giant Cornelius Magrath. In: *Transactions of the Royal Irish Academy* 29, 1891, S. 553.

Dana, C.: On acromegaly and gigantism with unilateral facial hypertrophy. In: *Journal of Nervous and Mental Disease* 18, 1893, S. 725–738.

deHerder, W. W.: Acromegaly and gigantism in the medical literature. Case descriptions in the era before and the early years after the initial publication of Pierre Marie (1886). In: *Pituitary* 12, 2009, S. 236–244.

deHerder, W. W.: Acromegalic gigantism, physicians and the body snatching. Past or Present? In: *Pituitary* 15, 2012, S. 312–318.

Derix, S., Gammerl, B., Reinecke, C., Verheyen, N.: Der Wert der Dinge. Zur Wissenschafts- und Sozialgeschichte der Materialitäten. In: *Zeithistorische Forschungen* 3, 2016, S. 387–403.

Dhom, G.: Geschichte der Histopathologie. Berlin [u.a.], 2001.

Dilg, P.: Das Botanologicon des Euricius Cordus. Ein Beitrag zur botanischen Literatur des Humanismus. Dissertation, Philipps-Universität Marburg, Marburg, 1969.

Drahn, F.: Ein neues Durchtränkungsmittel für histologische und anatomische Objekte. In: *Berliner Tierärztliche Wochenschrift* 38, 1922, S. 97–100.

Eberle, H.: Georg Wetzel. Martin-Luther-Universität Halle-Wittenberg, 2015. http://www.catalogus-professorum-halensis.de/wetzelgeorg.html, zuletzt geprüft am 05.08.2015.

Eichmann, J. [alias Dryander]: Anatomiae, hoc est corporis humani dissectionis pars … Marpurgi: Apud Eucharium Ceruicornum, 1537.

Enderlen, E., Gasser, E.: Stereoskopbilder zur Lehre von den Hernien. Jena, 1906.

Engelhardt, D.: Biographische Enzyklopädie deutschsprachiger Mediziner. 2 Bände. München, 2002.

Enke, U. (Bearb./Hg.): Samuel Thomas Soemmerring. Schriften zur Embryologie und Teratologie. In: J. Benedum und W. F. Kümmel (Hg.): Samuel Thomas Soemmerring, Werke. Akademie der Wissenschaften und der Literatur Mainz, Bd. 11, Basel, 2000.

Enke, U.: Abbildungen und Beschreibungen einiger Misgeburten. In: J. Benedum und W. F. Kümmel (Hg.): Samuel Thomas Soemmerring, Werke. Akademie der Wissenschaften und der Literatur Mainz, Bd. 11, Basel, 2000, S. 54–75.

Enke, U.: Embryologie und Fehlbildungslehre im 18. und frühen 19. Jahrhundert. Präparate aus der Sammlung des Museum Anatomicum. In: K. Grundmann und G. Aumüller (Hg.): Das Marburger Medizinhistorische Museum. Museum Anatomicum. Marburg, 2012, S. 97–118.

Enke, U.: Josef Benedikt Kurigers embryologische Wachstafel nach Soemmerring im Museum Anatomicum Marburg. In: I. Sahmland und K. Grundmann (Hg.): Tote Objekte – lebendige Geschichte(n). Exponate aus den Sammlungen der Philipps-Universität Marburg. Petersberg, 2013, S. 152–175.

Erb, W.: Ueber Akromegalie (krankhaften Riesenwuchs). In: *Deutsches Archiv für klinische Medizin* 42, 1888, S. 295–338.

Ewinkel, I.: De monstris. Deutung und Funktion von Wundergestalten auf Flugblättern im Deutschland des 16. Jahrhunderts. Tübingen, 1995.

Faller, A.: Die Entwicklung der makroskopisch-anatomischen Präparierkunst von Galen bis zur Neuzeit. In: *Acta Anatomica* 4 (Supplement VII), 1948.

Farries, E. J.: Permanent preservation of the human body by infiltration. In: *Science* 75, 1932, S. 670–671.

Fick, F. L.: Abriss der pathologischen Anatomie. Cassel, 1839.

Fick, F. L.: Lehrbuch der Anatomie des Menschen. Leipzig, 1844.

Fick, F. L.: Über die Ursachen der Knochenformen. Experimental-Untersuchung. Goettingen, 1857.

Fischer, J. L.: Anweisung zur praktischen Zergliederungskunst. Nach Anleitung des Thomas Pole. Leipzig, 1791.

Frieß, P., Witzgall, S.: „La Specola" – Anatomie in Wachs im Kontrast zu Bildern der modernen Medizin. Bonn, 2000.

Fritsche, C. F., Klebs, E.: Ein Beitrag zur Pathologie des Riesenwuchses. Klinische und pathologisch-anatomische Untersuchungen. Leipzig, 1884.

Fröber, R.: Museum Anatomicum Jenense. Die anatomische Sammlung in Jena und die Rolle Goethes bei ihrer Entstehung. Jena, 1996.

Fulton, J. F.: Harvey Cushing – a Biography. Oxford, 1946.

Gerabek, W. E.: Enzyklopädie Medizingeschichte. Berlin [u. a.], 2005.

Gerota, D.: Zur Technik der Lymphgefäßinjektion. Eine neue Injektionsmasse für Lymphgefäße. In: *Anatomischer Anzeiger* 12, 1896, S. 216–224.

Gickelhorn, J.: Carl Friedrich Claus. Neue Deutsche Biographie, 1957. http://www.deutsche-biographie.de/pnd116539585.html, zuletzt geprüft am 18.12.2015.

Gray, H., Pickering Pick, T., Howden, R.: Gray´s Anatomy. Philadelphia, 1974.

Gröger, H.: Die Sammlung anatomischer Wachspräparate der medizinisch-chirurgischen Josephs-Akademie. In: R. Schultka (Hg.): Anatomie und anatomische Sammlungen im 18. Jahrhundert: anlässlich der 250. Wiederkehr des Geburtstages von Philipp Friedrich Theodor Meckel (1755–1803). Münster, 2007, S. 317–330.

Grönfoos, H.: Zusammenstellung der üblichen Conservierungsmethoden für Präpariersaalzwecke. In: *Anatomischer Anzeiger* 15 (5 und 6), 1898, S. 61–84.

Grote, L. R. (Hg.)**:** Die Medizin der Gegenwart in Selbstdarstellungen. Hoche / Kümmell / Marchand / Martius / Roux / Wiedersheim. Leipzig, 1923.

Gruber, G. B.:

- Henle, Friedrich Gustav Jakob. Neue Deutsche Biographie, 1969. http://www.deutsche-biographie.de/pnd118549154.html, zuletzt geprüft am 25.11.2015.
- Heister, Lorenz. Neue Deutsche Biographie, 1969. http://www.deutsche-biographie.de/pnd118800310.html, zuletzt geprüft am 29.07.2015.

Grundmann, K.: Die Rassenschädelsammlung des Marburger Museum Anatomicum als Beispiel für die Kraniologie des 19. Jahrhunderts und ihre Entwicklung bis zur Zeit des Nationalsozialismus. In: *Würzburger Medizinhistorische Mitteilungen* 13, 1995, S. 351–370.

Grundmann, K.: Die Entstehung der Marburger Anatomischen Sammlung. In: K. Grundmann und G. Aumüller (Hg.): Das Marburger Medizinhistorische Museum. Museum Anatomicum. Marburg, 2012, S. 33–49.

Grundmann, K.: Ein Rundgang durch die Marburger Sammlung. In: K. Grundmann und G. Aumüller (Hg.): Das Marburger Medizinhistorische Museum. Museum Anatomicum. Marburg, 2012, S. 51–96.

Grundmann, K.: […] Durch das Schwert vom Leben zum Tode bringen […]. Schädel und Totenmasken von Hingerichteten Verbrechern in der Marburger Anatomischen Sammlung. In: I. Sahmland und K. (Hg.): Tote Objekte – lebendige Geschichte(n). Exponate aus den Sammlungen der Philipps-Universität Marburg. Petersberg, 2013, S. 55–77.

Grundmann, K., Aumüller, G. (Hg.): Das Marburger Museum Anatomicum. Geschichte und Ausstellungsgegenstände. Marburg, 1992.

Grundmann, K., Aumüller, G. (Hg.)**:** Das Marburger Medizinhistorische Museum. Museum Anatomicum. Marburg, 2012.

Grundmann, K., Sahmland, I. (Hg.): Concertino. Ensemble aus Kultur- und Medizingeschichte: Festschrift zum 65. Geburtstag von Gerhard Aumüller. Marburg, 2008.

Gundlach, F.: Catalogus professorum academiae Marburgensis. Die akademischen Lehrer der Philipps-Universität in Marburg von 1527 bis 1910. Marburg, 1927.

Guttmann, W.: Medizinische Terminologie. 2. Aufl., Berlin [u. a.], 1906.

Habrich, C.: Zur Bedeutung von Sammlungen und Museen für die Wissenschafts- und Medizingeschichte. In: Deutsche Gesellschaft für Geschichte der Medizin, Naturwissenschaft und Technik (Hg.): Ideologie der Objekte – Objekte der Ideologie: Naturwissenschaft, Medizin und Technik in Museen des 20. Jahrhunderts. Kassel, 1991, S. 15–30.

Haviland, T. N., Parish, L. C.: A Brief Account of the Use of Wax Models in the Study of Medicine. In: *Journal of the History of Medicine and Allied Sciences* 25 (1), 1970, S. 52–75.

Hawlik-van de Water, M.: Der schöne Tod. Wien, 1989.

Hebenstreit, J. E.: De vermibus anatomicorum administris disserens panegyrin medicam indicit. Leipzig, 1751.

Hecker, K.: Henke, Christian Heinrich Adolph. Allgemeine Deutsche Biographie, 1880. http://www.deutsche-biographie.de/sfz31369.html, zuletzt geprüft am 30.11.2015.

Hein, J.: Zur Geschichte der Anatomie und Chirurgie. Christian Heinrich Bünger 1782–1842, Anatom und Chirurg in Marburg. Mannheim, 1976.

Helm, J., Stukenbrock, K. (Hg.): Anatomie. Sektion einer medizinischen Wissenschaft im 18. Jahrhundert. Stuttgart, 2003.

Henrot, H.: Hypertrophie générale progressive. In: *Notes de clinique médicale* 56, 1877, S. 56.

Hermelink, H., Kaehler, S. A. (Hg.): Die Philipps – Universität zu Marburg, 1527–1927. Fünf Kapitel aus ihrer Geschichte (1527–1866) : die Universität Marburg seit 1866 in Einzeldarstellungen. Marburg, 1927.

Hess, V.: Gegenständliche Geschichte? Objekte medizinischer Praxis – die Praktik der Objekte. In: T. Schlich und N. Paul (Hg.): Medizingeschichte: Aufgaben, Probleme, Perpektiven. Frankfurt am Main [u. a.], 1998, S. 130–152.

Hintzsche, E.: Die Entwicklung der histologischen Färbetechnik. In: *Ciba Zeitschrift* 8 (88), 1943, S. 3074–3111.

Hirsch, A.

- Cassebohm, Johann Friedrich. Allgemeine Deutsche Biographie, 1876. http://www.deutsche-biographie.de/sfz8026.html, zuletzt geprüft am 25.01.2016.
- Lieberkühn, Johann Nathanael. Allgemeine Deutsche Biographie, 1883. http://www.deutsche-biographie.de/sfz51139.html, zuletzt geprüft am 22.09.2015.

- Lyser, Michael. Allgemeine Deutsche Biographie, 1884. http://www.deutsche-biographie.de/sfz55372.html, zuletzt geprüft am 02.11.2015.
- Nuck, Anton. Allgemeine Deutsche Biographie, 1887. http://www.deutsche-biographie.de/sfz72566.html, zuletzt geprüft am 23.09.2015.

Hitzig, J. E., Alexis, W., Ambrosoli, F.: Wilhelm Bütemeister von Schwebda. 1851–1852. In: J. E. Hitzig und W. Häring (Hg.): Der neue Pitaval. Sammlung der interessantesten Kriminalgeschichten aller Länder aus älterer und neuester Zeit, Band 27, Leipzig, 1842–1890, S. 377–422.

Hoffmann, F. C.: Die Hinrichtung des Friedrich Wilhelm Anton Bütemeister in Eschwege. Eine Denkschrift. In: *Personalia hassiaca*, Bd. 8, 1852.

Holländer, E.: Wunder, Wundergeburt und Wundergestalt. Einblattdrucke des fünfzehnten bis achtzehnten Jahrhunderts. Stuttgart, 1921.

Hopwood, N.: Embryos in Wax: Models from the Ziegler Studio. Cambridge, Bern, 2002.

Horn, S., Ablogin, A. (Hg.): Faszination Josephinum. Die anatomischen Wachspräparate und ihr Haus. Wien, 2012.

Humberd, C.: Giantism Report of a case. In: *Southern Medical Journal* 31 (9), 1938, S. 988–992.

Hutchinson, W.: A case of acromegaly in a giantess. In: *American Journal of Medical Science* CX, 1895, S. 190–201.

Hyrtl, J.: Handbuch der praktischen Zergliederungskunst als Anleitung zu den Sectionsübungen und zur Ausarbeitung anatomischer Präparate. Wien, 1860.

Hyrtl, J.: Die Corrosions-Anatomie und ihre Ergebnisse. Wien, 1873.

Ilsensee, E.: Handbuch der Geschichte der europäischen Medicin, Chirurgie, Pharmacie und Naturkunde in philosophisch-practischer Entwicklung. Erstes Buch: Ältere Geschichte. Berlin, 1839.

Jaensch, P. A.: Die Anatomie. In: H. Hermelink und S. A. Kaehler (Hg.): Die Philipps – Universität zu Marburg, 1527–1927. Fünf Kapitel aus ihrer Geschichte (1527–1866): die Universität Marburg seit 1866 in Einzeldarstellungen. Marburg, 1927, S. 627–645.

Jane Jr, J. A., Thapar, K., Laws Jr, E. R.: Acromegaly. Historical perspectives and current therapy. In: *Journal of Neuro-Oncology* 54, 2001, S. 129–137.

Jeggle, U.: Der Kopf des Körpers. Eine volkskundliche Anatomie. Weinheim [u. a.], 1986.

Jores, L.: Die Conservierung anatomischer Präparate in Blutfarbe mittels Formalin. In: *Centralblatt für Allgemeine Pathologie und Pathologische Anatomie* 7, 1896, S. 135–137.

Jores, L.: Ueber die verbesserte Methode der Konservierung anatomischer Objekte. In: *Münchener Medizinische Wochenschrift* 60 (1), 1913, S. 976.

Kaiserling, C.: Ueber die Conservirung von Sammlungspräparaten mit Erhaltung der natürlichen Farben. In: *Berliner Klinische Wochenschrift* 33, 1896, S. 775–777.

Kleindienst, H., Aumüller, G.: Anatomie in Wachs – Marburger Modelle als Repräsentanten des Wandels anatomischer Darstellungsformen vom 18. und 19. Jahrhundert. In: *Verhandlungen der Anatomischen Gesellschaft* 84 (168), 1991, S. 737–738.

Kleindienst, H.: Ästhetisierte Anatomie aus Wachs. Ursprung – Genese – Integration. Dissertation, Fachbereich Neuere deutsche Literatur und Kunstwissenschaften, Philipps-Universität Marburg, Marburg, 1989.

Klinckowstroem, C.: Beireis, Gottfried Christoph. Neue Deutsche Biographie, 1955 http://www.deutsche-biographie.de/sfz3601.html, zuletzt geprüft am 29.07.2015.

Kolling, H.: „Damit es bei der Universität zu Marburg an Gelegenheit nicht fehlen möge, die Zergliederungskunst zu üben…". Die Abgabe von Leichen an das Anatomische Institut der Philipps-Universität Marburg. In: *Zeitschrift des Vereins für hessische Geschichte* (ZHG), Bd. 105, S. 149–169.

Korte, H.-J.: Die Tätigkeit des Marburger Pathologischen Instituts unter Leonhard Jores und Walther Berblinger 1913–1918. Dissertation, Fachbereich Medizin, Philipps-Universität Marburg, Marburg, 2014.

Knoll, M.: *Nil sub sole novum* oder neue Bodenhaftung? Der *material turn* und die Geschichtswissenschaften. In: *Neue Politische Literatur* 59, 2014, S. 191–207.

Krause, R.: Über die Herstellung durchsichtiger anatomischer Präparate. In: *Anatomischer Anzeiger* 34, 1909, S. 133–138.

Kreuter, A.: Deutschsprachige Neurologen und Psychiater. Ein biographisch-bibliographisches Lexikon von den Vorläufern bis zur Mitte des 20. Jahrhunderts. München [u. a.], 1996.

Krietsch, P., Dietel, M.: Pathologisch-Anatomisches Cabinet. Vom Virchow-Museum zum Berliner Medizinhistorischen Museum in der Charité. Berlin, 1996.

Landolt, A.M., Zachmann, M.: The Irish Giant. New observations concerning the nature of his ailment. In: *Lancet* 315 (8181), 1980, S. 1311–1312.

Langer, K.: Über Wachstum des menschlichen Skeletts mit Bezug auf den Riesen. Hg. v. die Kaiserliche Akademie der Wissenschaften Wien. Wien, 1872.

Lang, G.: Histotechnik. Wien [u. a.], 2006.

Laube, S.: Steven Blankaart: Theatrum Chimicum. http://www.theatra.de/repertorium/ed000142.pdf, zuletzt geprüft am 23.12.2015.

Lee, A. B.: Formol, or Formaldehyde? In: *Anatomischer Anzeiger* 11, 1896, S. 255–256.

Leroi, A. M.: Tanz der Gene. Von Zwittern, Zwergen und Zyklopen. 1. Aufl., München [u. a.], 2004.

Lesky, E.: Die Wiener medizinische Schule im 19. Jahrhundert. Graz, 1965.

Lesky, E.: Anatomia Plastica im Wiener Josephinum. In: *DU: Kulturelle Monatsschrift* 31, 1971, S. 366–377.

Lesky, E.: Wiener Lehrsammlung von Wachspräparaten. In: *Gesnerus* 33, 1976, S. 8–20.

Li, C. H., Evans, H. M.: The Isolation of the Pituitary Growth Hormone. In: *Science* 99, 1944, S. 183–184.

Lietzmann, H.: Herzog Heinrich Julius zu Braunschweig und Lüneburg (1564–1613): Persönlichkeit und Wirken für Kaiser und Reich. In: *Quellen und Forschungen zur braunschweigischen Geschichte*, Band 30, 1993.

Lindner, J.: Mörder! Zwischen Norddeutschland und Surinam. Schuld und Sühne des Johann Heinrich Seidenfaden. Hannover, 2002.

Lippelt, C.: Braunschweig-Wolfenbüttel in der frühen Neuzeit: neue historische Forschungen. In: *Quelle und Forschungen zur braunschweigischen Landesgeschichte*, Band 41, 2003.

Lombroso, C.: Merkwürdiger Fall von allgemeiner Hypertrophie (macrosomia) oder scheinbarer Elephantiasis. Beobachtet von Prof. Lombroso, mitgeteilt von Dr. Fränkel. In: *Virchows Archiv für Pathologische Anatomie und Physiologie und für Klinische Medizin* 6 (4), 1869, S. 253.

Long, J., Evans, H. M.: Erzeugung von Riesenwuchs bei Ratten durch Zuführung von zerriebener HVL-Substanz. In: *Proceedings of the National Academy of Science* 8 (3), 1922, S. 38–39.

Lucae, J. C. G.: De symmetria et asymmetria organorum animalitatis, imprimis cranii. Dissertation, Fachbereich Medizin, Philipps-Universität Marburg, Marburg, 1839.

Lucae, J. C. G.: Zur organischen Formenlehre. Frankfurt, 1844.

Lucae, J. C. G.: Schädel abnormer Formen. in geometrischen Abbildungen nebst Darstellung. Frankfurt, 1855.

Lucae, J. C. G.: Zur Architectur des Menschenschädels. Frankfurt, 1857.

Ludwig, D., Weber, C., Zauzig, O.: Das materielle Modell. Objektgeschichten aus der wissenschaftlichen Praxis. Paderborn, 2014.

Lundvall, H.: Über Demonstrationen embryonaler Knorpelskelette. In: *Anatomischer Anzeiger* 25, 1904, S. 219–222.

Lundvall, H.: Weiteres über Demonstrationen embryonaler Knorpelskelette. In: *Anatomischer Anzeiger* 27, 1905, S. 520–523.

Mammis, A., Eloy, J. A., Liu, J. K.: Early descriptions of acromegaly and gigantism and their historical evolution as clinical entities. In: *Neurosurgical Focus* 29 (4), 2010, page E1.

Marchand, F.: Über einen Fall von Zwergwuchs (Nanocephalie). In: Gesellschaft zur Beförderung der gesammten Naturwissenschaften zu Marburg (Hg.): *Sitzungsberichte der Gesellschaft zur Beförderung der gesammten Naturwissenschaften zu Marburg,* 1899, No 3, Marburg, S. 57–65.

Marchand, F.: Ueber einen neuen Fall von Microcephalie hohen Grades. In: Gesellschaft zur Beförderung der gesammten Naturwissenschaften zu Marburg (Hg.): *Sitzungsberichte der Gesellschaft zur Beförderung der gesammten Naturwissenschaften zu Marburg,* 1896, No 5, Marburg, S. 41–52.

Marchand, F.: Ueber Mikrocephalie, mit besonderer Berücksichtigung der Windungen des Stirnlappens und der Insel. In: Gesellschaft zur Beförderung der gesammten Naturwissenschaften zu Marburg (Hg.): *Sitzungsberichte der Gesellschaft zur Beförderung der gesammten Naturwissenschaften zu Marburg,* 1892, No 2, Marburg, S. 45–58.

Marchand, F.: Beschreibung dreier Mikrocephalen-Gehirne nebst Vorstudien zur Anatomie der Mikrocephalie. In: *Nova Acta der Kaiserlichen Leopoldinisch-Carolinischen Deutschen Akademie der Naturforscher* 53 (3), 1889, S. 5–47.

Marchand, F.: Beschreibung dreier Mikrocephalen-Gehirne nebst Vorstudien zur Anatomie der Mikrocephalie. [Forts.] In: *Nova Acta der Kaiserlichen Leopoldinisch-Carolinischen Deutschen Akademie der Naturforscher* 55 (3), 1890, S. 1–111.

Marchand, F.: Morphologie des Stirnlappens und der Insel der Anthropomorphen. In: Arbeiten aus dem Pathologischen Institut zu Marburg, II. Jena, 1893.

Marcus, M.: Handwörterbuch der Sexualwissenschaft. Enzyklopädie der natur- und kulturwissenschaftlichen Sexualkunde des Menschen. Berlin [u. a.], 2001.

Marie, P.: Sur deux cas d´acromégalie. Hypertrophie singulière non congénitale des extrémités supérieures, inférieures et céphalique. In: *Revue Médicale de Liège* 6, 1886, S. 297–333.

Massolongo, R.: Hyperfonction de la glande pituitaire et acromégalie. Gigantisme et acromégalie. In: *Revue Neurologique* 3, 1895, S. 225.

Mauries, P.: Das Kuriositätenkabinett. Köln, 2002.

Mayer, A. F. J. C.: Über Histologie und eine neue Eintheilung der Gewebe des menschlichen Körpers. Bonn, 1819.

Metz-Becker, M.: Accouchiranstalten als „Vorbeugungsmittel wider den Kindsmord". Ein Beitrag zur Sozialgeschichte unehelicher Schwangerschaft in der ersten Hälfte des 19. Jh. In: *Rheinisches Jahrbuch für Volkskunde*, Band 29, S. 135–147.

Metz-Becker, M.: Das „Marburger Lenchen". In: Kreis Marburg-Biedenkopf Deutscher Gewerkschaftsbund (Hg.): Frauen in Marburg 2. Ein Lauf- und Lesebuch. 1. Aufl., Marburg, 1993, S. 132–136.

Meyer`s Großes Konversations-Lexikon: Christoph Theodor Aeby. Bibliographisches Institut. Leipzig, 1905.

Meyer`s Großes Konversations-Lexikon:

- Chromsäure. Bibliographisches Institut. Leipzig, 1906.
- Kolophonium. Bibliographisches Institut. Leipzig, 1907.
- Nürnberger Elle. Bibliographisches Institut. Leipzig, 1908.
- Terpentin. Bibliographisches Institut. Leipzig, 1909.

Minkowski, O.: Über einen Fall von Akromegalie. In: *Berliner Klinische Wochenschrift* 21, 1887, S. 371–374.

Mörgeli, C.: Kölliker, Albert. Historisches Lexikon der Schweiz, 2015. http://www.hls-dhs-dss.ch/textes/d/D14436.php, zuletzt geprüft am 25.11.2015.

Mulder, W. J.: Ruysch in Russia. In: Schultka, R. (Hg.): Anatomie und anatomische Sammlungen im 18. Jahrhundert: anlässlich der 250. Wiederkehr des Geburtstages von Philipp Friedrich Theodor Meckel (1755–1803). Münster, 2007, S. 289–294.

Museo La Specola Florence: Encyclopaedia Anatomica. Köln [u. a.], 1999.

Nerlich, A.: Der Riese vom Tegernsee. Leben und Krankheit des „größten Bayern". Ausstellungskatalog, 1997.

Nerlich, A., Parsche, F., Vogl, T., Pirsig, W.: Der Riese vom Tegernsee. Pathophysiologische und pathomorphologische Aspekte eines Falles mit ungewöhnlichem Riesenwuchs. In: *Der Pathologe* 12, 1991, S. 322–326.

Nerlich, A., Parsche, F., Vogl, T., Pirsig, W.: Woran litt der Riese vom Tegernsee? In: *Münchener Medizinische Wochenschrift* 133 (34), 1991, S. 14–18.

Nestawal, S.: Monstrosität, Malformation, Mutation. Von Mythologie zu Pathologie. Frankfurt am Main, 2010.

Olsen, B.: The Defense of Things. Archaeology and the Ontology of Objects. Lanham (MD), Rowman & Littlefield, 2010.

Ortmann, R.: Otto Veit. 1884–1972. In: *Acta Anatomica* 94, 1976, S. 161–168.

Otterbeck, C., Schachtner, J. (Hg.)**:** Schätze der Wissenschaft. Die Sammlungen, Museen und Archive der Philipps-Universität Marburg. Marburg, 2014.

Pagel, J.: Sebisch, Melchior. Allgemeine Deutsche Biographie, 1891. http://www.deutsche-biographie.de/sfz79841.html, zuletzt geprüft am 28.10.2015.

Pagel, J. (Hg.): Biographisches Lexikon hervorragender Ärzte des 19. Jahrhunderts. Berlin, 1901.

Patzak, B.: Faszination und Ekel: Das Pathologisch-anatomische Bundesmuseum im Wiener Narrenturm. Graz, 2009.

Paul, F.: Die Leichenkonservierung in der Neuzeit. In: *Ciba Zeitschrift* 43 (4), 1937, S. 1488–1496.

Pendleton, C., Wand, G., Quinones-Hinojosa, A.: The autopsy was conducted "Under most inauspicious circumstances": John Turner, Harvey Cushing´s case XXXII, and his unwitting contributions to the early understanding of acromegaly. In: *Pituitary* 13, 2010, S. 324–328.

Peppas, D.: Der Anatom Eduard Jacobshagen (1886–1967). Leben und Werk des Professors für Anatomie in Marburg. Dissertation, Fachbereich Medizin, Philipps-Universität Marburg, Marburg,2001.

Petraeus, H.: Encheiridion chirurgicum: Handbüchlein ... der Wundartzney. Marpurg, 1617.

Philipps-Universität: Chronik der Preussischen Universität Marburg für das Rechnungsjahr 1888/89–1954. Marburg.

Pick, L.: Über die Methoden, anatomische Präparate naturgetreu zu conserviren. In: *Berliner Klinische Wochenschrift* 37, 1900, S. 935–940.

Pirogov, N. I.: Topographische Anatomie des menschlichen Körpers, an Durchschnitten gefrorener Kadaver illustriert. St. Petersburg, 1859.

Plöckinger, U.: Akromegalie. Deutsche Gesellschaft für Endokrinologie, 2015. http://www.endokrinologie.net/akromegalie.php, zuletzt geprüft am 28.09.2015.

Pschyrembel. Klinisches Wörterbuch. De Gruyter, 264. Aufl., Berlin [u.a], 2013.

Quabbe, H. J.: Interdisziplinäres Vorgehen bei Akromegalie und Gigantismus. Bremen, 2007.

Ramsbrock, A., Schnalke, T., Villa, P.-I.: Menschliche Dinge und dingliche Menschen. Positionen und Perspektiven. In: *Zeithistorische Forschung* 3, 2016, S. 488–505.

Redwitz, E.: Enderlen, Eugen. Neue Deutsche Biographie, 1959. http://www.deutsche-biographie.de/pnd118684604.html, zuletzt geprüft am 25.11.2015.

Röhrich, H.: His, Wilhelm. Neue Deutsche Biographie, 1972. http://www.deutsche-biographie.de/sfz70166.html, zuletzt geprüft am 25.11.2015.

Romeis, B.: Mikroskopische Technik. 16. Aufl., München [u. a.], 1968.

Roth, M.: Vesalius, Andreas. Allgemeine Deutsche Biographie, 1895. http://www.deutsche-biographie.de/sfz83698.html, zuletzt geprüft am 23.12.2015.

Sahmland, I.: Fordern und verweigern: der Körper als Zankapfel. Ein Beitrag zur Sozialgeschichte der Anatomie. In: K. Grundmann und I. Sahmland (Hg.): Concertino. Ensemble aus Kultur- und Medizingeschichte: Festschrift zum 65. Geburtstag von Gerhard Aumüller. Marburg, 2008, S. 46–56.

Sahmland, I.: Dies Leiden ist uns zu schwer zu tragen – Einblicke in die Lebenswelt cretiner Kinder und Jugendlicher in der Mitte des 19. Jahrhunderts. In: *Zeitschrift des Vereins für hessische Geschichte und Landeskunde*, 117/118, 2012, S. 137–160.

Sahmland, I., Grundmann, K. (Hg.): Tote Objekte – lebendige Geschichte(n). Exponate aus den Sammlungen der Philipps-Universität Marburg. Petersberg, 2013.

Sahmland, I.: Ein Katatoniker im Stall? Eine Patientengeschichte aus der ersten Hälfte des 19. Jahrhunderts. In: A. Karenberg und E. Kumbier (Hg.): Schriftenreihe der Deutschen Gesellschaft für Geschichte der Nervenheilkunde, Band 20, 2014, S. 413–429.

Sahmland, I.: Eine Interessensgemeinschaft im Hospital Haina zur Abwehr der anatomischen Sektion. Akteure und ihre Protestbereitschaft gegen strukturelle Zumutungen. In: C. Vanja und F. Bruns (Hg.): Historia hospitalium, Band 29, 2015, S. 12–45.

Sahmland, I.: Der Streit um die entwicklungsgeschichtliche Bedeutung der Mikrocephalie. In: A. Karenberg und E. Kumbier (Hg.): Schriftenreihe der Deutschen Gesellschaft für Geschichte der Nervenheilkunde, Band 22, 2016, S. 137–160.

Sahmland, I.: Ein Anatom mit Geschichte. Zum 70. Geburtstag von Gerhard Aumüller. https://www.uni-marburg.de/fb20/evbb/mitarbeiter/aumuellersiebzig.pdf, zuletzt geprüft am 25.11.2015.

Saucerotte, N.: Accroissement singulier en grosseur des os d´un homme âgé de 39 ans. Observation communiquée à l´Académie de chirurgie. In: *Melanges de Chirurgie* 2, 1801, S. 407–411.

Schaffert, S., Werder, K.: Akromegalie – vom Symptom zu Diagnose und Therapie. eine klinische Monographie mit Patientenberichten. Berlin [u. a.], 2001.

Scheel, O.: Drei Fälle von Microcephalie. Dissertation, Fachbereich Medizin, Philipps-Universität Marburg, Marburg, 1875.

Schenck, J. G.: monstrorum historia memorabilis. Frankfurt, 1609.

Schenck, J.G.: Wunder-Buch Von Menschlichen/ unerhörten Wunder- und Mißgebuhrten/ so wider den gemeinen Lauff der Natur…gebohren worden. Frankfurt, 1610.

Scheugel, H., Adanos, F.: Show Freaks und Monster. Sammlung Felix Adanos. Ostfildern, 1983.

Schierhorn, H.: Der Prosektor und seine Stellung in der Hierarchie anatomischer Institutionen, demonstriert vor allem an den Anatomien in Berlin, Halle, Leipzig, Rostock und Greifswald. In: *Anatomischer Anzeiger* 159, 1984, S. 311–346.

Schnalke, T.: Moulagen in der Dermatologie. Geschichte und Technik. Dissertation, Philipps-Universität, Marburg, 1987.

Schnalke, T.: Die medizinische Moulage – ein historischer Überblick. In: Deutsches Hygiene-Museum (Hg.): Internationales Kolloquium „Wachs – Moulagen und Modelle". 26./27. Februar 1993, 1994.

Schnalke, T.: Diseases in wax: the history of the medical moulage. Chicago, 1995.

Schnalke, T.: Von erdigen Konkrementen und kranken Knochen. Systematisierende Bestrebungen für die Pathologie im Walterschen Anatomischen Museum in Berlin. In: R. Schultka (Hg.): Anatomie und anatomische Sammlungen im 18. Jahrhundert: anlässlich der 250. Wiederkehr des Geburtstages von Philipp Friedrich Theodor Meckel (1755–1803). Münster, 2007, S. 295–316.

Schnalke, T.: Das Ding an sich. Geschichte eines Berliner Gallensteins. In: U. Andraschke und J. Hennig (Hg.): Weltwissen. 300 Jahre Wissenschaft in Berlin. München, 2010, S. 58–65.

Schnalke, T.: Vom Objekt zum Subjekt. Grundzüge einer materialen Medizingeschichte. In: T. Schnalke, G. Bogusch, B. Kunst (Hg.): Der zweite Blick. Besondere Objekte aus den historischen Sammlungen der Charité. Berlin [u. a.], 2010, S. 1–15.

Schnalke, T., Atzl, I.: Dem Leben auf der Spur im Berliner Medizinhistorischen Museum der Charité. München [u. a.], 2011.

Schnitter, H.: Die „Langen Kerls" zu Potsdam. Hg. v. Institut für Gerichtliche Medizin Potsdam, Potsdam, 1990.

Schultka, R.: Die Hallesche Anatomie und ihre Sammlungen. Ein Instituts- und Sammlungführer. 2. Aufl., Reinbek, 2005.

Schultka, R.: Anatomie und anatomische Sammlungen im 18. Jahrhundert: anlässlich der 250. Wiederkehr des Geburtstages von Philipp Friedrich Theodor Meckel (1755–1803). Münster, 2007.

Schultka, R., Göbbel, L.: Präparationstechniken und Präparate im 18. und frühen 19. Jahrhundert, dargestellt an den Beispielen aus den anatomischen Sammlungen zu Halle (Saale). In: J. Helm und K. Stukenbrock (Hg.): Anatomie. Sektion einer medizinischen Wissenschaft im 18. Jahrhundert. Stuttgart, 2003, S. 49–82.

Schultka, R., Stekovics, J., Fischer, B.: Das vorzüglichste Cabinett. Die Meckelschen Sammlungen zu Halle (Saale); Geschichte, Zusammensetzung und ausgewählte Präparate der Anatomischen Lehr- und Forschungssammlung. 1. Aufl,. Wettin-Löbejün, 2012.

Schultze, O.: Über die Herstellung und Conservirung durchsichtiger Embryonen zum Studium der Skeletbildung. In: *Anatomischer Anzeiger* 13, 1897, S. 3–5.

Schwerin, S.: Anatomische Trocken-, Feucht- und Knochenpräparate. Berlin [u. a.], 1952.

Sedivy, R.: Pathologie in Fallstudien. Historische Präparate neu betrachtet. Wien, 2007.

Semper: Demonstration anatomischer Präparate. In: *Münchener Medizinische Wochenschrift* 33, 1887, S. 436.

Sheaves, R.: A History of Acromegaly. In: *Pituitary* 2, 1999, S. 7–28.

Siegmund, J.: Die Chur-Brandenburgische Hof-Wehe-Mutter. Das ist: ein höchst-nöthiger Unterricht. Von schweren und unrecht-stehenden Geburten, Cölln (Spree), 1690.

Simmer, H. H.: Pick, Ludwig. Neue Deutsche Biographie, 2001. http://www.deutsche-biographie.de/sfz74529.html, zuletzt geprüft am 02.11.2015.

Skopec, M., Gröger, H.: Anatomie als Kunst. Anatomische Wachsmodelle des 18. Jahrhunderts im Josephinum in Wien. Wien, 2002.

Skopec, M.: Anatomie in Wachs. In: H. Gröger und M. Skopec (Hg.): Anatomie als Kunst. Anatomische Wachsmodelle des 18. Jahrhunderts im Josephinum in Wien. Wien, 2002, S. 31–74.

Sommer, M.: Firmenkatalog der Zieglerschen Werkstätten Freiburg i. Br. Freiburg i. Br., 1936.

Spalteholz, W.: Über das Durchsichtigmachen von menschlichen und tierischen Präparaten. 1. Aufl., Leipzig, 1911.

Sterly, M.: Der Gigant von Helmstedt. Helmstedt, 2007.

Sternberg, M.: Beiträge zur Kenntnis der Akromegalie. In: *Zeitschrift für klinische Medizin* 27, 1872.

Sternberg, M.: Die Akromegalie. Mit 16 Abbildungen. Wien, 1897.

Stoecker, H., Schnalke, T., Winkelmann, A.: Sammeln, Erforschen, Zurückgeben? Menschliche Gebeine aus der Kolonialzeit in akademischen und musealen Sammlungen. Berlin, 2013.

Sturm, L.-B.: Präparatetechniken und ihre Anwendung in der Meckelschen Sammlung zu Halle (Saale). In: R. Schultka (Hg.): Anatomie und anatomische Sammlungen im 18. Jahrhundert: anlässlich der 250. Wiederkehr des

Geburtstages von Philipp Friedrich Theodor Meckel (1755–1803). Münster, 2007.

Sutter, O. E.: Die große Trommel. Phineas Taylor Barnum – Der Meister der Reklame. Leipzig, 1924.

Syversen, T., Parvinder, K.: The toxicology of mercury and its compounds. In: *Journal of Trace Elements in Medicine and Biology* 26, 2012, S. 215–226.

Teichmann, K.: Kitt als Injektionsmasse und die Methode der Injektion mit dieser Masse. In: *Verhandlungen und Sitzungsberichte der Mathematisch-Naturwissenschaftlichen Abteilung der Akademie der Wissenschaften Krakau* 7, 1880, S. 108–157.

Thiemeyer, T.: Die Sprache der Dinge. Museumsobjekte zwischen Zeichen und Erscheinung. In: Museen für Geschichte (Hg.): Online-Publikation der Beiträge des Symposiums „Geschichtsbilder im Museum" im Deutschen Historischen Museum Berlin, Februar 2011, S. 1–8.

Triebs, M.: Die Medizinische Fakultät der Universität Helmstedt (1576–1810). Eine Studie zu ihrer Geschichte unter besonderer Berücksichtigung der Promotions- und Übungsdisputationen. Wiesbaden, 1995.

Uffenbach, Z. C. von: Merkwürdige Reisen durch Niedersachsen, Holland und Engelland. Leipzig [u. a.], 1753.

Ullrich, H.: Schädel-Schicksale historischer Persönlichkeiten. München, 2004.

Vierhaus, R.: Born, Gustav. Deutsche Biographische Enzyklopädie. deGruyter, 2005. https://books.google.de/books?id=kh3XPau9g_AC&pg=PA840&dq=Gustav+Born+Embryologe&hl=de&sa=X&ei=tefgVM3SF8msPaSqgLgP&ved=0CDQQ6AEwAw%20-%20v=onepage&q=Gustav%20Born%20Embryologe&f=false#v=snippet&q=Gustav%20Born%20Embryologe&f=false, zuletzt geprüft am 23.11.2015.

Vogt, C.: Über die Mikrocephalen oder Affen-Menschen. In: *Archiv für Anthropologie*, Band 2, 1867, S. 129–284.

Voss, H.: Makroskopisch-anatomische Präparationstechnik. Leipzig, 1939.

Waldeyer, W.: Medianschnitt einer Hochschwangeren bei Steisslage des Fötus. Nebst Bemerkungen über die Lage- und Formverhältnisse des Uterus gravidus nach Längs- und Querschnitten. Bonn, 1886.

Weber, B.: Die Welt begeret allezeit Wunder. Versuch einer Bibliographie der Einblattdrucke von Bernhard Jobin in Strassburg. In: Gutenberg-Gesellschaft (Hg.): Gutenberg-Jahrbuch. Wiesbaden, 1976, S. 270.

Werner, I.: Zwischen Mittelalter und Neuzeit: Heinrich Julius von Braunschweig als Dramatiker der Übergangszeit. In: *Europäische Hochschulschriften: Reihe 1, Deutsche Sprache und Literatur,* Band 160, Bern [u. a.], 1976.

Werner, N.: Zahnärztliche Moulagen und anatomische Wachsmodelle aus den Sammlungen des Zahnärztlichen Instituts der Berliner Universität (1884–1945). Dissertation, Freie Universität Berlin, Berlin, 2015.

Wilcockson, J.: Geburtshilfliches und chirurgisches Instrumentarium. In: K. Grundmann und G. Aumüller (Hg.): Das Marburger Medizinhistorische Museum. Museum Anatomicum. Marburg, 2012, S. 131–140.

Winter, E.: Gefrierdurchschnitt durch den Körper einer Kreissenden in der Eröffnungsperiode. Berlin, 1888.

Wissenschaftsrat: Empfehlungen zu wissenschaftlichen Sammlungen als Forschungsinfrastrukturen, 2011.

Witte, W.: Vom Diener zum Meister. Der Beruf des Anatomischen Präparators in Berlin von 1852–1959. In: T. Schnalke, G. Bogusch, B. Kunst (Hg.): Der zweite Blick. Besondere Objekte aus den historischen Sammlungen der Charité. Berlin [u. a.], 2010.

Zimmermann, P.: Album Academiae Helmstadiensis. Album Academiae Juliae; Abt. 1: Studenten, Professoren etc. der Universität Helmstedt von 1574–1636. Hannover, 1980.

Zumstein, J.: Über Corrosionspräparate. In: Gesellschaft zur Beförderung der gesammten Naturwissenschaften zu Marburg (Hg.): *Sitzungsberichte der Gesellschaft zur Beförderung der gesammten Naturwissenschaften zu Marburg*, 1891, No 1, Marburg, S. 27–32.

Zumstein, J.: Über den Bronchialbaum des Menschen und einiger Säugethiere. In: Gesellschaft zur Beförderung der gesammten Naturwissenschaften zu Marburg (Hg.): *Sitzungsberichte der Gesellschaft zur Beförderung der gesammten Naturwissenschaften zu Marburg*, 1889, No 3, Marburg, S. 25–29.

Archivalien

Archiv des Landeswohlfahrtverband Hessen: Patientenakte Augustin Heil, Bestand 13, K 1882/033.

Archiv des Landeswohlfahrtverband Hessen: Patientenakte Georg Völp, Bestand 13, K 1891/047.

Archiv Pathologie: S 111/91 Sektionsprotokoll Georg Völp, Institut für Pathologie, Universität Marburg. Marburg, 1891.

Uniarchiv Marburg, 305a, Nr. 5634, Bünger, C. H.: Verzeichnis der anatomischen Präparate, Mobiliar, Instrumente und Gerätschaften; nebst Anhang mit Gemälden, 1811.

Uniarchiv Marburg, 305a, Nr. 5650, Bünger, C. H.: Verzeichnis der anatomischen Präparate; nebst Anhang mit Gemälden, Mobiliar, Instrumenten und Gerätschaften, 1819.

Uniarchiv Marburg, 305a, Nr. 5661, Bünger, C. H.: Verzeichnis der anatomisch-physiologischen Präparate, 1830.

Uniarchiv Marburg, 305a, Nr. 5662, Bünger, C. H.: Verzeichnis der pathologischen Präparate, 1830.

Uniarchiv Marburg, 305a, Nr. 5663, Bünger, C. H.: Verzeichnis der vergleichend-anatomischen Präparate, 1830.

Uniarchiv Marburg, 305a, Nr. 5627, Philipps-Universität: Rektor und Senat.

Uniarchiv Marburg, 305a, Nr. 5634, Philipps-Universität: Rektor und Senat, Pathologische Präparate in Spiritus (Nr. 1–9).

Verfasser unbekannt: Protokolle der Herren Räth und XXler, 11.02.1583. Aktenzeichen: 1 R 57. Archives de Ville de Strasbourg.

Verfasser unbekannt: Protokolle der Herren Räth und XXler, 13.02.1583. Aktenzeichen: 1 R 57. Archives de Ville de Strasbourg.

Württembergisches Landesmuseum: Nürnberger Chroniken: 720–1620, Handschrift, G 13 453.

Homepages

Allgemeines Künstlerlexikon – Internationale Künstlerdatenbank: Adam Offinger. De Gruyter, 2015. http://www.degruyter.com/view/AKL/_00144933T?rskey=lHNUiH&result=1&dbq_0=adam+offinger&dbf_0=akl-fulltext&dbt_0=fulltext&o_0=AND%20-%20_90144933_T, zuletzt geprüft am 26.08.2015.

Alma Mater Moguntina: Prof. Samuel Thomas Soemmerring. Institut für geschichtliche Landeskunde an der Universität Mainz, 2012. http://www.alte-uni-mainz.de/biographien-universitaetsmitglieder/samuel-thomas-soemmering.html, zuletzt geprüft am 29.07.2015.

Bundesministerium für Bildung und Forschung: Die Sprache der Objekte. 2015. https://www.bmbf.de/de/die-sprache-der-objekte-entschluesseln-1897.html, zuletzt geprüft am 21.04.2016.

Charité Fächerverband Anatomie: Human Remains Project, Universitätsmedizin Berlin, 2016. http://anatomie.charite.de/geschichte/human_remains_projekt/, zuletzt geprüft am 14.03.2016.

Chemie.de:

http://www.chemie.de/

- Firnis

- Réaumur-Skala
- Woodsches Metall

Complete Dictionary of Scientific Biography: Horne (Hornius), Johannes van. Encyclopedia, 2008. http://www.encyclopedia.com/doc/1G2-2830902055.html, zuletzt geprüft am 27.10.2015.

Deutscher Museumsbund: http://www.museumsbund.de/

- Leitfaden für die Dokumentation von Museumsobjekten, 2011.
- Empfehlungen im Umgang mit menschlichen Überresten in Museen und Sammlungen, 2013.

Emil-von-Behring-Bibliothek. Arbeitsstelle für Geschichte der Medizin: 2. Workshop: Präparate menschlicher Herkunft in universitären Sammlungen, 2015. https://www.uni-marburg.de/fb20/evbb/aktuelles, zuletzt geprüft am 02.04.2016.

Encyclopaedia Britannica: https://www.britannica.com/

- Alexander Monro, primus
- Ambroise Paré
- John Hunter
- Leonardo Da Vinci
- Karl Ludwig Teichmann

European Pressure Ulcer Advisory Panel: Leitlinien Dekubitus Prävention, 2009. http://www.epuap.org/guidelines/QRG_Prevention_in_German.pdf, zuletzt geprüft am 30.03.2016.

Fachbereich Medizin: Chirurgie, Entwicklungsgeschichte. Universität Kiel. http://www.medizin350.uni-kiel.de/tabelle_ch.html, zuletzt geprüft am 25.01.2016.

Focus Online: Meisterwerke zwischen Müll – Fahnder entdecken in München Nazi-Schatz in Milliardenhöhe, 2013. http://www.focus.de/kultur/kunst/nazi-raubkunst-meisterwerke-zwischen-muell-fahnder-entdecken-kunstschatz-in-milliardenhoehe_aid_1147066.html, zuletzt geprüft am 27.11.2015.

Georg Pracher: Atelier für Konservierung und Restaurierung. http://www.konservierung-restaurierung.de/, zuletzt geprüft am 09.02.2015.

GESTIS-Stoffdatenbank: http://www.dguv.de/ifa%3B/gestis/gestis-stoffdatenbank/index.jsp

- Benzol
- Benzylbenzoat
- Blei (II, IV)-oxid
- Ethanol

- Gummi arabicum
- Kaliumhydroxid
- Kaliumhypochlorit
- Kupferacetat
- Methanal
- Methylbenzoat
- Methysalicylat
- Natriumcarbonat
- Natriumhydrogencarbonat
- Natriumhydroxid
- Natriumsulfat
- Safrol.
- Tetralin

Hermann-von-Helmholtz-Zentrum für Kulturtechnik, Universitätssammlungen in Deutschland, Humboldt-Universität Berlin. http://www.universitaetssammlungen.de/, zuletzt geprüft am 05.07.2017.

Histoire de l´academie royale: Guillaume Homberg. Académie sciences. http://www.academie-sciences.fr/pdf/dossiers/Fontenelle/font_pdf/p82_93_vol3592.pdf, zuletzt geprüft am 23.12.2015.

Hunterian Museum, Royal College of Surgeons. http://www.hunterianmuseum.org/, zuletzt geprüft am 05.04.2016.

Institut für Deutsche Philologie, Studiengang Museologie und materielle Kultur, Julius-Maximilian-Universität Würzburg. http://www.museologie.uni-wuerzburg.de/studiengaenge/ba_museologie_und_materielle_kultur/, zuletzt geprüft am 05.07.2017.

Institut für Veterinär-Anatomie: Zieglersche Sammlung. Freie Universität Berlin, 2015. http://www.vetmed.fu-berlin.de/einrichtungen/institute/we01/Studium_und_Lehre/embryologie/ziegler/index.html, zuletzt geprüft am 23.11.2015.

Kulturstiftung der Länder:

- Homepage, 2015. http://www.kulturstiftung.de/stiftung/, zuletzt geprüft am 09.02.2015.
- Provenienzforschung,2015.http://www.kulturstiftung.de/provenienzforschung-2/, zuletzt geprüft am 30.11.2015.

Kulturstiftung des Bundes: KUR – Programm zur Konservierung und Restaurierung von mobilem Kulturgut, 2007–2011. http://www.kulturstiftung-des-bundes.de/cms/de/programme/restaurierung/archiv/kur__programm_zur_ konservierung_und_restaurierung_von_mobilem_kulturgut_3164_96.html, zuletzt geprüft am 16.02.2016.

Kunst auf Lager: Homepage. http://www.kunst-auf-lager.de/, zuletzt geprüft am 09.02.2015.

Marburger Kunstverein: Nacht der Kunst. http://www.marburger-kunstverein.de/jahresvorschau/, zuletzt geprüft am 31.03.2016.

Mercator Stiftung: SAMMLEHR – AN OBJEKTEN LEHREN UND LERNEN WISSENSCHAFTLICHE OBJEKTE UND SAMMLUNGEN ERFAHRBAR MACHEN, 2012–2015. https://www.stiftung-mercator.de/de/projekt/sammlehr-an-objekten-lehren-und-lernen/, zuletzt geprüft am 16.02.2016.

Museum Boerhaave: Homepage. http://www.museumboerhaave.nl/zuletzt geprüft am 05.04.2016

Österreichisches Biographisches Lexikon: Berres, Josef von. Österreichische Akademie der Wissenschaften, 2015. http://www.biographien.ac.at/oebl?frames=yes, zuletzt geprüft am 22.09.2015.

Professorenkatalog der Universität Leipzig: http://www.uni-leipzig.de/unigeschichte/professorenkatalog/leipzig/Braune_751/, zuletzt geprüft am 02.11.2015.

- Prof. Dr. med. Christian Wilhelm Braune.
- Prof. Dr. med. Werner Karl Spalteholz
- Prof. Dr. med. Adolf Otto Gerhard Dabelow
- Prof. Dr. med. Felix Jacob Marchand

Projekt „Provenienzrecherche Gurlitt": Kulturfund Gurlitt. Deutsches Zentrum Kulturgutverluste, 2015. http://www.lostart.de/Webs/DE/Datenbank/KunstfundMuenchen.html, zuletzt geprüft am 30.11.2015.

Royal College of Surgeons: William Hunter. https://www.rcseng.ac.uk/museums/hunterian/about-us/williamhunter.html, zuletzt geprüft am 27.10.2015.

Schloss Ambras Innsbruck: Die Kunst- und Wunderkammer. http://www.schlossambras-innsbruck.at/besuchen/sammlungen/die-kunst-und-wunderkammer/, zuletzt geprüft am 29.07.2015.

Senckenberg – World of Biodiversity: Sammlungswelten – Anatomie im Glas. http://www.senckenberg.de/files/content/forschung/projekte/nfm_6_2011_anatom_samml_fin_1.pdf, zuletzt geprüft am 16.02.2016.

Spektrum-Verlag http://www.spektrum.de/

- Eisen(III)-hexacyanoferrat
- Gelatine
- Pirogow, Nicolai Iwanowitsch.

The Royal Society: Boerhaave, Herman. https://collections.royalsociety.org/Dserve.exe?dsqIni=Dserve.ini&dsqApp=Archive&dsqDb=Persons&dsqSearch=Code==%27NA8371%27&dsqCmd=Show.tcl, zuletzt geprüft am 27.10.2015.

Uniaktuell: Arsen, Quecksilber und die wilden Syphilis-Kuren, Universität Bern. http://www.uniaktuell.unibe.ch/content/geistgesellschaft/2011/syphilis/index_ger.html, zuletzt geprüft am 07.03.2016.

Uniarchiv Freiburg: Ernst Theodor Nauck. Albert-Ludwigs-Universität Freiburg. https://www.uniarchiv.uni-freiburg.de/bestaende/Fremdprovenienzen/nachlass/c0049/findbuchc0049, zuletzt geprüft am 16.03.2016.

Universitätsbibliothek Heidelberg: Frederici Ruyschii Opera omnia anatomico-medico-chirurgica: cum figuris aeneis (Band 2). Amsterdam. http://digi.ub.uni-heidelberg.de/diglit/ruysch1751bd2/0065?sid=af84882849961432b463bcba19e60b8d, zuletzt geprüft am 15.02.2016.

Universitätssammlungen in Deutschland: Hermann von Helmholtz-Zentrum, Humboldt-Universität Berlin. http://www.universitaetssammlungen.de/

- Berlin
- Freiburg
- Göttingen

University of Glasgow: Govard Bidloo. http://special.lib.gla.ac.uk/anatomy/bidloo.html, zuletzt geprüft am 23.12.2015.

US Department of State: Washington Conference Principles on Nazi-Confiscated Art. http://www.state.gov/p/eur/rt/hlcst/122038.htm, zuletzt geprüft am 30.11.2015.

Wissenschaftliche Sammlungen an der Humboldt-Universität zu Berlin: Biografie, Rudolf Virchow. http://www.sammlungen.hu-berlin.de/dokumente/47/, zuletzt geprüft am 26.01.2016.

II. Abbildungsverzeichnis

III. Tabellenverzeichnis

IV. Anhang

Transkription der Inschrift des Straßburger Flugblattes von Jobin, 1583

„Gleich wie man gzweifelt hat vorzeiten
Von den sehr Langlebigen Leuten/Ob Sie/gleich wie man find beschriben
Solange bei Leben seien gplieben
(Dan etlich haben darfür ghalten
Daß d´ zeit anders die Alten zahlten:)
Also war auch zu allen zeiten
Eyn Streit von Langleibgen Leuten/Ob die Leut/wie wir diß vil lesen/
So langes Leibs sein gewesen
(Dan vil meinten/man hab die Stärck
An statt der Länge damals gmerckt.)
Aber beider Streit wird bald liegen
Wann man allein diß will erwiegen
Daß Gott bei unsern zeiten auch
Diß habe stäts gehabt im prauch
Nicht allein etlich zuerwecken
Die ihr Leben lang zeit erstreckten/
Gleich wie man von eim findet eben
So gelebt bei Caroli Magni Leben
Welcher dan hieß De Tempore
Weil er vber [über] die Zeit lebt meh:
Sondern auch noch auffkommen laßt
Groß Leut vberd´ [über] gewonlich maß
Gleich wie man hie dan sehen kan
An Anthoni Frnckpoin dem Man
Welcher inn seim Meß eigentlich
Hält sechzehen mal dißen strich
Wiewol er seines Alters frist
Nur Neun und Dreissig Jar alt ist
Derhalben zugedencken deß hat man ihn hie
Sampt seinem Meß
Auff diße weiß hie därgestellt
Damit sich spiegel dran die Welt“

V. Liste der akademischen Lehrer (in alphabetischer Reihenfolge)

Johannes-Gutenberg-Universität Mainz:
Alt, Baumann, Brendel, Burger, Dittmar, Hemmer, Henke, Honomichl, Schneider, Siesenop, Solies, Sprengard, Zischler

University of Edinburgh:
Fibiger, Kranioti, Mays, McSweeney, Paine

VI. Danksagung

Mein besonderer Dank gilt meiner Erstgutachterin und Doktormutter, Frau Prof. Dr. Irmtraut Sahmland, die mich bei dieser Arbeit nicht nur stets unterstützt hat, sondern deren Tür für mich auch außerhalb der Promotion immer offen stand.

Ganz herzlich möchte ich mich auch bei meinen Kollegen aus der Emil-von-Behring-

Bibliothek/Arbeitsstelle für Geschichte der Medizin für die stets sehr gute Zusammenarbeit bedanken. Ein besonderer Dank gilt Herrn Prof. Dr. Gerhard Aumüller, der sich immer die Zeit genommen hat, meine Fragen zur Anatomischen Sammlung zu beantworten. Ebenso bedanke ich mich für sein Engagement im Fall des *Langen Anton*. Gleiches gilt für Frau Prof. Dr. Birte Steiniger.

Andreas Allspach und Lothar Menner vom Senckenbergischen Forschungsinstitut in Frankfurt am Main danke ich für die erfolgreiche Zusammenarbeit bei der Digitalisierung der Bestände der anatomischen Sammlung. Die Datenbank ist großartig!

Danke an Herrn Fenchel vom Bildarchiv Foto Marburg für die nette Einführung in die Grundlagen der Fotographie und dafür, dass er mir die kleinen Tricks und Kniffe der Profis verraten hat.

Meinen bisherigen Weg hätte ich niemals ohne die Unterstützung meiner Eltern Sybille und Klaus gehen können, die mir so vieles ermöglicht haben und denen ich dafür unendlich dankbar bin.

Meiner Schwester Lisa danke ich dafür, dass sie mir mit Rat und Tat zur Seite stand. Nicht nur in arbeitstechnischen Fragen, sondern auch in allen anderen Lebenslagen.

Abschließend danke ich allen Menschen, die mich auf diesem Weg in jeglicher Form begleitet und unterstützt haben.

Meine Großmutter Emma hat die Fertigstellung dieser Arbeit leider nicht mehr erlebt. Ihr ist diese Arbeit gewidmet.

Beiträge zur Wissenschafts- und Medizingeschichte
Marburger Schriftenreihe

Herausgegeben von Irmtraut Sahmland

Band 1 Sabine Eckhardt: Die Gefäßchirurgie im Ersten Weltkrieg. 2014.

Band 2 Natascha Noll: Pflege im Hospital. Die Aufwärter und Aufwärterinnen von Merxhausen (16. - Anfang 19. Jh.). 2015.

Band 3 Nina Ulrich: Das Museum Anatomicum am Fachbereich Medizin der Philipps-Universität Marburg. Provenienzforschung zu einer Lehrsammlung des 19. Jahrhunderts. 2017.

www.peterlang.com

www.ingramcontent.com/pod-product-compliance
Ingram Content Group UK Ltd.
Pitfield, Milton Keynes, MK11 3LW, UK
UKHW022222051026
15624UKWH00002B/298

9 783631 734780